Jetzt helfe ich mir selbst

Dieter Korp

Fiat Ritmo

60/65/75/85

Jetzt helfe ich mir selbst

Unter Mitarbeit von
Wolfgang Schmarbeck

Motorbuch Verlag Stuttgart

Umschlagentwurf und Buchgestaltung: Peter Werner/Siegfried Horn
Titelbild: Wolfgang Schmarbeck

ISBN 3-87943-864-1

Auflage Nr. 101 284

Änderungen durch Weiterentwicklung an den beschriebenen Fahrzeugmodellen
nach Drucklegung dieser Auflage sind möglich.
Idee und Gestaltung des Störungsfahrplans in der vorderen Buchklappe: Verfasser.
Manuskriptbearbeitung: Redaktion Dipl.-Ing. Dieter Korp, Zeisigweg 1, 7250 Leonberg 7.
Fotos: Fiat 4, Schmarbeck 79, Verfasser 1.
Zeichnungen: Fiat 18, Pirelli 1, Schmarbeck 2, Solex 1.
Schaltpläne: Fiat.
Satz und Druck: Staib + Mayer, Vereinigte Druckereien, 7000 Stuttgart 1.
Buchbinderische Verarbeitung: Verlagsbuchbinderei Wilhelm Nething, 7315 Weilheim.
Printed in Germany.

Sie finden in diesem Buch

Antrieb und Fahrwerk

Die elektrische Anlage

Dies und jenes

Vorwort

So bleibt Ihr Auto mobil

Mit dem Ritmo besitzen Sie ein Auto mit avantgardistischen Linien und südländischem Temperament – Wesenszüge, die sicherlich zur Anschaffung des Fiat beigetragen haben. Das vorliegende Buch soll Ihnen dabei helfen, mit ihm zufrieden zu bleiben.
An erster Stelle steht die Verkehrssicherheit Ihres Wagens. Und dafür sind Sie selbst verantwortlich. Das zwingt zur Selbstkontrolle und Selbsthilfe, wobei der Zustand der Bremsanlage, die Profiltiefe der Reifen und stets funktionierende Leuchten hier nur als Beispiele erwähnt sind. Aber Sie wollen auch am Ziel ankommen: Da muß der Ölstand stimmen, der Kühlerventilator soll im Stau auf der Autobahn dem Motor Frische zufächeln, und für den gerissenen Keilriemen keinen Ersatz dabei zu haben, wäre übel. Und auch nach eisiger Nacht sollen die vier Zylinder ohne Zögern arbeiten.
Wie Sie das und vieles andere am Ritmo in Ordnung halten, das ist auf den Seiten dieses Handbuches gesagt. Sie werden auch daran erinnert, wie man in der Werkstatt und beim TÜV auftritt und dabei die Kosten so gering wie möglich hält, kurz, das Buch soll Ihnen helfen, zumal in dieser Zeit stetig steigender Kosten, Geld zu sparen, ohne die Sicherheit außer Acht zu lassen.
Die Sparmöglichkeiten beginnen schon mit der Fahrweise, die auf den Benzinverbrauch großen Einfluß hat, und erstrecken sich über leicht selbst auszuführende Wartungsarbeiten (die oft gar keine »Arbeit« machen) bis hin zu praktischen Handgriffen, für die Ihnen die nötigen Ratschläge vermittel werden.
So stellt das Buch eine ganz erheblich erweiterte Betriebsanleitung dar mit Hinweisen und Tips für den Umgang mit dem Ritmo und für dessen Wohlbefinden. Es vertieft Ihr Verständnis für das Auto und versorgt Sie auf unkomplizierte Art mit umfangreichem Wissen. Damit ist ein Anschluß geschaffen an die zahlreichen Bände über früher erschienene Fiat-Modelle, die für viele Fahrer dieser Marke zu einer wervollen Hilfe geworden sind. Hier werden nun die Ritmo-Typen 60 bis 85 beschrieben.
Zum Entstehen dieses Handbuches trug eine ganze Reihe von fachkundigen Leuten bei. Ihnen wollen wir an dieser Stelle herzlich danken.

Die Verfasser

Vielen Leuten bereitet das Auto zugleich viel Freude am Fahren. Diesem Gefühl kommt der Fiat Ritmo mit seinem südländischen Temperament entgegen. Voraussetzung dazu ist allerdings, daß die in den Wagen hineingebaute Dienstbereitschaft auch erhalten bleibt. Deshalb muß man sich ab und zu um das Wohlbefinden des Autos kümmern – dieses Buch hilft dabei.

Gutachten

Immer ein betriebsbereites Auto zu haben, mit dem man stets ohne Störung sein Ziel erreicht – das wünscht sich jeder Autobesitzer. Dazu ist es aber nötig, regelmäßig die Fahrsicherheit und Zuverlässigkeit zu überprüfen. Bei solchen Kontrollen können auch rechtzeitig Schäden erkannt werden, die sich in ihrem Anfangsstadium meistens mit geringen Kosten beheben lassen. Später, wenn eine umfangreiche Reparatur unumgänglich geworden ist, sind vorher unbeachtete Defekte oft Ursache erheblicher Geldausgaben.
Zu Sichtkontrollen braucht man weder Werkzeug noch irgendwelche Fachkenntnisse. Jeder verfügt über so viel Beobachtungsgabe, Abweichungen von der Norm an seinem Auto zu erkennen. Wer sich allerdings nur selten einmal aufrafft, um zu prüfen, wie es denn unter dem Blech aussieht, nimmt die durch langen Betrieb entstandenen, äußerlich sichtbaren Unterschiede kaum wahr.

Prüfen im Stand

Nur eine gute Verfassung aller Aggregate und Teile des Autos garantiert auch während der Fahrt deren richtige Funktion. Bevor man aber eine Probefahrt vornimmt, wird der Wagen im Stand untersucht. Gehen Sie dazu gelegentlich um Ihren Wagen herum. Am leichtesten lassen sich auffällige Veränderungen bei hellem Tageslicht erkennen:

- Beulen im Blech
- Kratzer im Lack
- Rostansatz
- Zersprungene Gläser der Leuchten
- Abgefahrenes Reifenprofil

Ob es hell oder dunkel ist, die Beleuchtungsanlage kann man jederzeit prüfen. Sind alle Lichtspender sauber? Schalten Sie der Reihe nach ein:

- Standlicht
- Abblendlicht
- Fernlicht

Funktionieren auch Rückleuchten, Bremsleuchten, Blinkleuchten?
Öffnen Sie die Motorhaube und kontrollieren Sie:

- Ölstand im Motor
- Stand der Kühlflüssigkeit
- Stand der Bremsflüssigkeit
- Scheibenwaschbehälter

Im gleichen »Arbeitsgang« kann man sich davon überzeugen, ob

- die Keilriemenspannung stimmt
- die Batteriepole sauber sind
- der Vergaser feucht ist
- die Zündkabel locker sind

Starten Sie jetzt den Motor und nehmen Sie Ihr Gehör zu Hilfe:

- Ungleichmäßiger Leerlauf?
- Ventilgeräusche?
- Sonstige, früher nicht wahrgenommene Geräusche?

Als nächstes sehen Sie sich den Standplatz des Wagens an. Frische Ölflecken? Wenn ja, woher? Und wie verhält es sich mit der Unterseite des Autos? Nutzen Sie zu dieser Betrachtung den nächsten Ölwechsel bei Ihrer Tankstelle, wenn der Ritmo über einer Grube oder auf einer Hebebühne steht. Vielleicht vergeht bis dahin aber noch längere Zeit, deshalb ist es besser, Sie vergewissern sich bald: Schieben Sie Packpapier, alte Zeitungen oder praktischer noch eine öfter verwendbare Kunststoffolie unter das Auto und kriechen Sie so weit wie möglich unter Ihren seitlich angehobenen Wagen. (Beachten Sie dabei die Sicherheitsvorkehrungen – siehe Seite 62.) Schauen Sie in Ruhe und der Reihe nach an, ob Sie folgende Mängel entdecken:

- Öl am Kurbelgehäuse, Getriebe?
- Bremsleitungen verrostet?
- Anschlüsse der Bremsleitungen feucht?
- Handbremsseil locker?
- Stoßdämpfer ölverschmiert?
- Auspuff durchgerostet, Aufhängung beschädigt?
- Unterbodenschutz angegriffen?
- Rostansatz?

Diese Kontrollen »unten herum« sollten auch von der anderen Seite des Wagens vorgenommen werden. So können Sie mehr erkennen und gleichzeitig feststellen, ob alle freihängenden Räder etwa schwergängig sind oder ob die Radlager zu viel Spiel aufweisen.
Falls Ihre Untersuchung irgendwelche Mängel aufdeckte, können Sie selbst beurteilen, wie Sie Abhilfe schaffen wollen. Suchen Sie im Stichwortverzeichnis dieses Buches den entsprechenden Abschnitt und lesen Sie diesen durch. Welche Möglichkeiten der Eigenhilfe sich bieten oder wie eventuell die Werkstatt vorgehen würde, um einen Schaden zu beheben – die Beschreibung wird Sie zu dem für Sie günstigsten Entschluß führen.

Probefahrt

Pflegearbeit Nr. 43

Im Anschluß an die eben beschriebene Untersuchung kann man beobachten, wie sich das Auto während der Fahrt verhält. Probefahrten, die in den Werkstätten nach Inspektionsdiensten und nach größeren Reparaturen vorgenommen werden, führen dort nicht immer zu echten Aufschlüssen. Zeitmangel im Betrieb und Verkehrsdichte vor dem Werkstor verhindern oder verfälschen manchmal diese wichtige Kontrolle. Folgende Reihenfolge schlagen wir vor:

- Wagen mit Gas fahren und ohne Gas rollen lassen, Hände vom Lenkrad (Voraussetzung: Ebene Straße, gilt auch für Bremsversuch). Der Wagen darf nicht einseitig wegziehen.

Lenkung kurz anreißen und loslassen: Kommt der Wagen von selbst in die Geradeausrichtung zurück? Stellt sich die Lenkung nach der Kurve ohne Nachhilfe zurück? Läßt sich das Lenkrad leicht drehen? Kein zu großes Spiel in der Lenkung?

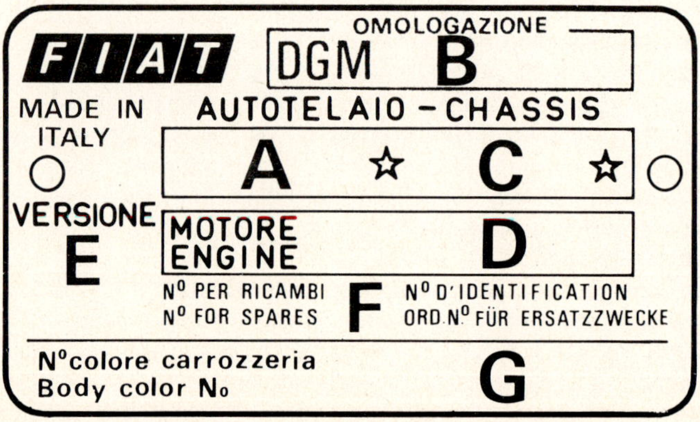

Typen- und Kennummernschild:
A – Typ des Fahrgestells,
B – Nummer der allgemeinen Betriebserlaubnis,
C – Kennummer des Fahrgestells,
D – Typ des Motors,
E – Kennzeichen der Version,
F – Ordnungsnummer für Ersatzzwecke,
G – Kennummer der Karosseriefarbe.

■ Rollt der Wagen leicht (Motor im Leerlauf, Schalthebel neutral) weiter? (Sonst nicht zurückgezogene Bremsbeläge oder schwergängige Räder.)
■ Bremsen: Siehe Abschnitt »Bremsen prüfen« im Kapitel »Die Bremsen«.
■ Läuft der Motor im Leerlauf ruhig und gleichmäßig? Auch nach längerer Fahrt? Sauberer Übergang und ruckfreies Beschleunigen beim Gasgeben? Gaswegnehmen aus höherer Geschwindigkeit: Unübliche Geräusche von Motor, Getriebe, Auspuff? Patschen im Vergaser oder Auspuff?
■ Trennt die Kupplung beim Schalten (kein Kratzen im Getriebe)? Rutscht sie beim scharfen Gasgeben gleich nach dem Schalten und bei entlastetem Kupplungspedal durch (Motor dreht hoch, ohne daß der Wagen schneller wird)?
■ Funktionieren alle Scheinwerfer, Leuchten und Kontrollampen? Arbeiten die Blinker richtig? Zeigen die Instrumente an? Funktionieren Gebläse und Scheibenwischer?

Prüfen vor der TÜV-Kontrolle

Zu welchem Termin die nächste Vorführung Ihres Wagens erfolgen soll, das ersehen Sie an der farbigen Plakette auf dem hinteren polizeilichen Kennzeichenschild und aus dem entsprechenden Vermerk im Kraftfahrzeugschein. Dieser Termin muß eingehalten werden und darf nicht mehr – wie früher möglich gewesen – überzogen werden, sonst kostet es ein Verwarnungsgeld.
Mit gutem Gewissen können Sie zu der oft mit Sorge entgegengesehenen Kontrolle fahren, wenn Sie den Fiat sachverständig anhand dieses Buches gepflegt haben. In Selbsthilfe oder durch die Werkstatt abgestellte Mängel beweisen dem Prüfer Ihr Verantwortungsgefühl und lassen seine Beurteilung bei einer eventuell doch noch bestehenden Beanstandung sachlicher ausfallen, als wenn er ein vernachlässigtes Fahrzeug vor sich hätte. Deshalb sollte man auch die Wagenunterseite direkt vor der Fahrt zum TÜV gründlich reinigen lassen. Das

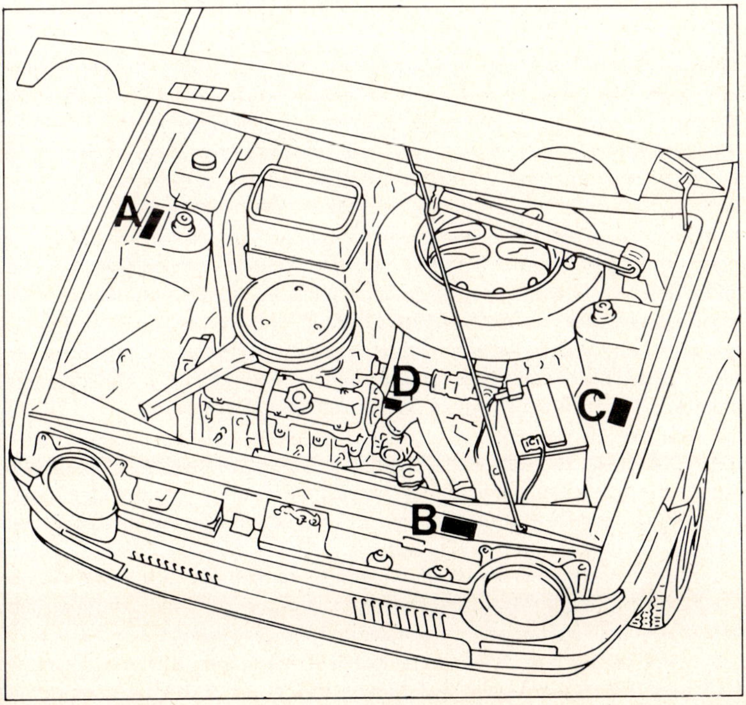

Kennschilder im Motorraum:
A – Typ und Nummer des Fahrgestells,
B – Typen- und Kennnummernschild,
C – Fabrikschild für die EG/ECE Genehmigung,
D – Typ und Nummer des Motors.

bekommt man in jeder Tankstelle gemacht. Die Fahrwerksteile und die Bremsleitungen müssen für den Prüfer mühelos erkennbar sein.
Vorher müssen Sie Ihren Ritmo selbst eingehend unter die Lupe nehmen. Der Auspuff ist auf Durchrostung, die Reifen sind auf Profiltiefe zu prüfen. Nicht serienmäßige Anbauteile oder solche, für die weder eine ABE (Allgemeine Betriebserlaubnis) noch eine Werksfreigabe vorliegt – darunter können z. B. fremde Auspuffanlage, nicht zugelassene Leichtmetallfelgen oder »sportliche« Anbauteile fallen –, sind zu entfernen und zu ersetzen.
Man kann auch einer Werkstatt den Auftrag erteilen, den Wagen für die TÜV-Kontrolle vorzubereiten. Aber das wird möglicherweise teuer. Solchen gern gesehenen Kunden könnte manche geschäftstüchtige Werkstatt Ersatzteil- und Reparaturkosten in Rechnung stellen, die mit dem Auftrag recht wenig zu tun haben.
Es gibt Autobesitzer, die führen erst einmal ihren gesäuberten Wagen dem TÜV vor und erklären dabei, daß sie sich über eventuelle Mängel informieren wollen. Nach der Kontrolle überreicht der Prüfer einen schriftlichen Befund, nach dem sich jetzt die Werkstatt richten soll. Der ausdrückliche Hinweis, nur die vermerkten Mängel zu beheben, verhilft zu einer preislich angemessenen Instandsetzung. Kleinere Mängel wird man sogar selbst beheben können. Danach stellt man den Wagen ein zweites Mal dem TÜV vor, möglichst unter Beifügung der detaillierten Werkstatt-Rechnung. Die neue Prüfplakette wird man jetzt ohne Verdruß erhalten.
Trotz einer Nachgebühr, die sich in ihrer Höhe danach richtet, ob leichte oder erhebliche Mängel zu beseitigen waren, hat man mit diesem erneuten Besuch doch Geld gespart.
Was außerdem vor TÜV-Kontrolle zu beachten ist, geht aus den einzelnen Abschnitten des vorliegenden Buches hervor. Hierbei seien besonders die Seiten 88, 108 und 134 genannt.

Fingerzeig: *Die Untersuchung braucht nicht bei einer TÜV-Stelle am Wohnort zu erfolgen (man kann sich also eine solche aussuchen, bei der man sich mehr Entgegenkommen verspricht). Ungünstige Prüfzeiten sind die Tage vor den Ferien und vor den Feiertagen, allgemein jedoch das Frühjahr. Eine Anmeldung ist nicht immer möglich, doch man kann mit einzelnen Prüfstellen Termine vereinbaren.*

Der Kraftstoffverbrauch

Allgemein wird der Verbrauch eines Autos von den Verkehrsverhältnissen, von der Belastung des Wagens und von Witterungsverhältnissen beeinflußt, insbesondere aber von Ihrer Fahrweise. Zu hoher Verbrauch kann natürlich auch andere Ursachen haben, die noch erläutert werden.
Bei den steigenden Benzinpreisen ist es für viele Autofahrer wichtig zu wissen, welche Sparmöglichkeiten bestehen. Bedenken Sie zunächst, daß sich eine überlegte, gleichmäßige Fahrweise ökonomisch günstig auswirkt.

DIN-Verbrauchsmessung

Seit 1979 werden die Verbrauchswerte, wie sie beispielsweise in Prospekten angegeben werden, unter drei unterschiedlichen Fahrbedingungen gemessen. Für den »Stadtverkehr« ist ein Fahrzyklus vorgeschrieben, der aus 25 Einzelvorgängen besteht und sich u. a. aus Leerlauf, Beschleunigen, Schalten, Bremsen und verschiedenen Geschwindigkeiten zusammensetzt. Die beiden Angaben »90 km/h« und »120 km/h« beziehen sich auf die entsprechende Geschwindigkeit bei konstanter Fahrt auf Landstraße bzw. Autobahn.
Früher wurde der Verbrauch bei halber Nutzlast des Wagens und bei gleichbleibend ¾ der Höchstgeschwindigkeit (höchstens jedoch 110 km/h) auf ebener

Bahn und bei Windstille gemessen. Dem so errechneten Wert wurden noch 10 % »Sicherheitszuschlag« hinzugefügt.
Die früheren Angaben des »Normverbrauchs« waren nicht praxisnah und daher kaum zu erreichen. Doch auch die neue dreiteilige Verbrauchsangabe beinhaltet natürlich Mängel – es sind stets optimale, nur unter günstigen Umständen erreichbare Werte.
Auch Fiat gibt den Kraftstoffverbrauch nach DIN 70030 an. Er ist für die in diesem Buch besprochenen Ritmo-Modelle auf Seite 205 zu finden. Allgemein muß man aber mit höheren Verbrauchswerten rechnen. Allenfalls unter äußerst günstigen Bedingungen kann man unter der Norm bleiben.

Verbrauchsmessung mit Fahrtenbuch

Einzelne Nachtankmessungen (getankte Menge geteilt durch die gefahrenen Kilometer) ergeben allenfalls den Verbrauch für die an jenen Tagen herrschenden Einsatzbedingungen. Einen echten Durchschnittsverbrauch muß man über eine längere Fahrtstrecke bzw. einen längeren Zeitraum beobachten.
Für die laufende Verbrauchsbeobachtung eignet sich am besten ein ordentlich geführtes Fahrtenbuch (kostenlos bei der Tankstelle erhältlich). Die Verbrauchsmessung geht dann so: Jeweils getankte Benzinmengen eintragen, alle paar tausend Kilometer zusätzlich nach dem Volltanken den genauen Kilometerstand eintragen. Alle Nachfüllmengen zwischen zwei km-Eintragungen addieren und den Gesamtverbrauch durch die gefahrenen km (mind. 1000 km!) teilen und mit 100 multiplizieren – das ergibt den Verbrauch auf 100 km.
Verbrauchsmessungen haben aber nur Sinn, wenn das Tachometer und damit der Kilometerzähler nicht zu viel Voreilung hat (siehe Seite 18 »Die Höchstgeschwindigkeit«). Eine bei manchen Ritmo-Modellen auftretende erhebliche Kilometerzählervoreilung täuscht einen geringeren Verbrauch vor als tatsächlich vorliegt.

Wovon hängt der Verbrauch ab?

Das Geld liegt gewissermaßen unter der rechten Schuhsohle. Wer wirtschaftlich Auto fahren will, sollte in erster Linie seinen rechten Fuß disziplinieren, doch davon später. Zuerst wollen wir uns den »äußeren« Einflüssen zuwenden.

Unbeeinflußbare Bedingungen

■ Witterung; Luftfeuchtigkeit, Luftdruck und Temperatur beeinflussen die Bildung des Kraftstoff-Luft-Gemisches. Gegenwind hemmt das Fortkommen, Rückenwind kann dagegen helfen, ein klein wenig Benzin zu sparen. Kälte läßt die Schmierstoffe zähflüssiger werden, die dann allen drehenden Teilen einen höheren Widerstand entgegensetzen. Der Kraftstoff vergast schlechter, die Starthilfe (durch geschlossene Starterklappe, siehe Seite 104/105) wird länger gebraucht, um dem Motor kraftstoffreicheres Gemisch zu liefern. Und nicht zuletzt erhöhen Schnee und Matsch auf der Straße den Rollwiderstand.
■ Fahrbahnart und Straßenzustand; die Räder rollen auf glattem Beton oder Asphalt leichter als auf rauhem Fahrbahnbelag, Schotter-, Feld- oder gar Schlammwegen. Außerdem muß man auf schlechten Straßen oft in einem kleineren Gang fahren, was zusätzlich Benzin kostet.
■ Gebirge; nicht nur das Bergauffahren kostet Kraftstoff, in höheren Regionen ist zusätzlich der Luftdruck geringer und der im Flachland einregulierte Vergaser liefert dem Motor nun fetteres Kraftstoff-Luft-Gemisch. Selbst bergab läßt sich im Gebirge kaum Sprit sparen. Die Bremsen würden zu stark beansprucht, wenn man nicht zusätzlich auch mit dem Motor bremst.
■ Stop-and-go-Verkehr; ständiges Anfahren und Bremsen, lange Leerlaufzeiten, wobei das Triebwerk mit Kraftstoffüberschuß arbeitet und nicht richtig warm wird, steigern den Kraftstoffkonsum um 30 % und mehr.

Fahrzeugursachen

■ Rollwiderstand; hierfür sind die Reifen und Radlager zuständig, unter Umständen auch die Bremsen. Der Reifen drückt sich an dem Punkt, an dem er die Fahrbahn berührt, etwas platt, was Widerstand erzeugt. Dabei spielt der Reifendruck eine entscheidende Rolle. Ein hart gepumptes Rad läuft leichter, denn höherer Druck verringert die Aufstandsfläche. 0,5 bar Luftdruck zu wenig steigern den Verbrauch um 10–15 %.

Schmale Sommergürtelreifen haben den geringsten Rollwiderstand, bei breiteren Reifen ist der Rollwiderstand manchmal höher, auf jeden Fall aber der Luftwiderstand durch die breitere Reifenlauffläche. Grobstollige Winterreifen rollen schlechter, mit aufgelegten Schneeketten ist der Rollwiderstand natürlich am höchsten.

Zu stramm eingestellte oder defekte Radlager hemmen die Fortbewegung, ebenso schleifende Bremsen (leichtes Gefälle: rollt der Wagen selbsttätig?). Auch eine grob verstellte Achseinstellung erhöht den Rollwiderstand.

■ Gewicht: hohe Belastung steigert durch größere Abplattung der Reifen den Rollwiderstand, außerdem muß der Motor beim Beschleunigen und Bergauffahren mehr Kraft aufbringen, den Wagen vorwärts zu bewegen. Je 100 kg Zuladung kosten zwischen 0,5 und 0,75 Liter Kraftstoff mehr. Deshalb alle nicht benötigten Gegenstände aus dem Wagen nehmen.

■ Höherer Luftwiderstand durch Dachträger, besonders mit sperrigem Gepäck, aber auch mit aufgeschnallten Skiern, verursacht einen Mehrverbrauch bis zu 1 Liter bei schneller Fahrt. Im Stadtverkehr und auf Landstraßen ist der Einfluß geringer. Träger möglichst bald wieder abnehmen. Bei Geschwindigkeiten ab 80 km/h erhöht sogar ein geöffnetes Seitenfenster oder Schiebedach den Luftwiderstand.

■ Wohnwagen, Last- oder Bootsanhänger belasten die Benzinrechnung je nach Gewicht und Luftwiderstand. Zusatzspiegel erhöhen den Luftwiderstand, deshalb sollten Sie sie nicht unnötig lange anmontiert lassen.

Motorursachen

■ Die in den Fahrzeugpapieren angegebenen kW (früher PS) kommen leider nicht vollzählig an den Antriebsrädern an. Ein Teil bleibt an den Zusatzaggregaten des Motors (Kühlerventilator, Lichtmaschine) und vor allem im Getriebe hängen. Je höher die Antriebsverluste sind, desto mehr Kraft muß der Motor aufbringen, um sie zu überwinden und damit den Wagen in Gang zu bringen – und das kostet Kraftstoff.

■ Im fabrikneuen Auto sind die Verluste höher als im eingefahrenen, bei dem sämtliche Lager, Wellen usw. schon leichter laufen. Der »Neue« ist daher auf den ersten paar 1000 km durstiger als später.

■ Der mechanische Zustand des Motors spielt eine wesentliche Rolle. Zu geringe Kompression durch schadhafte Ventile bzw. Kolben und Zylinder kostet Kraftstoff.

■ Zusammengedrückte Auspuffrohre (etwa durch harte Bodenberührung) hemmen durch den kleineren Rohrdurchmesser den Abgasfluß, die Motorleistung sinkt, der Verbrauch steigt.

■ Ein durchgerosteter Auspuff hat einen geringeren »Staudruck«. Der vermeintlich sportliche Klang überdeckt schlechtere Motorleistung und höheren Verbrauch.

■ Zu hohe Leerlaufdrehzahl steigert den Benzinkonsum nicht nur des im Stand laufenden Motors, sondern wirkt bis in mittlere Drehzahlbereiche verbrauchssteigernd. Außerdem ist die Motorbremswirkung im Gefälle geringer.

■ Störungen am Vergaser durch falsche Einstellung des Leerlaufs, der Beschleunigungspumpen-Einspritzmenge oder des Schwimmerstands, undichtes

Schwimmernadelventil, verstellte oder klemmende Starterklappe, verschmutzte oder verstopfte Düsen steigern den Verbrauch.

■ Verschmutztes Luftfilter; der mit der Verbrennungsluft angesaugte Staub setzt sich in den Papierfilterporen ab, die Löcher setzen sich zu und werden weniger luftdurchlässig. Der Motor leidet unter Luftmangel und verbrennt zu fettes Gemisch.

■ Mängel an der Zündanlage; falsche Zündeinstellung (durch abgenutzte Unterbrecherkontakte), fehlerhaft arbeitende automatische Zündverstellung (siehe Seite 179). 1° zu viel Spätzündung (siehe Seite 181) kostet etwa 1 % mehr Kraftstoff. Zu weit abgebrannte oder verschmutzte Zündkerzenelektroden bewirken bis zu 10 % Mehrverbrauch.

■ Zu dickes Motoröl erhöht den Reibungswiderstand im Triebwerk, vor allem in der Warmlaufphase nach dem Kaltstart. Wer statt der normalerweise vorgeschriebenen Ölviskosität (siehe Seite 67) ein sogenanntes Leichttlauföl verwendet, spart damit etwas Kraftstoff. Bei Einhaltung der vorgeschriebenen Ölwechselintervalle wird die Ersparnis durch den beträchtlich höheren Ölpreis jedoch wieder aufgebraucht.

Fahrerursachen

■ Die Fahrgeschwindigkeit ist der wesentlichste Verbrauchsfaktor: Mit zunehmendem Tempo wächst der Rollwiderstand der Reifen durch vermehrte Walkarbeit. Noch größer ist der Einfluß des Luftwiderstands. Er ist bei 100 km/h nicht etwa doppelt so hoch wie bei 50 km/h, sondern er vervierfacht sich (er nimmt im Quadrat zu).

■ Bleifußfahren kostet unnötig Benzin. Selbst bei zügiger Autobahnfahrt braucht das Gaspedal nicht bis zum Bodenblech durchgetreten zu werden. Leichtes Anheben des Gasfußes bewirkt keine oder nur eine geringe Geschwindigkkeitsverminderung, aber der Verbrauch sinkt um einiges. Probieren Sie selbst aus, ab welcher Gaspedalstellung das Tempo nachläßt. Auch an Steigungen ist nicht immer Vollgas nötig.

■ Bei hohem Fahrtempo tritt die sogenannte Vollastanreicherung in Aktion, sie kostet zusätzlich zum erhöhten Luftwiderstand im Hochgeschwindigkeitsbereich Kraftstoff.

■ »Sportliches« Fahren; Anfahren mit viel Gas, Beschleunigen bis in hohe Drehzahlen (Ausdrehen der Gänge) und notgedrungen oft auch hartes Bremsen ist verschwenderisch!

■ Zwischengas ist nicht nur überflüssig beim vollsynchronisierten Ritmo-Getriebe (siehe Seite 119), sondern kostet auch unnötig Kraftstoff.

■ Warmlaufenlassen frißt das Benzin ohne Nutzen. Der unbelastete Motor wird nur sehr langsam warm, das bedeutet zusätzlichen Verschleiß und unnötige Lärmbelästigung.

So fahren Sie sparsam

Zum Thema Spritsparen hört man bisweilen Widersprüchliches. Was den Fahrstil angeht, haben neuere Erkenntnisse frühere Auffassungen widerlegt. Heute gilt: »Je niedriger die Motordrehzahl, desto niedriger der Verbrauch.«

■ Wirklich günstig ist der Verbrauch bei niedriger Drehzahl und hoher Motorbelastung. Eine derartige Fahrweise war lange als »Motorquälerei« verpönt. Doch alle namhaften Automobilhersteller vertreten heutzutage die Ansicht, daß ihre Motoren selbst dann noch optimal geschmiert werden, wenn unsinnigerweise aus Leerlaufdrehzahl im höchsten Gang herausbeschleunigt wird. Sie können sich also beruhigt folgende Fahrweise aneignen: Zügig beschleunigen, nicht etwa zaghaft Gas geben, aber möglichst früh den nächsthöheren Gang einlegen.

Ist die gewünschte Geschwindigkeit erreicht, schalten Sie in den höchstmöglichen Gang und lassen den Ritmo mit wenig Gas rollen. Man kann beim Hochschalten auch mal einen Gang überspringen. Flott drehen soll der Motor eigentlich nur, wenn es die Verkehrssituation erfordert, also beim Überholen oder beim Einspuren in den fließenden Verkehr.

■ Die Motoren des Ritmo sind bei 2000/min hinreichend durchzugskräftig. Lassen Sie deshalb den Motor möglichst nur so weit drehen, daß Sie im nächsthöheren Gang aus ca. 2000/min weiterbeschleunigen können.

■ Bei jedem längeren Halt den Motor abstellen, z. B. vor einer Eisenbahnschranke, Baustellenampel oder im Verkehrsstau. Bereits bei 5–7 Sekunden Wartezeit haben Sie Benzin gespart.

■ Sparen können Sie durch Rollenlassen des Wagens: Wenn Sie an eine Stopstelle, Stauung o. ä. heranfahren, nicht mit eingelegtem Gang verzögern, sondern Schalthebel in den Leerlauf drücken. An mäßigen Gefällstrecken den Gang herausnehmen, aber nie bei einer Paßabfahrt, sonst werden die Bremsen überlastet. Nie bei eingelegtem Gang die Kupplung lediglich durchtreten, sondern den Gang herausnehmen, sonst besteht in niedrigen Gängen und höheren Geschwindigkeit Gefahr für die Kupplung. Auf keinen Fall dürfen Sie beim Rollenlassen den Motor abschalten! Die Bremskraftunterstützung fällt nach wenigen Bremsungen aus und unter ungünstigen Umständen könnte das Lenkschloß einrasten. Übrigens – in der Schweiz ist dieses Rollenlassen verboten.

Noch einige zusätzliche Spartips

■ Eine Extrafahrt zu einer weiter entfernten, billigen Tankstelle lohnt sich nur bedingt. Tanken Sie an der billigsten Zapfstation, an der Sie ohnehin vorbeifahren. Außerdem grundsätzlich volltanken, wenn der Preis günstig ist.

■ Im Sommer den Tank nicht kragenvoll füllen, wenn der Wagen anschließend gleich in der prallen Sonne abgestellt wird. Der in den Erdtanks kühl gelagerte Treibstoff dehnt sich bei Erwärmung aus und kann bis zu 2 Liter Mehrvolumen einnehmen. Die so entstandene Mehrmenge an Benzin geht durch die Tankentlüftung verloren.

■ Elektrizität kostet auch im Auto Geld. Eine unbelastete Lichtmaschine ist leichter durchzudrehen, als wenn sie Leistung abgeben muß. Als Anhaltspunkt kann gelten, daß 100 Watt in der Stunde etwa 10 Pfennig kosten. Deshalb Stromverbraucher, wie die heizbare Heckscheibe oder Nebelscheinwerfer rechtzeitig wieder abschalten. Aber nicht aus falschem Sparbewußtsein Licht sparen! Abblendlicht ist in der Bundesrepublik bei Beginn der Dämmerung, bei Nebel sowie starkem Regen und Schneefall zwingend vorgeschrieben.

■ Mit leichtem Schuhwerk läßt sich gefühlvoller Gas geben als mit Wander- oder Skistiefeln. Auf Langstreckenfahrten empfehlen wir Turn- oder Gymnastikschuhe.

■ Noch ein letzter Tip: Suchen Sie sich, wenn möglich, einen Weg und eine Zeit aus, bei der Sie nicht in den Hauptverkehr geraten. Eine etwas weitere Strecke ist oftmals wirtschaftlicher als eine kürzere, aber überfüllte.

Die Benzin-Qualität

Die Klopffestigkeit eines Kraftstoffes hängt einerseits von der entsprechenden Qualität und Verarbeitung des Rohöls ab und sie wird andrerseits durch sogenannte »Klopfbremsen« – zumeist das hochgiftige Bleitetraäthyl – auf die notwendige OZ-Höhe gebracht. Lediglich für einige Zeit nach 1972 und 1976, als durch gesetzliche Vorschrift in der Bundesrepublik der »Bleianteil« bis auf 0,15 Gramm pro Liter Benzin gesenkt werden mußte – die anderen europäischen Länder haben heute noch einen 3- bis 6fachen Bleizusatz –, sank hierzulande die Klopffestigkeit der Kraftstoffe ein wenig. Seit einigen Jahren liegt aber in der

Bundesrepublik die Klopffestigkeit der Kraftstoffe wieder an der Spitze mit 98 bis 100 ROZ für Super und 91 bis 95 ROZ bei Normal. Vorgeschrieben sind in der Bundesrepublik nach DIN 51 600 für Super mindestens 98 ROZ sowie 88 MOZ und für Normal 91 ROZ sowie 82,8 MOZ.

Verdichtungsverhältnis bestimmt die Kraftstoffart

Bei der gegenwärtig in Deutschland zur Verfügung stehenden Kraftstoffqualität braucht man für die Fiat-Motoren keine Bedenken zu haben. Ihre Verdichtung liegt in Bereichen, die von dem Kraftstoff durchaus befriedigt werden kann.
Wegen des Verdichtungsverhältnisses der Ritmo-Motoren, das zwischen 9,0:1 und 9,5:1 liegt (siehe Seite 202), benötigen alle diese Triebwerke Superkraftstoff. Das soll – weil Super teurer ist als Normal – nicht abschrecken, denn ein auf Super ausgelegter Motor kann sein »Futter« besser verwerten und verbraucht im Schnitt weniger Kraftstoff als ein mit Normalbenzin zufriedener Motor.

Was ist Klingeln oder Klopfen?

Was passiert, wenn ein Kraftstoff nicht genügend klopffest ist? Normalerweise verbrennt das Kraftstoff-Luft-Gemisch im Zylinder auf Befehl der Zündkerze. Weil der Zündfunke vor allem bei höheren Drehzahlen im Motor schon überspringen muß, bevor der Kolben seine höchste Stellung, den oberen Totpunkt, erreicht hat, läuft die von der Zündkerze ausgehende Flammfront dem noch aufwärtskommenden Kolben entgegen. Das kann zu einer Gegen-Explosion durch Selbstentzündung – wie beim Dieselmotor – führen und deren Druckwelle schlägt dem Kolben gewaltig auf den Kopf. Das erschüttert den ganzen Motor und gibt Hitzestauungen, die in extremen Fällen den Kolbenboden anschmelzen können. Es hört sich wie ein helles metallisches Hämmern an – es klingelt oder klopft. Genügend klopffester Kraftstoff wartet dagegen, bis die Flammfront von der Zündkerze ihn ereicht hat und verbrennt erst dann.
Dieses Klingeln oder Klopfen tritt vor allem auf, wenn man einen superbedürftigen Motor versehentlich mit Normalbenzin betankt. Dann zeigt es sich im Beschleunigungsklopfen, beim kräftigen Gasgeben oder beim schaltfaulen Fahren an einer Steigung. Sonstige Fahrzeuggeräusche können das Klingeln übertönen; man hört es besser, wenn der Wagen an einem vorbeifährt.
Aber auch wenn der Wagen mit vorgeschriebenem Benzin betankt ist, kann das Beschleunigungsklopfen bei falsch eingestelltem Zündzeitpunkt (zu früh) auftreten – siehe Seite 181 und 182.
Abhilfe bei Beschleunigungsklopfen: Fuß vom Gaspedal, nur behutsam Gas geben, bis sich besserer Kraftstoff tanken bzw. die Zündzeitpunkteinstellung überprüfen läßt. Gefährlicher als das Beschleunigungsklopfen ist das Hochdrehzahlklopfen, das gelegentlich superbedürftige Motoren bei Vollgas befällt, auch wenn sie mit Super betankt wurden. Meistens fehlt es dann (in Ostblockstaaten) an der nötigen MOZ. Wegen der starken Fahrgeräusche ist es kaum zu hören, und erst die bedrohlich ansteigende Kühlwassertemperatur deutet darauf hin. Abhilfe: Sanft weiterfahren, bis sich besserer Superkraftstoff auftreiben läßt.

Motorschäden durch schlechten Kraftstoff vermeiden

■ An bundesdeutschen Tankstellen rundes Schild mit der Aufschrift »DIN-Norm 51 600« beachten.
■ Schwierigkeiten kann es bei Auslandsreisen vor allem in Ostblockstaaten geben. Da sich die Kraftstoffqualitäten aber laufend ändern, empfiehlt es sich vor der Fahrt, eine ADAC-Geschäftsstelle zu befragen.
■ Vom Übergang von längerem Stadtverkehr, wenn die Verbrennungsräume des Motors durch Rückstandsbildung verkokt sind, auf scharfe Fernfahrt vor der

ersten Stunde maximal nur 4500/min. Der Motor braucht dann speziell auf der Autobahn diese Zeit zum Einlaufen bzw. Freibrennen der Brennräume. Im Sommer ist es wichtig, das Warnlicht für mangelhaften Öldruck oder, wenn vorhanden, den Öldruckmesser im Auge zu behalten. Siehe hierzu den Abschnitt »Die Öldruckanzeige« Seite 196.

■ Der Zündzeitpunkt muß richtig eingestellt sein. Vorbeugende Rücknahme des Zündzeitpunktes ist nicht empfehlenswert, da eine solche Verstellung in Richtung Spätzündung verbrannte Auslaßventile und Kühlerkochen zur Folge haben kann. Außerdem wirkt sich diese Maßnahme negativ auf Leistung, Verbrauch und CO-Wert im Abgas aus.

Nachdieseln

In seltenen Fällen kann es nach strammer Fahrt vorkommen, daß der Motor nach Abstellen der Zündung stoßartig weiterläuft. Man nennt diesen Vorgang »Nachdieseln«. Hervorgerufen wird dieses Weiterlaufen ohne Fremdzündung (wie ein Dieselmotor) durch glühende Rückstände im Brennraum oder durch überhitzte Auslaßventile.

Derartige Glühzündungen sind noch gefährlicher als das Beschleunigungsklopfen. Bei innen sauberen Motoren – solche, die mit einer gut gewarteten Zündanlage, durch richtiges Ventilspiel und durch gelegentlich längere Fernfahrten sich im Betrieb selbst reinigen – kommt es zu keinen Schwierigkeiten.

Ein nachlaufender Motor wird zum Stehen gebracht, wenn man den 1. Gang einlegt, die Fuß- und Handbremse betätigt und langsam einkuppelt. So würgt man den Motor ab.

Die Höchstgeschwindigkeit

Hohe Treibstoffkosten und Geschwindigkeitsbegrenzungen haben die frühere Bedeutung der Höchstgeschwindigkeit in den Hintergrund gedrängt. Dauervollgas treibt die Benzinrechnung auf unnötige Höhe, und wenn man nicht überaus eilig ist, reicht zu flotter Autobahnfahrt durchaus ⅔ Gas.

Dennoch ist die »Spitze« des eigenen Autos von Interesse. Man kann sie selbst ermitteln, denn die Tachometeranzeige ist bei den Ritmo-Modellen nicht völlig korrekt. Freilich wird eine Voreilung des Tachometers offiziell toleriert, darf sie doch in den oberen beiden Dritteln des Anzeigenbereichs bis zu 7 Prozent nach oben streuen. So zeigen die Ritmo-Tachometer im unteren Drittel auch ziemlich genau an: 50 km/h entsprechen tatsächlich gefahrenen 47–49 km/h. Wenn die Nadel auf 100 geklettert ist, liegt die wirkliche Geschwindigkeit zwischen 94 und 97 km/h, und bei angezeigten 140 km/h kann es sein, daß der Wagen nur 132 km/h läuft.

Mit diesem Übermaß der Geschwindigkeitsanzeige verbunden ist zugleich ein Zuviel des Kilometerzählers. Springt der Zähler von einer Kilometerzahl zur nächsten, so beträgt die zurückgelegte Strecke in Wirklichkeit vielleicht nur 980 bis 985 Meter. Derartige Abweichungen müssen bei Verbrauchsmessungen und Entfernungsangaben bei größeren Fahrten berücksichtigt werden.

Die Tachometervoreilung hängt nicht mit einer »Fehlkonstruktion« des Instruments zusammen, sie kann auf äußeren Umständen basieren: Vor allem die Reifengröße und mit ihr der Abrollumfang sowie der Reifendruck haben auf die Geschwindigkeitsanzeige Einfluß, in geringerem Maße auch Fertigungstoleranzen innerhalb der mechanischen Übertragung der Anzeige.

Sie können die Voreilung auf einer ebenen, mäßig befahrenen Autobahnstrecke nachprüfen. Voraussetzungen: Beifahrer(in) mit Stoppuhr oder Armbanduhr mit Sekundeanzeige. Bei Vollgas die Zeit für einen Kilometer messen lassen. Die Tachonadel darf dabei während der Messung nicht mehr ansteigen, was einen kilometerlangen Anlauf bedingt (Fenster schließen).

Die Geschwindigkeit in Kilometer pro Stunde (3600 Sekunden) ergibt sich, wenn Sie 3600 durch die gestoppte Zeit (in Sekunden) dividieren.
Übrigens läßt sich ähnlich auch der Tacho eichen: 3600 geteilt durch die zwischen zwei km-Markierungen auf der Autobahn gestoppte Zeit, während man genau nach dem Tacho ein bestimmtes Tempo fuhr. So sind beispielsweise 3600:38 s = 95 km /h (Tacho zeigte 100 km/h).
Die Höchstgeschwindigkeit wird bei Gegen- und Seitenwind nicht erreicht, und sie wird durch Rückenwind oder abgefahrene Reifen gleichfalls verfälscht.
Alle Ritmo-Typen erreichen mindestens die Geschwindigkeiten, welche auf Seite 205 dieses Buches angegeben sind. Bei diesen Werksangaben ist Fiat zurückhaltend, denn gut eingefahrene Wagen bringen es gewöhnlich auf 2 bis 6 km/h mehr als angeführt. Herstellungstoleranzen bei der Fertigung, Einfahrbedingungen und Alter des Wagens sind natürlich Kriterien, die sich auf die Spitzengeschwindigkeit auswirken können. Wenn man voll beladen fährt, ist eine Höchstgeschwindigkeit sowieso nicht realisierbar, sie verringert sich sogar um 10 km/h bis maximal 25 km/h, wenn sperrige Dachlast mitgeführt wird.

Beziehungsweise

Es gibt Arbeiten am Auto, die lassen sich ohne spezielle Werkzeuge und Meßinstrumente nicht ausführen. Auch geschultes Wissen wird bei vielen Instandsetzungsarbeiten verlangt. Dem Heimwerker fehlen diese Voraussetzungen meistens. Man denke nur an Bremsanlage und Lenkung: Die Verkehrssicherheit steht an erster Stelle.
Dann und wann muß also die Hilfe einer Auto-Werkstatt in Anspruch genommen werden. Damit Ihnen dieser Weg leichter fällt, sollten Sie vor dem Besuch dort einiges wissen.

Umgang mit der Werkstatt

In Deutschland gibt es rund 1400 Fiat-Händler, die normalerweise zugleich eine Reparaturwerkstatt führen. Gute Werkstätten sind aber bisweilen überlastet, und Wartezeiten lassen sich aus mancherlei Gründen nicht vermeiden. Zur Entschärfung dieses Problems hier ein paar Ratschläge:

■ Wartungsdienste und voraussehbare Reparaturen möglichst rechtzeitig persönlich oder telefonisch anmelden und Termin vereinbaren:

■ Möglichst morgens zwischen 7 und 8 Uhr vorfahren; dann werden die Arbeiten für den Tag eingeteilt. Notfalls den Wagen am Vorabend hinbringen. Falls Sie zeitlich nicht unter Druck stehen oder Sonderwünsche haben, hat man an der Reparaturannahme aber nach 10 Uhr mehr Ruhe für eine Unterhaltung.

■ Wagen möglichst nicht kurz vor Feierabend oder großen Schulferien in die Werkstatt bringen – man ist dann oft überlastet.

■ Vor dem Werkstattaufenthalt sollten Sie Ablagefächer, Handschuhfach und Kofferraum ausräumen einschließlich Werkzeug, Reservekanister und Abschleppseil. Die Werkstatt übernimmt keine Haftung, wenn Ihnen derartige Dinge abhanden kommen.

■ Es erhöht nicht gerade die Arbeitsfreude des Mechanikers, wenn er das Auto unter dicken Schmutzkrusten erst freilegen muß. Gönnen Sie dem Ritmo je nach der fälligen Reparatur eine Wäsche oben, im Motorraum oder an der Unterseite.

■ Ganz klaren Reparaturauftrag geben (dieses Buch soll dazu helfen). Zum Beispiel Ölwechsel: ja oder nein? Wollen Sie das teuerste Öl? Es wird oft ungefragt beim Ölwechsel aufgefüllt. Zündkerzen austauschen: ja oder nein?

■ Schriftlichen Kostenvoranschlag ausstellen lassen (er ist drei Wochen für die Werkstatt verbindlich).

■ Setzen Sie eine Preisgrenze nach oben für eventuell notwendige Zusatzarbeiten.

■ Ausgetauschte oder ersetzte Teile wandern auf den Schrotthaufen (Rückgabe-Austauschteile natürlich ausgenommen). Lassen Sie auf dem Auftrag vermerken, daß man die defekten Teile in den Kofferraum legt oder zur Hand hält. Dadurch haben Sie eine gewisse Kontrolle über die Werkstattarbeit.

■ Wird ein schriftlich zugesagter Termin um mehr als 24 Stunden überzogen, muß die Werkstatt ein gleichwertiges Ersatzfahrzeug stellen oder 80 % der Mietwagenkosten tragen.

■ Wenn Sie anderer Meinung als die Leute von der Werkstatt sind, suchen Sie nicht durch Streit Ihr vermeintliches Recht zu erzwingen, sondern sprechen Sie sachlich und ruhig mit dem zuständigen Mann. Lassen Sie sich seine Gründe so erklären, daß Sie sie als Laie verstehen können.

■ Bei Uneinigkeiten mit der Werkstatt kann man sich kostenlos an eine der über die BRD verteilten Schiedsstellen wenden. Ein Anschriftenverzeichnis ist vom Zentralverband des Kraftfahrzeughandwerks, Franz-Lohe-Straße 21, 5300 Bonn 1, von der Kfz-Innung, von der Handwerkskammer, von den Automobilclubs oder von der DAT erhältlich. Die Schiedsstellen können aber nur bei den Betrieben etwas ausrichten, die auch der Innung angehören; erkennbar am weißen Schild »Meisterbetrieb des Kfz-Handwerks«. Falls man mit dem Schiedsspruch nicht einverstanden ist, bleibt natürlich der ordentliche Rechtsweg offen; die Werkstatt ist hingegen an das Urteil gebunden.

■ Bei Abnahme des reparierten Wagens sollten Sie noch auf dem Werkstatthof möglichst viele Funktionen Ihres Wagens überprüfen und auch versuchen, ein kleines Stück hin und her zu fahren. Solange Sie noch im Betrieb der Werkstatt sind, lassen sich den Wagen betreffende Beanstandungen besser und überzeugender anbringen.

Die Frage nach den Kosten

Wenn ein Werkstattbesuch fällig wird, soll man sich nicht scheuen, vorher nach den Kosten zu fragen. Auch wenn man vielleicht recht gut informiert sein mag, ist es diplomatischer, Unkenntnis als Grund für eine detaillierte Unterrichtung über die ausstehende Reparaturarbeit anzugeben. Dann lassen sich eventuell eifrig angebotene zusätzliche Arbeiten immer noch zurückweisen, und manche Mark wird eingespart.

Schriftlicher Kostenvoranschlag

Bei größeren Reparaturen sollten Sie sich – möglichst von verschiedenen Werkstätten – einen Kostenvoranschlag machen lassen. Dies kann durchaus in Form des Reparaturauftrags geschehen, auf dem zu den einzelnen Posten die Preise eingesetzt sind. Solche vorher im Auftrag festgelegten Preise dürfen bei Gesamtkosten unter 500 Mark um 20 % und bei höheren Kosten um höchstens 15 % überschritten werden. Entstehen jedoch höhere Kosten, muß die Werkstatt beim Auftraggeber rückfragen, ehe die Arbeiten ausgeführt und in Rechnung gestellt werden. Deshalb ist es wichtig, die Telefonnummer, unter der man tagsüber zu erreichen ist, anzugeben.

Austauschteile

Bei der Fiat Automobil AG in Heilbronn kann man eine Preisliste für Austauschteile anfordern, die gleichzeitig über den Versand-Service informiert. Danach werden Bestellungen bei Tag und Nacht, auch sonn- und feiertags, entgegengenommen, allerdings nur werktags am gleichen Tage bearbeitet und über die Deutsche Bundesbahn per Expreß aufgegeben. Auch an Sonn- und Feiertagen sind Bestellungen möglich: Telefon 0 71 31 (Vorwahl Heilbronn) 10 71 (Fiat) 3 95 (Hausapparat). Und wer die Möglichkeit hat, Telex zu benutzen, hier ist die Nummer: 07 28603.

Bei allen Fiat-Händler können Sie für Ihren Ritmo die nachfolgend benannten Original-Austauschteile beziehen: Anlasser, Bremsbacken, Getriebe und Differential, Kupplung, Kupplungsscheibe, Kurbelwelle, Lichtmaschine, Scheibenwischermotor, Teilmotor, Vergaser, Verteiler, Wasserpumpe.

Dabei handelt es sich um generalüberholte Ersatzteile, auf die Fiat die gleiche Garantie wie bei neuen Original-Teilen erteilt. Natürlich muß das alte Teil abge-

liefert werden – die Hergabe instandsetzungsfähiger Aggregate ist Voraussetzung bei diesem »Austausch«. Solche alten Teile müssen riß- und bruchfrei sein und dürfen weder Schweißungen noch Schäden durch äußerliche Einwirkung aufweisen.
Der Lieferumfang der AT-Motoren umfaßt Kurbelgehäuse mit Kolben komplett, Pleuel mit Lagern, Kurbelwelle mit Hauptlagern, Ölpumpe mit Antriebswelle, Ölwanne sowie Ölmenge für zwei Ölwechsel. An neuwertigen Teilen werden in die AT-Motoren Kolben, Lagerschalen, Ölpumpenräder, Steuerkette, Dichtringe, Dichtungen sowie Verschleißteile eingebaut. Vom Altmotor werden verwendet: das Kurbelgehäuse (gebohrt und gehont), die Kurbelwelle (rißgeprüft und geschliffen), der Steuergehäusedeckel und die Ölwanne. Bei Bedarf kann auch die Nockenwelle vom Altmotor übernommen werden. Der AT-Motor erhält keine besondere Kennzeichnung, lediglich die AT-Katalognummer sowie die Motornummer des alten Aggregats werden übernommen.
Originalteile sind um etwa 40 % teurer als die Austauschteile (für die ebenfalls Preisempfehlungen bestehen). Trotzdem muß man bei einem gewissen Alter des Wagens – etwa bei 80 000 bis 100 000 km – überlegen, ob es wirtschaftlicher ist, einzelne Aggregate im Austausch zu besorgen oder einen kompletten Tauschmotor einzubauen, wenn Leistungsabfall oder Ölverbrauch des alten Motors bedenklich stimmen.

Ersatzteile

Die Vielzahl der Ersatzteile läßt es nicht zu, hier eine Preisliste zusammenzustellen. Hauptsächlich ist das aber wegen des ständigen Preisanstiegs und wegen der nicht mehr bestehenden Preisbindungen nicht möglich. Das Werk gibt nur Preisempfehlungen; die Händler aber können ihre Ersatzteilpreise frei gestalten, und es lohnt sich daher, einen Preisvergleich unter mehreren Fiat-Werkstätten anzustellen.
Oft müssen neben dem defekten Teil noch die anschließenden oder mit diesem im Zusammenhang stehenden Teile ausgewechselt (und bezahlt) werden. Das gilt nicht nur für Dichtungen, Schrauben und dergleichen. Auch einzelne Bremsbeläge lassen sich nicht ersetzen, sondern es müssen alle Bremsbeläge einer Achse ausgewechselt werden. Ebenso kann man Zahnräder nur paarweise ersetzen. Wenn bei der Fiat-Werkstatt Ersatzteile zum Selbsteinbau gekauft werden, muß man sich erkundigen, ob auch irgendwelche Nachbarteile zu ersetzen sind. Man braucht keineswegs Hemmungen zu haben, in der Werkstatt nur einzelne Ersatzteile zu besorgen.
Es hat sich bewährt, das defekte Altteil beim Ersatzteilkauf vorzulegen. Dann können Sie sofort vergleichen, ob man Ihnen das richtige Teil verkauft hat. Im Lauf der Modellentwicklung und durch unterschiedliche Zulieferer kann es verschiedene Serien eines bestimmten Teils geben, und zu Hause stellen Sie verärgert fest, daß Sie gerade das falsche bekommen haben.

Gebrauchte Ersatzteile

Bei einer gut geführten Autoverwertung können Sie ein reichhaltiges Angebot an funktionstüchtigen Gebrauchtteilen finden. Aber innerhalb der Weiterentwicklung wurden Teile bisweilen geändert und passen daher vielfach nicht für spätere Baujahre. Überzeugen Sie sich zuvor, ob das gebrauchte Ersatzteil überhaupt für Ihren Wagen richtig ist, oder lassen Sie sich ein Rückgaberecht einräumen.

Verschleißteile

Ölfilter, Luftfilter, Glühlampen, Zündkerzen, Unterbrecherkontakte, Auspuffanlagen, Bremsbeläge und Stoßdämpfer kann man auch im Zubehörhandel, Großmarkt und Waren- oder Versandhaus erwerben, wobei die Preise bis zu 50 %

unter dem jeweiligen Werkstattpreis liegen können. Falls Sie günstige Einkaufsquellen nutzen wollen, dann mit zwei Einschränkungen: Nur Bremsbeläge aus der Vertragswerkstatt sind entsprechend getestet worden und versprechen bestmögliche Bremsverzögerung: Eigenversuche mit Billigware können lebensgefährlich werden.
Preisgünstige Stoßdämpfer für die Hinterachse sollte man ebenfalls nur von bekannten Herstellern kaufen, wobei allerdings die großen Versand- und Warenhäuser auch unter eigenem Namen Markenfabrikate vertreiben. Billige Auspuffanlagen passen bisweilen nicht so exakt wie Originalteile, auch kann es mit der Lebensdauer Enttäuschungen geben.
Im ersten Jahr sollten mit Rücksicht auf den Garantieverlust keine Fremdteile eingebaut werden, denn auch ein unschuldiges Fremdteil kann bei einem Garantiefall zu Ihren Ungunsten entscheidend mitwirken.

Werkstattkosten

Außer den Preisen klettern auch Löhne und Gehälter, was sich auf den Stundenlohn in Reparaturwerkstätten niederschlägt. Werkstattpreise setzen sich zu fast einem Drittel aus dem Arbeitslohn des Mechanikers und zu knapp einem Viertel aus Lohnanteilen und Gehältern für die Beschäftigten in dem Betrieb zusammen, der Rest errechnet sich aus festen Kosten (Miete, Strom Heizung usw.), Buchhaltung, Porto, Telefon, Abschreibungen, Steuern, Versicherungen und aus genau 10 % gesetzlich vorgeschriebenen sozialen Aufwendungen. Die demnach von Werkstatt zu Werkstatt differierenden Arbeitskosten kommen zu den Ersatzteil- und Materialpreisen hinzu.
Grundlage für alle Reparaturrechnungen ist eine von Fiat herausgegebene Richtzeitenliste, in der die vom Werk ermittelten sogenannten Richtzeiten für die einzelnen Arbeiten festgelegt sind. Sie gelten als Maßstab ohne Berücksichtigung der tatsächlichen Arbeitszeit des betreffenden Monteurs und vereinfachen die Büroarbeit des Betriebs, zwingen jedoch die Werkstattarbeiter bisweilen zu überstürzter Ausführung ihrer Aufgaben. Wenn trotz der Richtzeiten die Reparaturkosten unterschiedlich hoch ausfallen, liegt es an der Kalkulation der Werkstätten, die eine Stunde Arbeitszeit nach eigenen Durchschnittslöhnen, Unkosten, Abschreibungen usw. und dem sich daraus ergebenden Werkstatt-Index errechnen.
Diese Arbeitsrichtzeiten – bei anderen Autofirmen »Arbeitswerte« genannt – sind bei Fiat in Dezimalstunden eingeteilt. So sind z. B. beim Kilometerstand 20 000 für Diagnose und Wartung am Ritmo 2,55 Stunden zuzüglich einer »Rüstzeit« von 0,15 Stunden vorgesehen, das entspricht zusammen einer Zeit von 162 Minuten. Diese Berechnung basiert darauf, daß 1,00 Richtzeitstunden gleich 60 Minuten sind und daß demnach 0,10 Richtzeitstunden 6 Minuten entsprechen. Daneben werden noch benötigte Materialien sowie Betriebsmittel und Lohnkosten für zusätzliche Arbeiten berechnet.
Über das Kostengefüge wird man durch die Preisauszeichnung orientiert. Alle Handwerksbetriebe – und so auch Autoreparaturwerkstätten – müssen über die am häufigsten vorkommenden Arbeiten eine Preisliste in ihren Geschäftsräumen offenliegen haben. Somit kann man sich ohne viel Fragerei über gewisse Kosten ein vergleichendes Bild machen und die Entscheidung, welchen Betrieb man aufsuchen will, fällt leichter. Wo allerdings qualitativ besser gearbeitet wird, das läßt sich aus solchen Preisauszeichnungen nicht entnehmen.
Bei der Auftragserteilung darf nicht vergessen werden, die eigene Telefonnummer anzugeben und zu erklären, daß bei weiterreichenden Reparaturen eine Rückfrage erfolgen soll. Im Interesse der Verkehrssicherheit erforderliche Reparaturausweitungen können allerdings vom Kunden kaum abgelehnt werden.

Unterschiede bei Reparaturpreisen

Innerhalb von Großstädten treten Preisschwankungen von 20 % auf. Auf dem Land ist es billiger, und es lohnt sich bestimmt in die Provinz zu gehen, wo die Werkstatt geringere Unkosten hat.

Werkstatt-Haftung

Werkstätten haften für Folgeschäden, die sich aus falsch oder unsachgemäß erfolgten Reparaturen ergeben.
Die Garantie für Reparaturen erstreckt sich auf die Dauer von sechs Monaten, ohne Kilometer-Begrenzung für private Kunden, während für gewerblich genutzte Fahrzeuge eine Grenze von 10 000 km besteht. Wenn eine Reparatur mangelhaft ausgeführt wurde, muß die Werkstatt alle Kosten tragen, die mit der Beseitigung des Mangels entstehen. Dazu gehören auch Abschleppkosten. Wenn trotz mehrmaliger Nachbesserungsversuche der Schaden nicht behoben werden kann, besteht ein Recht auf Herabsetzung des Reparaturpreises oder auf Rückgängigmachung des Reparaturauftrags.
Vorsätzlich oder grob fahrlässig mangelhaft ausgeführte Reparaturen ziehen eine unbeschränkte Haftung für Folgeschäden nach sich. Desgleichen kann Schadenersatz (Leihwagen) gefordert werden, wenn ein zugesagter Fertigstellungstermin wegen Fahrlässigkeit nicht eingehalten wird. Darüber hinaus besteht für die Werkstatt eine Sorgfaltspflicht, deren Größe sich nach dem Umfang des Schadens bzw. der Reparatur richtet. Bei einem nicht eindeutigen Schadensfall muß eine sorgfältige Diagnose erstellt werden, um nicht erforderliche Arbeiten rechtzeitig vermeiden zu können. Unnötige Reparaturkosten hat die Werkstatt selbst zu tragen.

Spezialisten am Werk

Es gibt zahlreiche Spezialwerkstätten, die sich mit einem Sonderteil der Autoreparatur befassen und meist nicht so anonym und überlaufen sind wie Vertragswerkstätten. Auf ihrem Spezialgebiet sind solche Werkstätten mit jedem Automodell vertraut, und besondere Wünsche lassen sich dort zumindest leichter erfüllen. Schließlich schicken auch viele Vertragswerkstätten die Wagen ihrer Kunden ohne viel Aufhebens in solche Spezialbetriebe – diesen Weg kann man abkürzen und gleich selbst hinfahren.

Autoelektrik, Vergaser und Instrumente

Zahlenmäßig an der Spitze der Spezialwerkstätten stehen die Autoelektrik-Betriebe, von denen die meisten die Firma Bosch vertreten. Dort sind auch wesentliche Elektroteile für den Fiat zu erhalten. Man beschränkt sich in gut ausgestatteten Bosch-Werkstätten keineswegs nur auf Batterie, Zündanlage und Scheinwerfer, sondern besitzt außerdem moderne Motortestgeräte, die etwa zur Prüfung der Vergasereinstellung geeignet sind. Im Telefonbuch sind die umliegenden Bosch-Dienste verzeichnet. Eine komplette Liste erhalten Sie auf Anfrage von der Kundendienstabteilung der Robert Bosch GmbH, Postfach 50, 7000 Stuttgart 1.
Vergaser-Spezialwerkstätten sind hierzulande zumeist mit der Pierburg GmbH (früher Deutsche Vergaser Gesellschaft) vertraglich verbunden. Oft kann man dort auch mit Weber-Vergasern umgehen. Solche Vergaserdienste sind vorwiegend in größeren Städten zu finden; die Anschriften erhält man von der Kundendienstabteilung der Pierburg GmbH & Co. KG, Postfach 838, 4040 Neuss 13. Den Nachweis spezieller Weber-Vertretungen (falls in Ihrem Wagen ein solcher italienischer Vergaser eingebaut ist) erhalten Sie von der Firma Viktor Günther, Gießener Str. 93–95, 5000 Köln 91.
Auf die Instrumente und verschiedene sonstige Geräte des Autos haben sich die VDO-Tachometerdienste spezialisiert, deren Anschriften man von der Kundendienstabteilung der VDO Adolf Schindling AG, Postf. 6140, 6231 Schwal-

bach, bekommen kann. Bei diesen VDO-Diensten kann man beispielsweise das Tachometer reparieren lassen, wenn es nicht mehr richtig funktionieren will.

Karosserie, Lackierung und Innenausstattung

Schäden an Lack und Karosserie kann man auch selbst wieder ausbügeln (das ist z. B. ganz ausführlich im Sonderband Nr. 45 dieser Buchreihe beschrieben), wenn aber an der Karosserie geschweißt werden muß oder eine große Fläche einwandfrei lackiert werden soll, geht es kaum ohne Spezialwerkstatt. Karosserieblechnerei und Lackiererei sind oft unter einem Dach vereint; die Anschriften findet man im (Branchen-)Telefonbuch, Karosserie- und Lackarbeiten sind nahezu die letzten handwerklichen Kunstfertigkeiten bei der Autoreparatur, und es lohnt sich daher, einmal umherzufragen, in welcher Karosseriewerkstatt oder Lackiererei ein in Fachkreisen besonders anerkannter Mann arbeitet.
Auto-Sattlereien sind heutzutage eine Seltenheit geworden. Wenn Sie aber eine finden, werden Sie erstaunt sein, wie preiswert die Reparatur eines verschlissenen Sitzpolsters ausgeführt wird. Dazu haben Sie eine interessante Polsterstoffauswahl oder können den entsprechenden Stoff gleich mitbringen. Ebenso ist die Innenraumverkleidung Spezialsache der Autopolsterei.

Reifen

Daß sich um die Reifen spezielle Reifendienste bemühen, dürfte allgemein bekannt sein. Man hat dort in der Regel mehr Auswahl als bei der Vertragswerkstatt, und da der Umgang mit Reifen dort einzige Beschäftigung ist, kann man damit rechnen, daß das Reifenauswuchten sorgfältiger (und auf besseren Maschinen) vorgenommen wird.

Für und Wider bei Tankstellen

Suchen Sie sich eine gut geführte Stamm-Tankstelle, die nicht nur auf Selbst-Bedienung spezialisiert ist. Denn an SB-Tankstellen darf Ihnen, entsprechend gesetzlicher Vorschriften, nicht geholfen werden, und dementsprechend ist dort auch meist nur jemand zum Kassieren da. An anderen Tankstellen, die (vielleicht neben einigen SB-Zapfsäulen) auch Tankstellen-Service leisten, sind Sie mit kleineren autotechnischen Nöten besser aufgehoben, denn diese Tankstellen bieten in der Regel mehr als nur Benzin für den Tank. Dort gibt es durchweg alle Möglichkeiten zum Ölwechsel sowie Einrichtungen für Reifen und Batteriedienst. An ausgewählten Tankstellen, meist mit eigenem Kraftfahrzeugmeister, finden Sie auch Motor-Prüfgeräte zum Einstellen von Vergaser und Zündung.
Regelrechte Kraftfahrzeugreparaturen gehören allerdings nicht an Tankstellen. Denn dort fehlt es am zumeist erforderlichen Spezialwerkzeug, oft am Spezialwissen und vor allem sind Tankstellen in der Regel nicht gegen das Reparatur-Risiko haftpflichtversichert. Das könnte bösen Ärger geben.
Unterwegs wird man an den Tankstellen nicht mehr so wie früher umsorgt. Meistens muß man sich um kleinere Kontrollen, die das Tankstellenrepertoire betreffen, selbst kümmern. Das gilt besonders an Selbstbedienungstankstellen. Hier sitzt der Tankwart nur noch an der Kasse, und Motorölstand, Kühlmittelstand, Batteriesäurestand und Scheibenwaschwasservorrat sollte man der eigenen Sicherheit wegen dann selbst kontrollieren.

Selbsthilfe in der Mietwerkstatt

Vor allem in Großstädten haben sich etliche Autohobby-Mietwerkstätten angesiedelt, in welchen man gegen entsprechende Arbeitsplatzstandmiete (oft einschließlich Werkzeugbenutzung) selbst an seinem Ritmo bauen und basteln kann. Dort gibt es Hebebühnen, Montagegruben, Schweißgeräte sowie Spezialwerkzeuge, und einige Betriebe haben sogar Lackierkammern und einen hauptberuflichen Lackierer. Allerdings muß man diese Werkstätten oft mühsam im Branchenverzeichnis des Telefonbuchs oder im Anzeigenteil von Tageszeitungen suchen, da es immer wieder Wechsel gibt, bekannte Werkstätten aufgeben und neue hinzukommen. Hier einige Adressen, die sich bisher als beständig erwiesen haben:

Anschrift	Name	Telefon	Arbeitsplätze
Ruhrstraße 48–56 2000 Hamburg 50 (Altona)	Auto-Selbsthilfe Fibier & Co.	8 50 11 51	25
Bornkampweg 6 2000 Hamburg 50 (Altona)	Mach-es-selbst-Station Shell-Station F. Hofer	89 43 42	5
Fössestraße 105 a 3000 Hannover	SB-Autohobby-Center Siegfried Jetzkewitz	4 58 87 86	30
Halterner Straße 42 a 4370 Marl-Sinsen	Autoverwertung Fr. Schmidt	8 14 60	4
Genter Straße 13–15 5000 Köln	Autohobby-Mietwerkstatt	52 48 74	70
Färberstraße 7 5600 Wuppertal 2 (Barmen)	Autohobby-Mietwerkstatt	66 67 58	10
Niederer Kirchweg 113 6000 Frankfurt-Nied	Autohobby-Mietwerkstatt	39 92 92	65
Industriestraße 5 6500 Mainz-Mombach	Autohobby-Mietwerkstatt	68 20 66	35
Waldstraße 172 6800 Mannheim-Waldhof	Shell-Station Albrecht	75 31 28	2
Knorrstraße 135 8000 München 45	Shell-Hobby-Station Adolf Höhl	3 51 43 90	8

Eigene Geschicklichkeit wird belohnt

Eigene handwerkliche Fähigkeiten bieten nicht nur die Chance, Geld zu sparen, sondern sogar zu »verdienen«. Das ist möglich, wenn etwa das Auto bei einem unverschuldeten Unfall beschädigt wurde und wenn man es dann selbst in eigener Regie wiederherstellt. Dann muß die Versicherung des Schädigers neben dem Ersatz der Materialkosten auch jenen Betrag auszahlen, den die Reparatur in einer gewerblichen Werkstatt gekostet hätte. Der Anspruch schließt die Mehrwertsteuer ein.
Die Versicherungen, durch ein Grundsatzurteil des Bundesgerichtshofs (Aktenzeichen VI ZR 46/82) an diesen Anspruch gebunden, zeigen sich schon deswegen bereitwillig dazu, weil sie in der Regel mit der dafür pauschalierten Abstandssumme meist Tagegelder für Mietwagen und dergleichen einsparen.
Wenn allerdings Bremsen, Lenkung und Fahrwerkteile des Ritmo in Mitleidenschaft gezogen sind, muß man den Werkstätten beipflichten: Die für die Verkehrssicherheit entscheidenden Reparaturen sind immer Werkstattsache.

Pannenhilfe

Während der Feriensaison unterhält die Fiat Automobil AG in Heilbronn einen Notdienst. Unter der Telefonnummer 0 71 31/10 73 14 können Fiat-Fahrer, die mit ihrem Wagen in Not geraten sind, eine der nächsten, auch am Wochenende dienstbereiten Fiat-Werkstätten erfahren. Zugleich veranlaßt Heilbronn, daß diese Werkstatt über den Standort des Hilfesuchenden orientiert wird und Vorbereitungen zur Reparatur trifft.
Weiterhin erhält man bei Fiat Heilbronn eine Zusammenstellung der angeschlossenen Händler, verbunden mit einer Deutschlandkarte. Darin sind auch die Betriebe verzeichnet, die außerhalb der üblichen Geschäftszeiten einen Notdienst bereit halten. Falls Sie also unterwegs mit Ihrem Wagen in Not gera-

ten, können Sie eine jener Telefonnummern anwählen, die Ihrem Standort am nächsten ist, um Hilfe oder Rat zu erbitten.
Bei überraschenden Pannen finden Sie in diesem Handbuch eine Reihe von Hinweisen zur planmäßigen Störungssuche. Der »Entstörungs-Fahrplan« in der vorderen Buchklappe ist daher besonders wichtig. Hilflosigkeit unterwegs kann teuer werden. Mit einiger Umsicht wird man fast immer einen Weg finden, die nächste Werkstatt mit eigener Kraft anzusteuern, falls nicht gerade ein Unfall solche improvisierte Fortbewegung unmöglich macht.
Schließlich noch ein Tip zum Umgang mit diesem Buch: Der Rand der einzelnen Seiten bietet Platz für Notizen. Eigene und anderer Leute Erfahrungen auf einem bestimmten Sachgebiet sollten manchmal festgehalten werden. Gleiches gilt für Neuerungen und technische Änderungen am Wagen. An den Kapitelenden bietet sich meistens Raum dazu an, dort Wissenswertes über Veränderungen in der Serienproduktion nachzutragen, wie auch in den laufenden Neuauflagen zu diesem Buch dort Hinweise auf eventuell vorgenommene Verbesserungen an Ihrem Ritmo gegeben werden.

Neuwagen-Garantie

Für einen neu gekauften Ritmo gewährt Fiat ein Jahr lang ohne Kilometerbegrenzung Garantie. Diese geht innerhalb des ersten Jahres auch auf einen eventuellen Zweitbesitzer über. Innerhalb der Garantiezeit werden fehlerhafte Teile kostenlos ersetzt. Nicht darunter fallen alle Verschleißteile wie Bremsbeläge, Zündkerzen, Unterbrecherkontakte, auch Reifen und Glühbirnen.

Garantie-Ausschlüsse

Der erste Service beim Kilometerstand 1000–1500 darf in keinem Fall ausgelassen werden. Andernfalls erlischt der Garantieanspruch. Des weiteren sollen innerhalb der Garantiezeit die »gemäß den Kundendienst-Scheckheften vorgeschriebenen Überprüfungen« – selbstverständlich nur durch Fiat-Werkstätten – ausgeführt werden. Ferner erlischt jeder Garantieanpruch, wenn man die Betriebsanleitung nicht beachtet und das Auto unsachgemäß behandelt.
Ebenso führen der Einbau fremder Teile oder eine Reparatur durch nicht autorisierte Werkstätten automatisch zum Garantie-Ausschluß. Desgleichen dürfen Sie mit Ihrem Ritmo an keinen motorsportlichen Wettbewerben teilnehmen.

Gewährleistung

Ersatzleistungen werden vom Herstellerwerk nach dem jeweiligen Stand der Technik, wie es so dehnbar heißt, vorgenommen. Natürlich nur, wenn die Garantiezeit von zwölf Monaten noch nicht überschritten ist.
Diese Gewährleistung kann sich auf Instandsetzungsarbeiten oder auf Ersatzlieferung von Teilen erstrecken, allerdings nur dann, wenn Fehler oder Schäden im Material oder in der Herstellung aufgetreten sind. Doch es wird Ihnen zum Verhängnis, wenn man Ihnen unsachgemäße Behandlung Ihres Wagens vorwirft; ob mit Recht, werden Sie nicht in jedem Fall widerlegen können. Solche Klippen zu umgehen, erfordert Verhandlungsgeschick. Man kann aber (berechtigte!) Forderungen diplomatisch formulieren, daß sich das Lieferwerk schon moralisch verpflichtet fühlt, einen Schaden innerhalb der Garantiezeit zu beseitigen. Dazu gehören Arbeitskosten, Porto und Fracht.
Bei Mängeln an den weiter oben erwähnten Verschleißteilen muß man sich an den entsprechenden Erzeuger wenden. Bosch gewährt auf seine Erzeugnisse ebenfalls eine Garantie von 12 Monaten.

Schadenersatz

Garantieansprüche müssen rechtzeitig und schriftlich an den Fiat-Vertragshändler oder an die Fiat Automobil AG gerichtet werden. Bestätigte

Reparaturaufträge schaffen klare Verhältnisse, wobei jede Vertragswerkstatt in Anspruch genommen werden kann.
Bei einer Panne, die auf einen Garantiefall schließen läßt, muß sich der Autobesitzer mit der nächstgelegenen Fiat-Werkstatt in Verbindung setzen. Das Abschleppen bis zu dieser Werkstatt geschieht ohne Kosten.
Sollte wegen eines Fehlers am Wagen ein Unfall geschehen sein, dann steht Fiat nur für die Garantiearbeit und für den Ersatz des mangelhaften Bauteils ein. Für angerichtete Schäden kommt die Haftpflichtversicherung auf, Kosten wegen Unterbrechung der Geschäfts- oder Urlaubsreise kann man aber nicht in Rechnung stellen.
Nach der Beseitigung eines Schadens verlangt der Fiat-Händler normalerweise zunächst Geld, als bestünde überhaupt kein Anspruch auf Entschädigung. Nur bei einer Werkstatt, in der man gut bekannt ist, wird man ohne Geldforderung davonkommen. Über den Anspruch des Kunden entscheidet allein das Werk Heilbronn, und in der Regel wird erst danach der entsprechende Betrag gutgeschrieben oder erstattet.

Kulanz – Fristen über die Garantie hinaus

Auch nach Ablauf der Garantiezeit kann noch ein Schaden am Wagen eintreten, dessen Ursache sich als Fehler der Herstellung erweist. In einem solchen (seltenen) Fall kommt es auf das persönliche Verhandlungsgeschick an, das Herstellungswerk von diesem Mangel zu überzeugen.
Großzügigkeit bei Garantieleistungen wird bei Fiat wie bei anderen Autoherstellern nur so lange geübt, bis die Kinderkrankheiten des betreffenden Modells abgeklungen sind. Der Ritmo ist eine im Frühjahr 1978 erschienene Neuschöpfung; die einzelnen Triebwerksversionen sind von dem Motor der 128-Baureihe abgeleitet, in der sie bereits eine wesentliche Erprobung hinter sich haben. Dennoch gab es in den ersten Produktionsjahren des Ritmo Anlaß zu Kulanz, wie im Kapitel »Des Motors Innenleben« (Seite 78, 83 und 88) dargelegt.
Man wird also nur im äußersten Fall nach einem Jahr mit folgender Kulanz-Basis rechnen können. Teilekosten zu Lasten von Fiat, Arbeitskosten zu Lasten des Besitzers. Es lohnt sich daneben immer, auf eine schriftliche Vermerkung der Reklamation zu bestehen, wenn ein Schaden noch innerhalb der Garantiezeit geschieht, aber nicht gleich behoben werden kann oder noch eine Weile zu beobachten ist.

Gerätschaften

Mit dem Bordwerkzeug des Ritmo können Sie nur wenige notdürftige Arbeiten durchführen. Wenn Sie sich aber den Wartungsdiensten gründlicher widmen wollen, müssen Sie im Besitz von bestimmten Werkzeugen sein. Zwar wird in jedem Haushalt irgendwo irgendwelches Werkzeug aufbewahrt, doch für gezielte Arbeiten an Ihrem Wagen eignet es sich im allgemeinen nicht.
Eine gewisse Werkzeugauswahl ist auch unterwegs nützlich, wenn unverhofft einmal ein kleiner Defekt zu beheben ist. Ohne den passenden Schraubenschlüssel muß man sonst wahrscheinlich das Vielfache der Kosten aufbringen, die dieser Schlüssel (als einmalige Anschaffung) wert ist.

Empfehlenswerte Grundausrüstung

Gutes Werkzeug ist nicht billig. Deshalb sollten Sie bestrebt sein, Ihr Geld zweckmäßig anzulegen. Es wäre ungeschickt, gleich ins nächste Geschäft zu laufen und zu besorgen, was man sieht. Kaufen Sie kein minderwertiges Werkzeug. Nehmen Sie lieber zu Anfang weniger, aber dafür allerbeste Qualität (z. B. Hazet). Die oft in Versandkatalogen angebotenen kompletten Werkzeugsätze sind zwar billig, damit sind die guten Eigenschaften aber bereits aufgezählt. Schlecht passende oder schnell verbogene Schraubenschlüssel verderben die Arbeitslust ebenso wie Schraubenzieher mit bald ausbrechenden Klingen.
Ein Heimwerker, der damit nur nebenbei und ungelernt umgeht, ist mit schlechten Schraubenschlüsseln und verbogenen Schraubenziehern schnell am Ende seiner Kunst. Wesentliche Arbeiten am Ritmo kann man durchführen, wenn man den heimischen Werkzeugschrank mit einer Ausrüstung auffüllt, wie sie sich aus der folgenden Aufstellung ergibt (über die Verwendungsmöglichkeit der einzelnen Werkzeuge wird noch gesprochen):

2 Doppel-Gabelschlüssel SW 10 × 11, 12 × 13;
6 Gabel-Ringschlüssel SW 8, 10, 12, 13, 17, 22;
1 Rohrsteckschlüssel SW 10 × 12;
2 Inbusschlüssel SW 6, 12;
2 Schraubenzieher Größe 2 und 6 für Querschlitzschrauben;
2 Schraubenzieher für Kreuzschlitzschrauben, verschiedene Größen;
1 Vergaser-Schraubenzieher, kurze Form, für Querschlitzschrauben;
1 Rohrzange, 240 mm lang;
1 Kombizange, isolierter Griff;
1 Seitenschneider;
1 Schlosserhammer, 300 Gramm;
1 Fühlerblattlehre, darin mindestens 0,05, 0,10, 0,20, 0,30, 0,40 mm;
1 Flachmeißel;
1 Körner;
1 Durchschläger, 3 mm;
1 Zündkerzenschlüssel SW 21;
1 Elektrik-Prüflampe.

Das serienmäßige Bordwerkzeug im Ritmo kann nur für Notfälle ausreichen. Es ist auch nicht von Fiat beabsichtigt, daß man mit diesem Besitz auf Werkstätten verzichtet. Wer aber an seinem Ritmo selbst Hand anlegen möchte, sollte auf diesen Seiten einmal überprüfen, welche Werkzeuge und Hilfsmittel ihm bei seinen Bemühungen von Nutzen sein können.

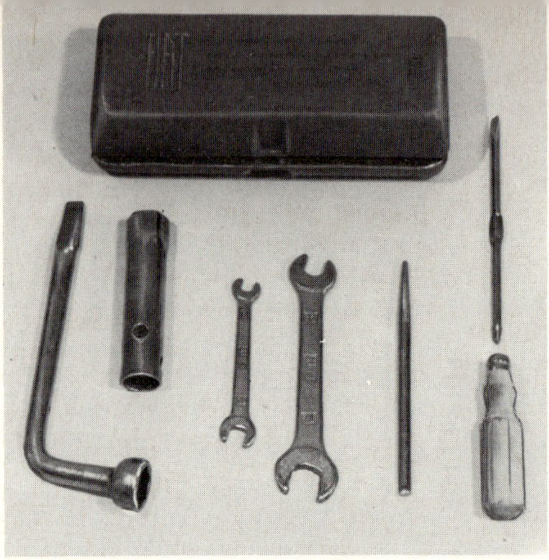

Bedeutung der Größenangaben

Werkzeuge und Maschinenteile werden in vielen Ländern nach dem metrischen Maßsystem gemessen, die Größenangaben sind dementsprechend in Millimeter oder Zentimeter angegeben. Daneben gibt es noch das amerikanische oder englische Maßsystem in Zoll. Zumeist kann man schon an den Zahlen selbst erkennen, welchem Maßsystem sie zuzuordnen sind, denn Zollangaben werden in der Regel mit Bruchstrichen gemacht, also ½″ (= 12,7 mm) oder etwa ⅜″ (= 9,53 mm), während metrische Angaben entweder ein Komma haben oder vollständig in Millimeter geschrieben werden. Schraubenschlüssel mit Zoll-Angaben haben im Werkzeug für den Ritmo nichts verloren.
Bei Schraubenmuttern und Schrauben mit Sechskantkopf mißt man den Abstand der sich gegenüberliegenden Flanken in Millimeter oder Zoll und schreibt auf den passenden Schraubenschlüssel die entsprechende Schlüsselweite (Kurzbezeichnung SW). Ein Doppelgabelschlüssel – man nennt ihn auch vielfach Maulschlüssel – mit der Bezeichnung 9 × 10 hat also eine Gabel für eine 9 mm breite und am anderen Ende für eine 10 mm breite Schraube oder Mutter.

Welches Werkzeug zu welchem Zweck?

Schrauben und Muttern gibt es beim Ritmo in nur wenigen Größenunterschieden. Manche davon sind ohne Umstände zu betätigen, andere weniger bequem, weil sie an schlecht zugänglicher Stelle sitzen. Davon hängt es ab, ob Maul- oder Ringschlüssel vernünftiger sind oder ob gar Rohrschlüssel verlangt werden. Ringschlüssel sind den Maul- (Gabel-)Schlüsseln vorzuziehen, weil sie auf alle sechs Kanten einer Schraube gleichmäßigen Druck ausüben und dadurch wirkungsvoller und öfter umgesetzt werden können. Ringschlüssel sollen hoch-

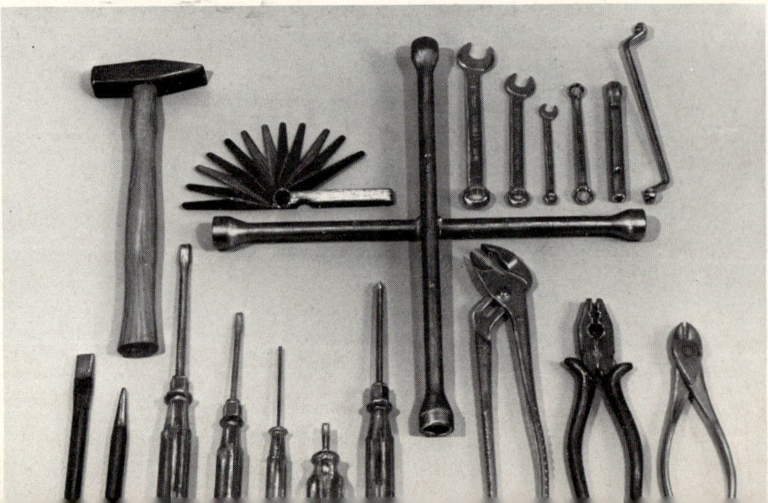

Welches Werkzeug man beim Umgang mit dem Ritmo gebrauchen kann, ist auf dieser Seite aufgezählt. das Bild zeigt eine etwas geänderte Zusammenstellung und enthält Rohrschlüssel, verschiedene Schraubenschlüssel, Hammer, diverse Zangen und Schraubenzieher, Meißel und Körner.
Links oben ist eine Fühllehre zu sehen.

gekröpft und nicht zu lang sein, um auch bei engem Raum mit ihnen hantieren zu können. Bei Bedarf verlängert man sie (und vergrößert dadurch die Hebelwirkung), indem man ein zweites Werkzeug durch die Ringöffnung des anderen Endes hindurchsteckt.
Einige Beispiele sollen erläutern, zu welchen Schraubbefestigungen sich die verschiedenen Schlüsselarten eignen. Die Batterieklemmen lassen sich mit einem einfachen Gabelschlüssel SW 10 lösen, ebenso wie die drei Schrauben der Zahnriemenabdeckung, für die mittlere muß man eine Stecknuß (siehe weiter unten) haben. Aber mit dem normalen Gabel-Ringschlüssel SW 10 lassen sich die Schrauben bzw. Muttern des Luftfiltergehäuses, des Ventilkammerdeckels, des Ventilatormotors am Kühler sowie des Kühlers selbst lösen und ein Türschloß ausbauen. Auch die Kupplung läßt sich damit nachstellen.
Für das Thermostatgehäuse braucht man einen Gabel-Ringschlüssel SW 13, ebenso für die Befestigung des Kraftstofftanks und noch für die vollständige Demontage des Luftfiltergehäuses. Mit dem gleichen Schlüssel baut man einen Vordersitz aus, allerdings benötigt man dazu noch einen Inbusschlüssel SW 6. Der Verschluß der Ölwanne ist ebenfalls eine Innensechskantschraube zur Aufnahme eines Inbusschlüssels, in diesem Fall SW 12, während die Ablaß- und Einfüllschraube am Getriebe mit einem Ringschlüssel SW 17 bedient wird.
Zum Entlüften der Bremsanlage ist ein Gabelschlüssel SW 8 nötig, und wenn man die Spurstangen einstellen will, braucht man zwei Gabelschlüssel, nämlich der Größe SW 11 und SW 22. Die Bremstrommel läßt sich nicht ohne Ringschlüssel SW 12 lösen und wieder befestigen.
Statt der verschiedenen Schraubenzieher kann man sich auch einen Einsteckwerkzeugsatz mit entsprechenden Einsteckklingen für Querschlitz- und Kreuzschlitzschrauben zulegen. Mit letzteren sind verschiedene mit der Karosserie verbundene Teile befestigt. Den sogenannten Vergaser-Schraubenzieher, kurz und mit dickem Handgriff, braucht man oft für beengt sitzende oder für widerspenstige Schrauben, da er kräftig zu greifen ist. In gleicher Form gibt es ihn auch für Kreuzschlitzschrauben. Rohrzange, Kombizange (mit isoliertem Griff) und der Seitenschneider zum Abschneiden von Kabeln dienen als allgemeine Hilfswerkzeuge, ebenso Hammer, Meißel, Körner und Durchschläger. Die Fühlerblattlehre wird zum Messen des Ventilspiels, des Unterbrecherkontaktstands und des Elektrodenabstands gebraucht.

Ergänzung nach Wunsch

Wer oft an seinem Auto hantiert und vielleicht noch andere handwerkliche Ambitionen hat, kann die Werkzeugausrüstung natürlich noch vervollständigen. So führt z. B. eine Ergänzung des Ringschlüsselsortiments zu mehr Freude beim Werken.
Leichte Arbeit ermöglichen in vielen Fällen auch die Sechskant-Steckeinsätze (sogenannte »Nüsse«). Sie sind den Zwölfkanteinsätzen vorzuziehen, da sie selbst auf angerosteten Schrauben nicht so schnell durchrutschen. In Verbindung mit einer vielzahnigen Knarre und den dazugehörigen Winkel- und Verlängerungsstücken kann auch noch auf engstem Raum oder an für normale Schraubenschlüssel unzugänglichen Stellen gearbeitet werden.
In anderer Hinsicht sind die Vorsatzgeräte praktisch, die sich mit wenigen Handgriffen an eine dazu vorgesehene Bohrmaschine koppeln lassen.

Werkzeug-Pflege

Pflegen Sie Ihr Werkzeug und benutzen Sie es richtig. Ein jedes Werkzeug ist für einen bestimmten Zweck geschaffen. Ein Schraubenschlüssel ist kein Hammer und ein Schraubenzieher ist kein Meißel – man nimmt zum Schneiden der Fingernägel auch keine Gartenschere.

Wenn man mit der Zange einer Schraube oder Mutter zu Leibe rückt, hat man vielleicht die Mutter gelöst, aber die Kanten der Zange haben die Ecken und Flanken der Befestigung derart beschädigt, daß später jeder Schraubenschlüssel abgleiten muß. Eine Zange ist zum Halten da, nur mit der Rohrzange darf, ihrem Namen gemäß, an Rohren und Wellen gedreht werden, aber auch nicht an Schrauben.

Schraubenzieher sollen eine gerade, aber nicht scharf geschliffene Klingenspitze haben, damit sie im Schraubenschlitz festen Halt findet, sich nicht herausdreht und den Schraubenkopf beschädigt. Mit einem Schleifstein kann man manches Werkzeug einsatzbereit halten, z. B. stumpfe Meißel schärfen, und er eignet sich auch zum Bearbeiten mancher Werkstücke.

Nach dem Gebrauch ist verschmutztes Werkzeug bald zu reinigen und leicht einzuölen, damit es durch Rost nicht unansehnlich wird. Man weiß ja nie, ob man es in den nächsten Tagen gleich wieder braucht. Zusätzliches Werkzeug, das man unterwegs im Wagen dabei haben will, wickelt man in alte Leinentücher und hält dieses Bündel mit einem Gummiring eines Einmachglases zusammen.

Hilfsmittel für die Wagenpflege

In der Werkzeug-Grundausrüstung dürfen noch verschiedene Hilfsgeräte nicht vergessen werden, von denen wir einige nennen:

- Ölspritzkännchen;
- Reifendruckprüfer;
- Fensterleder, 1. Qualität;
- Autoschwamm od. Waschhandschuh;
- Waschbürste mit Stiel;
- Waschpinsel ohne Metallfassung.

In den diesbezüglichen Kapiteln ist beschrieben, wie diese Hilfsgeräte benutzt werden.

Flüssige Hilfen

- Festgerostete Schrauben und überhaupt starker Rost lassen sich beispielsweise mit »Caramba Super«, »Ferex Rapid« oder »MO Schnellrostlöser« lösen. Man muß die Flüssigkeit nur lange genug einwirken lassen, bevor man dann den Ringschraubenschlüssel ansetzt. Damit die auf die Weise locker gemachten Schrauben nicht wieder anrosten, schabt man entweder vom Bleistift Graphit auf das Gewinde (Graphit ist ein Festschmierstoff) oder sprüht es mit einem graphitierten Öl (z. B. von Aral, BP, Pingo, Shell oder Teroson) ein.
- Heiß-Schrauben-Compound möchten wir nicht mehr missen, denn eine einmal damit eingeriebene Verschraubung rostet nie mehr und läßt sich auch nach Jahren wieder ohne weiteres lösen. Das gilt vor allem für Auspuffrohr-

Für den Werterhalt der Autos steht eine Unzahl von Pasten und Tinkturen zur Verfügung. Es ist nicht ganz leicht, das für einen jeweiligen Zweck wirkungsvollste und schonendste Mittel herauszufinden. In diesem Buch erhalten Sie dazu viele wertvolle Ratschläge, und wie die flüssigen Hilfen im einzelnen angewendet werden sollen, ist in den Kapiteln »Wagenwäsche« und »Lackpflege« und »Winterschutz« beschrieben.

Verschraubungen und Stoßdämpferhalterungen. Diese Spezialpaste gibt es in kleinen Tuben als »HSC-Paste« von Molykote, »Molykote 1000« und als »ASC-Paste« von Liqui Moly. Die Paste ist hitzefest bis über 1000° C!

■ Für fettverschmierte Motorteile, für die Innenseiten der Felgen oder für den verschmutzten Motorraum gibt es ebenfalls in Sprühdosen besondere »Motorreiniger«. Damit wird das betreffende Teil eingesprüht und nach wenigen Minuten mit Wasser abgespritzt oder mit dem Pinsel abgewaschen. Selbst die dicksten Fettkrusten lösen die Reiniger und geben dazu den Teilen noch Glanz. Fahrbenzin ist demgegenüber zur Motorreinigung nicht zu empfehlen. Nicht nur, weil die Teile nach dem Trocknen unansehnlich sind, sondern vor allem, weil Benzin gesundheitsschädliche Bestandteile enthält. Außer den »Kaltreinigern« für die Motorwäsche kann man ganz einfach auch Petroleum nehmen.

■ Isoliersprays, z. B. »Intact« von Aral oder »Teroson mo« haben die Eigenheit, Feuchtigkeit auf Metall zu unterwandern. Sie bewirken bei Zündstörungen durch Feuchtigkeit (nach Motorwäsche oder nach taufrischer Nacht im Freien) wieder willige Funktion der damit eingesprühten Zündanlage.

■ »MO-Gleitspray« schützt Kleidung, Sitzbezüge und Bespannung, wenn man die Verstellung der Sitze oder die Tür- und Haubenscharniere damit schmiert. Dieses Trennmittel (Antihaft) ist fettfrei und deswegen vorteilhafter als jegliche Schmiere, die man üblicherweise als Gleitmittel verwendet.

■ Corroless, eine kakaobraune Flüssigkeit, die es in manchen Farbenhandlungen und Eisenwarenhandlungen zu kaufen gibt. Andernfalls Bezugsquellennachweise durch »Corroless World Assocation«, Glockengießergasse 26, 2000 Hamburg 1.

■ Noverox, eine weiße Emulsion, die den Rost in ein tiefschwarzes, roststabiles Eisenoxidpigment umwandelt. Nachteil des sehr guten Noverox: Man sollte, wenn nicht wirklich große Flächen entrostet werden müssen, nur die kleine 100-ml-Dose kaufen, denn Noverox ist nicht »lagerstabil«; eine angebrochene Dose ist nach einem halben Jahr bestimmt unbrauchbar. Bezugsquellennachweis durch K. Deutsch, Finkenweg 4, 6953 Gundelsheim.

■ Kunstharz-Bleimennige »nach Bundesbahnvorschrift«, die es in nahezu allen Farbenhandlungen zu kaufen gibt. Hier gibt es allenfalls Lackierschwierigkeiten, wenn Nitrozelluloselack aus Sprühdosen (Auto-K, Belton, Dupli Color) verwendet werden soll. Dann kann die Mennige-Unterschicht in Runzeln »hochgezogen« werden.

Schrauben lösen

Schon nach relativ kurzer Zeit können Schrauben so fest sitzen, daß sie sich nicht einfach mit einem Schraubenzieher herausdrehen lassen. Bei Kreuzschlitzschrauben kommt erschwerend hinzu, daß sich der Schraubenzieher auch bei starkem Druck auf den Schaft aus dem gekreuzten Schlitz herausdreht. Nach wenigen erfolglosen Versuchen ist der Kreuzschlitz »vermurkst« und die Verschraubung ist mit normalen Mitteln nicht lösbar.

Wenn sich eine Schraube nicht gleich losdrehen läßt, sollte man einen passenden, stabilen Schraubenzieher ansetzen und dem Griffende einen trockenen Hammerschlag versetzen. Das bricht normalerweise die mit ihrem Kopf leicht festkorrodierte Schraube los, sie läßt sich nun ganz normal herausdrehen.

Hilft das nichts oder sollen etwa die Türscharnierschrauben gelöst werden, braucht man einen sogenannten Schlagschrauber. In dieses Werkzeug lassen sich Quer- oder Kreuzschlitzeinsätze stecken. Bei jedem Hammerschlag auf das Griffende des Schlagschraubers dreht dieser den Schraubeinsatz unter Druck ein klein wenig weiter. Das löst praktisch jede Schraube.

Ist in einen Schraubenkopf kein Werkzeug mehr einzusetzen, hilft gewöhnlich nur noch Ausbohren. Erst wird mit einem entsprechend großen Bohrer der Schraubenkopf entfernt (notfalls mit einem kleineren Durchmesser vorbohren). Das Gewindeteil einer Blechschraube läßt sich manchmal nun durchstoßen oder mit einer Zange von der Rückseite her abnehmen. Andernfalls mit einem dünnen Bohrer das Gewindeteil ausbohren. Wenn man hierfür einen zu großen Bohrerdurchmesser wählt, wird entweder das Gegengewinde beschädigt oder das Loch für eine Blechschraube so vergrößert, daß später nur eine stärkere Schraube hält.

Hilfen unterwegs

Unbesorgte Autofahrer fahren einfach drauflos, ohne Luft im Ersatzrad, ohne Abschleppseil und ohne Reservekanister. Andere dagegen schleppen aus Furcht vor Pannen eine ganze Pionierausrüstung im Auto herum. Traut man sich zu, auch einmal improvisieren zu können, wenn Not am Mann ist, dann reichen eigentlich die Dinge aus, die hier aufgezählt sind, und wenn sie nur dazu dienen, unterwegs anderen hilflosen Autofahrern zu helfen:

- Abschleppseil oder -stange
- Alleskleber (z. B. Uhu-plus)
- 2 m Autoelektrikkabel 1,5 mm^2 (keinesfalls Haushaltskabel!)
- 1 m kräftigen Draht
- Ersatzglühlampen
- Keilriemen
- Klebeband
- Lappen
- Reservekanister
- Sicherungen
- Starthilfekabel (Querschnitt der Metallseele mindestens 10 mm^2!)
- Taschenlampe
- 1 m Zündkabel
- Zündkerzen

Ersatzteile bei Auslandsreisen

Wenn Sie der Weg einmal ins Ausland führt (und das Ziel nicht gerade in Italien liegt), dann beruhigt es, wenn man fern der Heimat einige Dinge bei sich hat, die man vielleicht gebrauchen kann. Sinnvolle Werkzeugwahl und die schon genannten Hilfen vorausgesetzt, wird man noch folgende Ersatzteile in Lappen wickeln und im Kofferraum unterbringen:

- 1 Zündspule
- 1 Satz Unterbrecherkontakte
- 1 Verteilerläufer
- 1 Kondensator
- 1 Schwimmer
- 1 Membrane für Benzinpumpe oder eine kompl. Pumpe
- Schlauchstücke für Kühlanlage
- 1 Zahnriemen
- 1 Reserveschlauch für Reifen
- 2 Reifenmontierhebel
- Reifenflickzeug
- Ventileinsätze für Reifen
- kräftige Fußpumpe
- einige Muttern, Schrauben und Sicherungsringe gängiger Größe
- Zylinderkopfdichtung

Außerdem kann man in Verlegenheit kommen und zusätzlich gebrauchen:

- Motoröl, Menge je nach geplanter Fahrtstrecke
- Flasche mit destilliertem Wasser (Ostblockstaaten!) für Batterie
- Handwaschpaste
- Handlampe.

Alle Ersatzteile besitzen genaue Typenbezeichnungen, die Sie zumeist auf den Originalteilen an Ihrem Fiat vermerkt finden. Allerdings ist bei Neukäufen zu überprüfen, ob dieses oder jenes Ersatzteil eine Veränderung erfahren hat, was durch technische Weiterentwicklung möglich ist.

Anhänglichkeiten

Mit dem eigenen Seil lassen sich wenigstens die Abschleppkosten sparen, wenn unterwegs ein nicht reparierbarer Defekt dazu zwingt, das Auto abschleppen zu müssen. Denn kein Abschleppdienst arbeitet uneigennützig, eher jedoch ein anderer Autofahrer, den man zur Hilfe herangewunken hat. Ein Seil kann aber einfach auch zum Anschleppen dienen, falls die Batterie alt oder schwach ist und deshalb den Anlasser nicht drehen läßt.
Freunde des Wohnwagens müssen zudem wissen, was man mit den einzelnen Ritmo-Modellen überhaupt ziehen darf. Sie sollten – wie es beim Betrieb mit anderen Zugwagen ebenfalls wichtig ist – darauf bedacht sein, das Anhängergewicht in vertretbaren Grenzen zu halten.

Das eigene Seil

Das Leergewicht des Ritmo einschließlich liegt zwischen 860 und 955 kg (genaue Angaben im Fahrzeugschein). Zum Abschleppen dieser Autos braucht man also etwas Handfestes und keinen Bindfaden. Handelsübliche Abschleppseile sind unter der Voraussetzung geeignet, daß sie wirklich stabil sind. Hegen Sie dann noch eigene Hilfsabsichten, sollten Sie berücksichtigen, daß es Leistung und Gewicht Ihres Wagens zulassen, auch einmal einen »Straßenkreuzer« aus dem Graben zu ziehen.
Seile aus Perlon, Hanf und Stahl erhält man im Zubehörhandel; jede Sorte hat ihre Vor- und Nachteile. Perlonseile dehnen sich beim Schleppen und verhüten dadurch das beim Losfahren so lästige Anrucken. Aber Perlon ist hitze- und scheuerempfindlich: Karosseriekanten, Stoßstangen und heißer Auspuff machen ein solches Seil rasch wertlos, sofern es keine verschiebbaren Ledermanschetten hat. Haltbarer, preiswerter, aber auch dicker sind Hanfseile. Ein Seil aus Stahl ist spröde zu handhaben, und weil es überhaupt nicht nachgiebig ist, muß es unbedingt einen Rückdämpfer besitzen. Das ist eine Schraubenfeder oder ein Gummistück, das aus der Seilmitte eine dehnbare Schlaufe bildet. Stahlseile können am stärksten strapaziert werden. Siehe aber übernächsten Abschnitt!
Die für Neulinge meist verwirrende Eigenschaft der Seile, bei verlangsamender Fahrt des Zugwagens den Abstand zwischen dem Gespann geringer werden zu lassen, kann eigentlich nur durch eine Schleppstange beseitigt werden. Wenn der Motor nicht läuft, arbeitet auch die Servounterstützung der Bremse nicht, Sie müssen also bei einem entsprechend ausgestatteten Wagen etwa doppelt so stark auf das Bremspedal treten, um die übliche Bremsverzögerung zu erreichen. Falls Sie beim Abschleppen mit Seil zu schwach oder einen Sekundenbruchteil zu spät auf das Bremspedal treten, kann der Abstand zum Schleppwagen schon gefährlich kurz sein. Mit der Schleppstange ist es unproblematisch, da muß allenfalls der Vorausfahrende Ihren Wagen zusätzlich mitbremsen.
Schleppstangen, die in die heutzutage weitverbreiteten Abschleppösen am Auto eingehängt werden können, sind die sicherste Lösung. Die beste Schlepp-

stange ist nach unseren Erprobungen die »Nr. Sicher« (Vertrieb: Hans Herrmann, Carl-Orff-Straße 6, 7032 Sindelfingen 6), die sich ganz exakt einstellen läßt, so daß es beim Gasgeben oder -wegnehmen keinerlei Rucke in den Schleppösen gibt. Außerdem kann diese Schleppstange auch in eine Anhängerkupplung eingehängt werden.

Abschleppen nach Gesetz

Das Abschleppen ist eine Notmaßnahme. Der aus eigener Kraft nicht fahrfähige Wagen darf nur bis zur nächsten zumutbaren Werkstatt oder bis an den nahen Heimatort gebracht werden. Die Autobahn ist bei der nächsten Abfahrt zu verlassen. Eine Genehmigung zum Abschleppen eines fahruntüchtigen Wagens ist nicht erforderlich, auch nicht für das Schleppen eines Schrottwagens zum Autofriedhof.
Der Lenker des im Schlepp befindlichen fahruntüchtigen Autos, das in diesem Fall auch nicht vorschriftsmäßig ausgerüstet sein muß (Mängel an Beleuchtung, Bremsen), benötigt keinen Führerschein. Dagegen muß der Lenker eines abgeschleppten betriebsfähigen Wagens im Besitz des für dieses Fahrzeug zutreffenden Führerscheins sein. Das gilt besonders beim Anschleppen, etwa bei leerer Batterie.

Der Schleppvorgang

Vorn verfügt der Ritmo über zwei Abschleppösen unterhalb des Stoßschildes. Diese Ösen sind weit genug, um jedes handelsübliche Seil hindurchziehen zu können. Paßt der Verschluß des Abschleppseils nicht durch die Öse, bildet man kurz vor dem Verschluß eine Schlinge, steckt diese durch die Öse und verbindet dann die Schlinge mit dem Verschluß. Bei widerspenstigen Stahlseilen ist das allerdings sehr schwierig zu bewerkstelligen.
Keinesfalls darf man, vielleicht aus Bequemlichkeit, das Seil einfach um ein Teil der Radaufhängung schlingen. Nicht umsonst warnt Fiat davor, das Abschleppseil an anderen Punkten als an einer der Ösen anzubringen.
Es ist Vorschrift, das Seil zwischen beiden Wagen mit einer roten Fahne zu markieren. Beim Zugwagen und beim geschleppten Wagen muß die Warnblinkanlage eingeschaltet sein.

Verhalten im Schlepp

Sich abschleppen lassen ist kein Kinderspiel. Vorsichtige Fahrweise des Ziehenden ist die Grundbedingung der Rücksichtnahme auf sein Anhängsel. Im geschleppten Wagen müssen Sie die Verkehrssituation vor Ihrem Zugwagen beobachten und beinahe vorausahnen: Sie müssen eher bremsen als Ihr Helfer vorn, damit das Seil immer straff bleibt, ihn also praktisch mitbremsen. Jedes Anfahren mit lockerem, über die Straße schleifendem Seil beansprucht die Haltepunkte des Seils an beiden Wagen, denn der Vordermann kann es meist nicht sehen, wenn die Verbindung zu seinem Anhänger nicht stramm spannt. Zieht er dann wieder los, gibt es einen gewaltigen Ruck durch beide Autos.
Um an dem Schleppwagen vorbei gute Sicht voraus zu haben, wird das Seil bei diesem links angeknüpft. So kann die Zugmaschine scharf rechts fahren und der Geschleppte lenkt leicht versetzt zur Fahrbahnmitte hin.
Die hinter diesem Geleitzug fahrenden Verkehrsteilnehmer müssen sehen können, wann Sie bremsen. Also Zündung einschalten, sonst leuchten die Bremslichter nicht auf. Haben Sie jedoch einen längeren Weg in dieser für Sie benzinsparenden Weise des Autofahrens vor sich, dann ist es ratsam, das orangefarbene Kabel an der Zündspule zu lösen, damit sie sich nicht aufheizt und Schaden nimmt. Eingeschaltete Zündung verhindert zudem das Einrasten des Lenkschlosses, wodurch schon häufig Unfälle passierten. Den Schlüssel also in Stellung »MAR« (Zündung eingeschaltet) bringen.

Fingerzeig: *Die Bremskraftunterstützung funktioniert nur bei laufendem Motor. Zum Abbremsen des geschleppten Wagens ist ein höherer Pedaldruck nötig.*

Abschleppen des Automatik-Ritmo

Bei vorhandener Getriebeautomatik darf nur in der Wählhebelstellung »N« abgeschleppt werden. Dabei soll die Geschwindigkeit von 50 km/h nicht überschritten werden und die Schleppstrecke darf nicht mehr als 50 Kilometer betragen. Das hängt mit der Ölversorgung der Getriebeautomatik zusammen, deren Ölpumpe nur angetrieben wird, wenn der Motor läuft.
Sollte das Ziel weiter entfernt sein, muß man den Wagen mit angehobenen Vorderrädern abschleppen oder verladen lassen. Das ist nur einem Abschleppdienst möglich und – auch bei Getriebeschaden – nicht zu umgehen.

Einen anderen abschleppen

Hinten verfügt der Ritmo ebenfalls über zwei Ösen am Wagenunterbau.
Das Seil muß in der gleichen Weise wie vorn angebracht werden. Wenn möglich, läßt man die Beifahrer des abzuschleppenden Fahrzeugs in den Zugwagen umsteigen, um das Anhängegewicht zu verringern.
Mit dem Fahrer des Zugwagens sind Handzeichen oder Lichtsignale (die dieser in seinem Rückspiegel sehen kann) zu vereinbaren. Der Lenker des gezogenen Autos muß dauernd die Verkehrssituation vor dem Gespann beobachten, also eventuell etwas links versetzt hinter dem Zugwagen fahren. Er muß auch zuerst bremen und möglichst die Zugmaschine mit verzögern.

Anhängerbetrieb

Um einen Anhänger (Wohnwagen) mitziehen zu dürfen, muß der Ritmo eine vom TÜV zugelassene und in die Fahrzeugpapiere eingetragene Anhängerkupplung haben. Eine solche ist bereits ab Werk lieferbar.
Dann ist zu beachten, daß die Anhängelast ein bestimmtes Gewicht nicht überschreiten darf. Auf Seite 205 ist aufgeführt, wie schwer ein Anhänger im einzelnen Fall für die verschiedenen Ritmo-Typen höchstens sein darf.
Es ist nicht ratsam, die erlaubte Anhängelast völlig auszuschöpfen. Der Wagen wird es Ihnen danken.
Prüfen Sie auch das Alter der Reifen an Ihrem Wohnwagen. Hat er schon jahrelang auf dem Campingplatz gestanden? Dann überstehen seine Reifen die Urlaubsreise bei sommerlicher Hitze nicht mehr, trotz vielleicht noch tadellosen Profils – in ihrer Struktur sind sie brüchig geworden. Der Reifenluftdruck ist vor einer größeren Fahrt unbedingt zu kontrollieren: Geben Sie den Hinterreifen Ihres Autos 0,2 bar mehr als vorgeschrieben, und erhöhen Sie auch beim Anhänger entsprechend den Luftdruck. So lassen sich Querschwingungen beim Anhänger verringern.

Um einen Anhänger, etwa einen Wohnwagen, ziehen zu können, bedarf es der sachgerechten Montage einer Anhängerkupplung und der Installation einer Steckdose für den Anschluß der Leuchten dieses Anhängers. Die ganze Geschichte muß vom TÜV abgenommen und in den Wagenpapieren eingetragen sein, andernfalls erlöschen bei Benutzung die Betriebserlaubnis und der Versicherungsschutz.

Extravaganz

Mit seiner eigenwilligen Form ragt der Ritmo aus einer mehr oder minder uniformen Masse anderer Automobile heraus. Das Styling stammt von einem Formgestalter-Team unter der Leitung von Gian Paolo Boano, wobei diese Kombi-Limousine mit Heckklappe dem herrschenden Trend entspricht. Die Linie des Ritmo ist auch ein Ergebnis von Windkanal-Versuchen sowie von Computerberechnungen hinsichtlich notwendiger Sicherheitsanforderungen.
Abgesehen vom gelegentlichen Schmieren der Schlösser und Scharniere sind keine die Karosserie betreffende Inspektionen vorgesehen. Zudem ist das Ritmo-Kleid noch recht reparaturfreundlich. Damit ist eine große Sorgenfreiheit verknüpft, die freilich bei einem Unfall eingeschränkt wird: Dann muß man wissen, wie ein zerbeultes Karosserieteil zu ersetzen ist.

Karosserie-Instandsetzung

Im Hinbick auf verhältnismäßig einfach auszuführende Instandsetzungsarbeiten wurde die Karosserie so konstruiert, daß in häufigen Fällen »Abschnittsreparaturen« vorgenommen werden können. Diese beschränken sich auf möglichst kleine Bereiche. Eingeschweißte Blechteile werden dabei nicht mehr komplett – an den Originalverbindungsstellen – ersetzt, sondern nur im Schadensbereich. Natürlich muß die Werkstatt vor solchen Reparaturen entscheiden, welche Maßnahmen technisch vertretbar und wirtschaftlich sinnvoll sind.
Eine Abschnittsreparatur ist nur ratsam, wenn sie kostengünstiger ausfällt als der Ersatz kompletter Karosserieteile. Auch die mögliche Einsparung bei der anschließenden Lackierung hat Einfluß auf die Entscheidung. So fallen große, angeschweißte Blechteile wie Seitenwände und bestimmte Teile des Rahmens in den Bereich der Abschnittsreparatur, nicht aber Haube, Türen und Kotflügel. Zahlreiche Rahmen- und Verbindungsteile, Traversen und Kastenelemente bilden – zusammengeschweißt – das Gerippe des Aufbaus. Es gibt sie einzeln als Ersatzteil; im Bedarfsfall muß das entsprechende beschädigte Teil herausgeschnitten werden. Zur Reparatur benötigte Abschnittsteile werden in der Werkstatt aber auch aus gleichartigen Neuteilen herausgetrennt.
Die Reparatur von Unfallschäden an mehreren, sich berührenden Karosserieteilen liegen hoch im Preis. Nicht jede Autowerkstatt ist immer in der Lage, größere Lack- und Karosserieschäden bestens zu beseitigen. Hier empfiehlt sich der Besuch einer Karosserie-Werkstatt. Da bei einer Kollision gewöhnlich auch benachbarte Partien der direkt betroffenen Teile etwas abbekommen (oft nicht ohne weiteres erkennbar, sondern erst nach genauem Vermessen festzustellen), lohnen sich hausbackene Klempnerarbeiten nur nach leichten Beschädigungen. Gewöhnlich muß auch der Karosserieschutz erneuert werden und Dämpfungs- sowie Dichtungsmasse sind anzubringen.

Reparaturen am Unterbau

Die Karosserieteile erfüllen ihre stabilisierende Aufgabe nur gemeinsam mit dem Unterbau. Instandsetzungen am beschädigten Unterbau müssen unter al-

len Umständen sorgfältig erledigt und können nur von einem darauf eingerichteten Betrieb vorgenommen werden. Dort rettet man auch die wichtigen Knautschzonen der Karosserie. Größere Fiat-Werkstätten sind mit den dazu notwendigen Geräten ausgestattet und man richtet sich bei diesen Arbeiten nach internen Anweisungen.
Wenn bei einem Unfallwagen der Verdacht auf Beschädigung der Bodengruppe besteht, wird grundsätzlich eine Rahmenlehre in Anspruch genommen, um Abweichungen von vorgeschriebenen Maßen und Formen festzustellen. Träger und Rahmenteile werden nur mit Hilfe bestimmter Prüf- und Schweißarbeiten ersetzt. Träger sollen nur an den Original-Trennstellen ersetzt werden. Die Verbindungen sind punktzuschweißen. Neue Teile dürfen nicht stumpf angesetzt und autogen geschweißt werden, sondern sie sind mit U-Laschen an der Stoßstelle einzupunkten und unter Verwendung eines Lichtbogenschweißapparates zu befestigen. Punktschweißelektroden mit möglichst kleiner Ausladung halten den Anpreßdruck so hoch wie möglich.
Diese für den Autobesitzer wenig verständliche Anleitung soll hier lediglich aufzeigen, daß nach einer Beschädigung der Bodengruppe die Reparatur sehr gewissenschaft ausgeführt werden muß. Das hat nicht zuletzt im Hinblick auf Ihre eigene Sicherheit beim später wieder aufgenommenen Betrieb zu geschehen – auch der TÜV erkennt bei der nächsten Untersuchung sehr schnell, ob die Arbeit fachmännisch ausgeführt wurde.

Dauerschäden verhindern

Fiat schirmt die Karosserie gegen Witterungseinflüsse derartig ab, daß eine Rostschutz-Garantie über sechs Jahre geboten werden kann. Für besonders korrosionsanfällige Bauteile, wie etwa Längsträger im Unterboden und vordere Traverse, wird zinkbeschichtetes Stahlblech (Zincrometal) verwendet. Bei allen Karosserieteilen wendet man die Kataphoresebehandlung an, ein Lackierverfahren, bei dem die in Wasser gelösten Farbpartikel durch elektrische Ladung auch Blechfalze und Hohlräume beschichten. Dabei nimmt Gleichstrom die Farbteilchen aus dem Bad, das an Plus angeschlossen ist, mit und trägt sie auf die Karosserie, die mit Minus in Verbindung steht. Am Unterboden einschließlich der Radkästen und Türschweller befindet sich eine PVC-Versiegelung, und die Hohlräume der Karosserie sind mit Wachs eingesprüht.
Diese Vorkehrungen machen die Karosserie aber nicht unverwundbar. So sind Hauben- und Türkanten immer besonders gefährdet, und dort eingetretene Lackschäden setzen sie der Korrosion aus. Solche von außen einwirkenden Schädigungen kann man bei rechtzeitigem Erkennen leicht beseitigen.
Gegen die Durchrostung von innen schützt am wirkungsvollsten eine Nachbehandlung der Hohlraumversiegelung (siehe Seite 57). Damit werden zugleich die Karosserienähte versorgt, die sich nach einigen Jahren für Korrosionserscheinungen anfällig zeigen. Wenn der Lack von innen erst einmal hochgedrückt wurde, helfen keine Schönheitsreparaturen mehr.
Die bei anderen Autos auftretenden Steinschlagschäden an der Frontpartie treten beim Ritmo nicht auf. Seine schutzschildartige Frontverkleidung aus Kunststoff ist dagegen unanfällig. Auch in den Radkästen befinden sich Schutzelemente gegen Steinschlag.

Demontierbare Teile

Front- und Heckverkleidung, Motorhaube und die Türen lassen sich ohne übermäßigen Aufwand aus- und einbauen. Allerdings sind die Haube und die Türen unhandlich, deshalb muß man sich zu der Demontage um einen Helfer bemühen, der mit zupackt, damit keine Lackschäden auftreten. Das gleiche gilt bei den Kotflügeln vorn, die nicht angeschweißt, sondern geschraubt sind.

Schließt die Motorhaube nicht richtig, läßt sich ihr Schloß seitlich und in der Höhe verschieben, wenn man die beiden Muttern SW 10 lockert. Die beweglichen Schloßteile sind gut mit Fett zu versorgen, und ebenfalls sollte man ab und zu etwas Öl an die Führung des Haubenzuges träufeln, der vom Bedienungshebel unter dem Armaturenbrett links heranführt.

Front- und Heckverkleidung

Die großflächigen Schutzschilde an der Vorder- und Rückseite des Ritmo bestehen aus Polypropylän. Dieser Kunststoff ist grau eingefärbt, wird also nicht lackiert, und seine Elastizität erlaubt auch kleine Rempeleien.
Scheinwerfer und Blink-/Standleuchten sind in der vorderen Verkleidung befestigt. Zum Ausbau der Verkleidung trennt man im Motorraum zunächst die elektrischen Anschlüsse von den Beleuchtungseinrichtungen. Die Schloßfalle der Motorhaubenverriegelung ist abzuschrauben (vorher den Bowdenzug lösen). Außerdem sind außen acht Befestigungsschrauben herauszudrehen: links der Haubenverriegelung, in der Mitte am Unterbau, je zwei oberhalb der Scheinwerfer, je eine an den vorderen Radausschnitten. Danach läßt sich die Verkleidung abnehmen. Die Scheinwerfer sind mit jeweils drei Schrauben in der Rückseite der Verkleidung befestigt, die Blink-/Standleuchten mit zwei Schrauben.
Beim Einbau, der in umgekehrter Reihenfolge vorgenommen wird, soll die Verkleidung an den Gummipuffern knapp anliegen, die sich unterhalb der Karosserieöffnungen für die Scheinwerfer befinden. Die Verkleidung ist spannungsfrei anzuschrauben. Nach dem Einbau muß die Haubenverriegelung justiert werden (siehe im nächsten Abschnitt), und die Scheinwerfer sind einzustellen (Seite 190).
Neun Befestigungsschrauben dienen dem Halt der Heckverkleidung. Bei geöffneter Heckklappe sind an der Oberkante der Verkleidung vier Schrauben herauszudrehen, im ganzen unteren Drittel drei weitere, und je eine innerhalb der Ecken des Gepäckraums. Die Verkleidung sollte man zusammen mit einer Hilfsperson vorsichtig abheben, dabei trennt man die Kabelanschlüsse für die Rückleuchten. Der Anschluß für die Kennzeichenleuchte befindet sich an der rechten Rückleuchte. Da die Rückleuchten unter Druck in die Verkleidung eingesetzt sind, muß man sie aus dieser mit Vorsicht herausdrücken.

Motorhaube

Zum Ausbau der Motorhaube die Schrauben an beiden Scharnierbügeln abschrauben. Dazu braucht man einen Helfer, mit dem man die Haube auch abhebt.
Die neue Haube wird zunächst provisorisch befestigt. Wegen der Langlöcher in den Scharnierbügeln kann die Haube in Längsrichtung ausgerichtet werden. Eine weitere Ausrichtmöglichkeit besteht durch die Langlöcher im Haubenverschluß vorn. Haube vorsichtig herunterklappen und ringsum den Kantenabstand kontrollieren, bei gutem Befund die Scharnierschrauben festziehen. Sollte die Haube in Querrichtung nachgestellt werden müssen, dann sind die Scharnierbügel mit einem geeigneten Werkzeug entsprechend zu biegen.

Die Schloßfalle der Heckklappe ist mit zwei Schrauben SW 10 befestigt. Die Öffnung zu den Schraubenlöchern ist länglich gestaltet und erlaubt ein Verschieben der Falle, wenn das Schloß nicht richtig schließen sollte. Außerdem kann man noch die Befestigungsschrauben an den Scharnieren der Klappe lösen und die gesamte Haube somit justieren.

Hauben-verriegelung

Die Schloßfalle ist an der oberen Frontquertraverse mit zwei Schrauben befestigt. Langlöcher für die Befestigungsschrauben ermöglichen eine Höheneinstellung der Schloßfalle. Eine solche Einstellung wird nötig, wenn die Verriegelung der Motorhaube nicht richtig einrastet oder wenn andererseits zu viel Spiel vorhanden ist. Siehe auch Seite 208.
Der Bowdenzug (ummantelter Drahtzug) für die Entriegelung ist links im Motorraum an der Seitenwand des Kotflügels verlegt. Das eine Ende des Zugs hängt am Betätigungsgriff an der linken Türsäule, das andere ist durch eine Klemmschraube mit dem Hebel der Schloßfalle verbunden. Hier ist die Einstellung des Drahtzugs möglich, falls das Schloß sich nur durch Ziehen des Betätigungsgriffs bis zur Einstellung entriegeln läßt. In diesem Fall muß der Drahtzug an der Schloßfalle gelockert, entsprechend weiter aus der Umhüllung herausgezogen und wieder befestigt werden. Um eine gute Beweglichkeit des Zugs zu gewährleisten, streicht man vor dem Einbau den Drahtzug mit Fett ein und läßt durch mehrmaliges Hin- und Herziehen des Zugs das Schmiermittel in die Umhüllung eindringen.

Kotflügel vorn

Vor dem Ausbau eines Kotflügels ist die Frontverkleidung abzubauen, außerdem entfernt man die seitliche Blinkleuchte (siehe Seite 188). Folgende Schraubverbindungen des Kotflügels sind zu trennen: fünf Schrauben an der Oberkante (»Kotflügel-Kammlinie«), eine Schraube außen vorn am Radkasten, eine Schraube vorn am Halter der Frontverkleidung, zwei Schrauben an der Türsäule außen (Tür öffnen) und eine am Türschweller. Im Wageninnern muß die

Auch die Schließe an der Innenseite der Heckklappe besitzt Langlöcher. Nach Lockern der beiden Befestigungsschrauben läßt sich die Schließe in der Höhe verschieben.

Verkleidung der Türsäule weit genug gelöst werden, um die mittlere Schraube mit einem Steckschlüssel betätigen zu können. Beim Lösen der Schrauben den Kotflügel von einem Helfer festhalten lassen, danach abheben. Das alte Abdichtmaterial an den Anlagekanten ist sorgfältig zu entfernen.
Diese Anschraubflansche sollten vor dem Anschrauben des neuen Kotflügels mit plastischer Abdichtmasse ausgelegt oder mit Abdichtband belegt werden. Schließlich trägt man auf die Kotflügelinnenseite Unterbodenschutz auf. Ein wiederverwendeter alter Kotflügel muß vorher gründlich gereinigt und gegebenenfalls entrostet werden.

Türen

Der Türausbau erfordert besondere Werkzeuge und handwerkliche Erfahrung. Beim Tausch gegen eine sogenannte Rohtür müssen alle (noch verwertbaren) Teile der alten Tür für die neue Tür übernommen werden, außer der Verkleidung also auch der Schließzylinder, Türgriffe mit Verbindungsstange, Fensterkurbel und -scheibe, Fensterführungen, Türspanner usw.

Türen justieren

Liegt eine Tür nach dem Einbau nicht flächenglatt zur unteren oder oberen Türleiste, dann müssen die Scharnierschrauben noch einmal etwas gelockert und in ihren Bohrungen so weit verschoben werden, bis die geschlossene Tür am ganzen Umfang gut anliegt. Falls die Tür dann nicht richtig schließt, ist die Schloßklinke zu verstellen. Dazu mit Ringschlüssel SW 19 die Schloßklinke lockern und die Einstellscheibe senkrecht nach oben oder unten verstellen oder die Klinke herausschrauben und durch Hinzufügen bzw. Wegnehmen von Scheiben unter der Rosette den Abstand zur Auflage variieren.
Neben dieser senkrechten Ausrichtung läßt sich noch eine seitliche Justierung erreichen: Türscharniere von der Türsäule abschrauben und Unterlegscheiben zwischen Säule und Scharnieren hinzufügen oder wegnehmen.
Dieses Heimwerker-Justieren wird allerdings nicht ausreichen, wenn beispielsweise die Tür beim Öffnen auf den Bürgersteig gerammt wurde und durch den Anprall verkantet im Türausschnitt sitzt. Hierfür sind spezielle Richtwerkzeuge notwendig.

Türverkleidung aus- und einbauen

In der Tür die Scheibe nach oben kurbeln. Rechteckige Fassung der Griffmulde für den Türöffnergriff ausrasten und abheben. Zum Ausbau der Fensterdrehkurbel wird in der Werkstatt ein gabelförmiges Werkzeug oder eine flache Türfederzange zwischen Kurbelfuß und darunterliegende Kunststoffscheibe gezwängt und die Sicherungsfeder herausgedrückt. Mit etwas Geschick läßt sich diese offene Ringfeder an einem ihrer Enden auch mit einem sehr schmalen

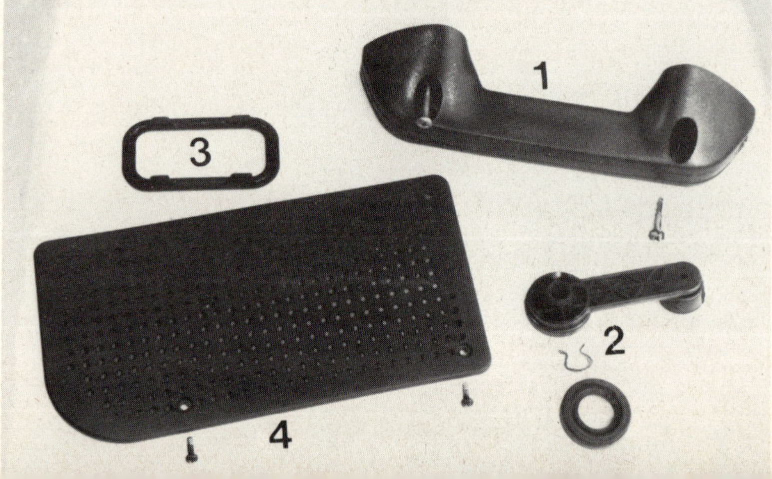

Diese Teile sind vor dem Abnehmen der Türinnenverkleidung abzubauen: 1 – Armlehne, 2 – Fensterkurbel mit Sicherungsfeder und Rosette, 3 – Rahmen der Griffmulde für Türöffner, 4 – Lautsprecherverkleidung.

Schraubenzieher herausdrücken. Danach zwei Kreuzschlitzschrauben für den Türinnengriff herausdrehen und diesen abnehmen.
Verkleidung mit einem gabelförmigen Werkzeug vom Türinnenblech abdrücken. Sie ist an allen vier Seiten mit Kunststoffklammern eingeclipst. Man kann auch einen breiten Schraubenzieher benutzen, wobei man gegen das Blech ein Stück Karton als Schutz gegen Zerkratzen hält. Wenn dabei einzelne Klammern ausreißen und in der Tür sitzen bleiben, muß man diese aus dem Blech hebeln und wieder in die Verkleidung eindrücken, notfalls dort mit Zweikomponentenkleber einkleben.
Zwischen Verkleidung und Türblech sitzt auf der Welle der Fensterkurbel eine schraubenförmige Druckfeder. Auf dem Blech sind Teile von Regenschutzfolie mit Klebeband befestigt, sie bedecken die beiden oberen Montagelöcher sowie die große untere Öffnung, die Zugang zum Fensterheber ermöglicht. Bei Bedarf muß man die Folien abziehen, aber später wieder ankleben.
Der Einbau geschieht in umgekehrter Arbeitsfolge. Die Fensterkurbel soll bei geschlossenem Fenster schräg nach vorn unten zeigen.

Kurbelfenster ersetzen

Türinnenverkleidung der Vordertür, wie beschrieben, ausbauen und die Scheibe herunterkurbeln. Am unteren Fensterrand die Gummidichtung nach oben wegziehen und abnehmen. Befestigungsschrauben für die Scheibenstütze und für die Führungsschiene herausdrehen. Fensterglas vorn anheben und leicht gedreht aus dem Türschacht herausheben. Beim Ritmo S 85 ohne feststehende kleine Seitenscheibe, also auch ohne senkrechte Führung für das Kurbelfenster im Fensterausschnitt, ist das Fensterglas zum Entnehmen hinten anzuheben.
Der Einbau wird in umgekehrter Reihenfolge vorgenommen. Die entnommene Gummidichtung schlägt man mittels Kunststoffhammer auf ihren Sitz.

Feste Türscheibe ersetzen

Kurbelfenster völlig herunterkurbeln. Oben an der vorderen Schräge des Fensterrahmens die Befestigungsschraube für die Führung des Kurbelfensters herausdrehen, ebenso eine Schraube am Innenblech unterhalb der Führung. Führung nach hinten drücken (sie wird von der Gummieinfassung für das Kurbelfenster gehalten) und die feste Scheibe zusammen mit ihrer Gummidichtung herausnehmen. In umgekehrter Reihenfolge einbauen.

Heckklappe

Zum Ausbau auf beiden Seiten die Befestigungsmutter am Druckzylinder der Türheber abschrauben. Kabelanschlüsse für Heckscheibenwischer und heizbare Heckscheibe trennen. Im Wageninnern die beiden Ziergitter über den

Die rechte Vordertür mit abgenommener Innenverkleidung: 1 – wieder aufgesetzte Fensterkurbel, 2 – hochgeklappte Kunststoffolie zur Abdeckung der Montagelöcher im Türinnenblech.
Im unteren Montageloch ist im Türschacht die Scheibenstütze zu sehen.

Scharnieren mit einem Schraubenzieher abdrücken. Heckklappe von einem Helfer festhalten lassen und die Muttern für die Scharniere mit einem Rohrschlüssel abschrauben, Heckklappe abheben.
Die Heckklappe kann seitlich und in der Höhe verschoben werden. Zur Einstellung die Befestigungsmuttern der Scharniere lockern. Falls die Heckklappe nicht richtig schließt, erlauben Langlöcher für die Befestigungsschrauben von Schloß und Schloßfalle, die Stellung dieser beiden Teile zu verändern. Unter dem Schloß, am Innenblech der Heckklappe, ist eine Unterlage zwischengelegt.
Das Schloß der Heckklappe ist schmutzempfindlich, wodurch es zu Schwierigkeiten bei der Schloßbetätigung kommen kann. Das verschmutzte Schloß abschrauben (zwei Muttern), in Benzinbad tauchen und darin schwenken. Funktionskontrolle durchführen und vollkommen trocknen lassen, danach die beweglichen Teile ölen und das Schloß wieder einbauen.

Gummidichtung der Hecköffnung

Die Auflagekante des Klappenausschnitts ist rundum mit einer Gummidichtung versehen, die das Eindringen von Staub und Wasser sowie Klappern verhindern soll. Beschädigte Dichtung ersetzen. Dazu alte Dichtung von der Dichtungsschiene abziehen. Besser ist es, die neue Dichtung einzukleben, daher die Dichtung und ihre Auflagefläche zunächst mit Gummikleber einstreichen. Nach entsprechender Trockenzeit die Klebeflächen flüchtig mit benzingetränktem Lappen überwischen und Gummidichtung rasch andrücken. Die beiden Enden der Gummidichtung sind ebenfalls zusammenzukleben. Heckklappe erst nach völliger Antrocknung schließen.

Scharniere und Schlösser

Im wesentlichen muß man die richtige Verriegelungsfunktion der Motorhaube im Auge behalten. Aus dem schon vorausgegangenen Abschnitt über die Motorhaube ist ersichtlich, wie die Haube und der Bowdenzug der Verriegelung eingestellt sein sollen. Aus Gründen der Sicherheit muß man sich gelegentlich bewußt davon überzeugen, daß die Haube richtig schließt. Schwergängigkeit der Verriegelung versucht man zunächst durch Schmieren ihrer Teile zu beheben. Auch die Türschlösser und besonders das Schloß der Hecktür bereiten Ärger, wenn sie nicht regelmäßig geschmiert werden. Siehe dazu Seite 71.

Windschutzscheibe

Bei allen Ritmo-Varianten besteht die Frontscheibe aus Verbundglas. Sie wird nur von der Gummieinfassung abgedichtet, Dichtungskitt wird lediglich bei undichter Scheibe verwendet.
Für den Heimwerker ist der Ersatz der Scheibe äußerst schwierig zu bewerkstelligen. Glasbruch in der Werkstatt braucht vom Kunden nicht ersetzt zu werden, aber man verfügt über die notwendige Praxis des Einbaus. So geht man dort vor: Wischerarme abbauen, Verkleidung der gesamten Instrumententafel um einige Zentimeter abheben, im Wageninnern die Scheibe oben nach außen drücken und dabei die Dichtung etappenweise abziehen. Zum Einbau die Gummidichtung auf die neue Scheibe ringsum aufsetzen, Innennut des Scheibenrahmens mit Vaseline bestreichen, in den gesamten Umfang der Gummidichtung eine Schnur einlegen (Schnurenden nach innen hängen lassen), Scheibe mit der Dichtung von außen einsetzen und andrücken, gleichzeitig von innen die Schnur ziehen, wobei die Dichtung auf den Flansch des Fensterausschnitts gezogen wird.
Als Schnellausbau, wenn man vielleicht eiligst einen Notausstieg braucht, eignet sich auch folgende Methode: Man setzt sich inmitten beider Vordersitze und stemmt die Füße oben gegen die Frontscheibe (nicht dagegen treten, dadurch bricht sie bestimmt). Mit kräftigem Druck wird die Scheibe nach außen gescho-

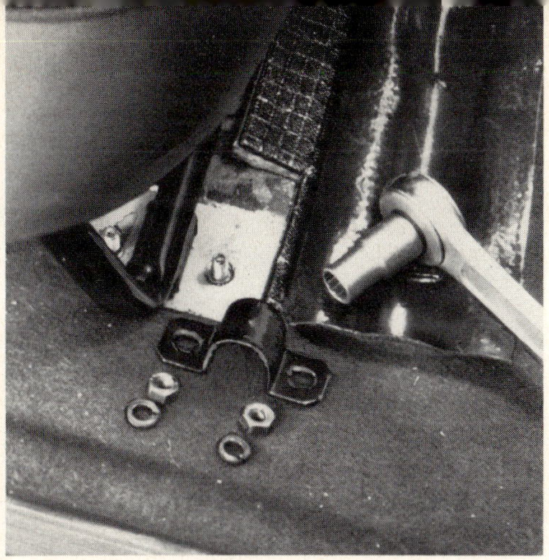

Jeder Vordersitz ist vorn mit zwei Haltebügeln befestigt. Zum Ausbau die Muttern für die Bügel abschrauben, auf die Federringe achten. Hinten sind die Sitzschienen noch mit Innensechskantschrauben befestigt.

ben. Das geht, weil die Glasscheibe kleiner als der Fensterausschnitt in der Karosserie ist und nur von ihrem Profilgummi gehalten wird.

Schiebedach

Dach vollkommen öffnen und die vordere Befestigungsschraube der seitlichen Führungsschienen herausdrehen. Im Wageninnern das Dach nach vorn schieben, bis die an der vorderen Dachkante sitzenden Führungsschuhe in Höhe der entsprechenden Aussparungen im Dachausschnitt stehen. Dach vorn nach oben drücken und herausnehmen. Der Bezugsspanner hinten wird auf die gleiche Weise ausgebaut, wobei der Führungsschuh jeweils an der Seite sitzt.
Der Einbau geschieht in umgekehrter Reihenfolge, vorher sollen die Führungsschienen dünn mit Fett geschmiert werden.

Sitze

Jeder vordere Einzelsitz ist mit zwei Bügelhaltern am Karosserieunterbau durch vier Muttern SW 13 befestigt. Sitz nach hinten schieben und Muttern abschrauben, ebenso die Mutter SW 13 in den Sitzschienen vorn. Sitz wieder nach vorn schieben und die Innensechskantschraube SW 6 an den Sitzschienen hinten herausdrehen. Danach läßt sich der Sitz herausheben. Beim Einbau müssen die Muttern für die Halterungen fest angezogen werden.
Die Befestigung von hinterem Sitzpolster und Rückenlehne ist eindeutig. Es sind sowohl die Befestigungsschrauben der beiden Scharniere für die Sitzbank wie auch der umklappbaren Lehnen herauszudrehen.

Dachverkleidung

Anders als bei anderen Autos läßt sich der »Himmel« relativ leicht ausbauen. Sonnenblenden, Halterung des Innenspiegels und die Haltegriffe abschrauben. Lichtscheibe der Deckenleuchte mittels Schraubenzieher abdrücken und die Fassung abschrauben, Kabelanschlüsse trennen. Befestigungsstopfen am hinteren Rand der Dachverkleidung abdrücken, dieselbe vorsichtig absenken und durch die Heckklappenöffnung herausnehmen.
Bei Wagen mit Schiebedach muß dieses zuvor ausgebaut werden, außerdem sind die Dichtungen des Dachausschnitts zu lösen und die Leinenborte vom Rand des Ausschnitts vorsichtig abzuziehen. Alle Klebstoffreste und Schmutz entfernen, die Leinenborte wird mit einem Gummikleber wieder befestigt. Die Wasserablaufröhrchen (unter den Ausschnittecken vorn und an den Seiten hinten) müssen richtig sitzen; sicherheitshalber sollte man ihren guten Durchlauf prüfen.
Der weitere Einbau wird in umgekehrter Reihenfolge des Ausbaus vorgenommen.

Instrumententafel

Um die Instrumententafel (»Armaturenbrett«) komplett auszubauen, muß das Lenkrad abmontiert werden, außerdem ist das Kombiinstrument herauszunehmen (Seite 195). Schaltergruppe(n) und eventuell vorhandene Digitaluhr herausziehen und ihre Kabelanschlüsse trennen. Im Motorraum drei Muttern unterhalb des Windlaufs von den Stiftschrauben abschrauben. Im Innenraum an beiden unteren Ecken der Intrumententafel eine Befestigungsschraube herausdrehen. Instrumententafel von unten nach oben herausziehen.
Das Schloß des Handschuhkastendeckels ist fest in das aus einem Stück bestehende Kunststoff-Armaturenbrett integriert. Wenn das Schloß defekt ist, muß mit Ausnahme der Modelle S 75 und S 85 die komplette Instrumententafel ersetzt werden.

Sicherheitsgurte kontrollieren

Pflegearbeit Nr. 42

Die ab Werk gelieferten Automatikgurte bieten etwa 10 Jahre lang Sicherheit. Ob ein Gurt nach einem Unfall ausgetauscht werden muß, richtet sich nach der Wucht des Aufpralls, wie stark er also gedehnt wurde, und man sollte sich dann von einer Werkstatt beraten lassen. Außerdem müssen dann die Gurtbefestigungspunkte überprüft werden.
Wenn ein Automatikgurt sich nur schlecht oder überhaupt nicht aufrollt, ist folgendes zu prüfen: Gurtband verdreht, ausgefranst oder eingerissen? Dann unbedingt den Gurt ersetzen. Umlenkbeschlag verklemmt? Scheuert das Gurtband an einer Führung oder an der Aufrollautomatik? Automat locker? Achswelle schwergängig? In keinem Fall darf der Automat geöffnet werden und natürlich soll man auch die Lagerstellen des Gurtbandes nicht ölen. Bei irgendwelchen Mängeln an der Automatik muß der Gurt ausgetauscht werden.
Verschmutzte Gurte reinigt man nur mit lauwarmem Wasser, allenfalls mit milder Seifenlauge, niemals mit chemischen Reinigungsmitteln.

Innenraumpflege

Sitze und Seitenverkleidungen keinesfalls mit scharfen Reinigern, Fleckenwasser oder Benzin säubern, auch Wäscheseife ist ungeeignet. Die Kunststoffe erhalten sonst nicht reparierbare Schäden und Flecken. Zunächst den Schmutz absaugen, dann mit feuchtem Schwamm abbürsten. Flecken entfernt man mit Plastik-Reiniger.
Bei jeder Wagenwäsche etwa eingelegte Fußmatten herausnehmen, abwaschen oder ausklopfen. Der Bodenteppich wird am besten staubgesaugt, wenn er trocken ist, und zum Austrocknen eines feuchten Bodenteppichs die Türen bei trockenem Wetter so lange wie möglich offenhalten. Einen naßgewordenen Teppichboden kann man durch zweimaliges Aufstreuen von Kieselgur-Granulat (»Katzen-Streu«) über Nacht austrocknen. Das Mittel wird anschließend abgekehrt, oder besser, herausgesaugt.

Nicht nur fürs Auge

Damit der Glanz des Fiat möglichst lange erhalten bleibt, muß bei der Pflege des Wagenäußeren manches bedacht werden. Dazu ist es überhaupt nicht nötig, den Lack ständig mit irgendwelchen Mixturen zu bearbeiten.
Ausführlich wird das Thema Lackbehandlung im Band Nr. 45 »Die Autokarosserie« dieser Handbuchreihe beschrieben, und man erfährt dort auch, wie das Blech ausgebeult und richtig lackiert wird.

Das Auto waschen

Bei der Autowäsche können viele Fehler gemacht werden. Den Lack schont es am besten, wenn man nur mit viel klarem Wasser wäscht. Dabei sollte auf Autoshampoo weitgehend verzichtet werden, denn dieses laugt bei regelmäßiger Anwendung die Lackschicht aus. Völlig unbrauchbar sind Haushaltswasch- und Geschirrspülmittel, weil sie den Lack direkt angreifen.
Vorteilhaft ist ein Waschplatz, wo es einen Wasseranschluß für den Schlauch gibt. Hier läßt sich mit einem milden Wasserstrahl zunächst der Schmutz auf dem Auto einweichen sowie Sand und Staub wegschwemmen. Danach wäscht man mit Schlauchbürste, Waschhandschuh oder großporigem Schwamm und vor allem mit viel Wasser den Wagen sauber. Festsitzenden Dreck an der Frontverkleidung und an den Felgen kann man mit einer kräftigen Bürste entfernen.
Ohne Schlauch muß man zwei Wassereimer nehmen. In dem einen wird der saubere Schwamm mit klarem Wasser getränkt, im anderen wäscht man den verschmutzten Schwamm aus. Dadurch wird weitgehend vermieden, daß man die immer schmutziger werdende Brühe aus einem einzigen Eimer stets erneut auf die Karosserie bringt. Die Schmutzteilchen zerkratzen sonst unweigerlich die Oberfläche des Lacks, wenn man mit dem Schwamm hin und her wischt. Bei der »Eimer-Methode« ist es also ganz besonders wichtig, ständig frisches Wasser zu holen – Sparen ist hier falsch am Platze.
Grundverkehrt ist es auch, das Auto im Sonnenschein zu waschen (das gleiche gilt für jegliche Lackbehandlung). Die durch rasche Verdunstung zurückbleibenden Kalkflecken können nur mit aggressiven Mitteln entfernt werden, und bei Verfärbungen des Lacks (Wassertropfen wirken in der Sonne wie Brenngläser) hilft dann manchmal sogar nicht mehr Polieren.
Auch nach Schnee- und Eistagen ist gelegentlich ein Waschtag einzuschieben, wobei zusätzlich die Wagenunterseite gründlich abgespritzt werden sollte. Damit wird verhindert, daß sich die Rückstände von Auftausalzen festsetzen und beginnen, das Blech anzugreifen. Aber nach der Wäsche im Winter braucht das Auto einen geschützten Ort, wo es gut austrocknen kann.
Die Reifen am Auto wie auch die zweite Reifengarnitur für Sommer oder Winter, die bis zum nächsten Gebrauch gelagert werden soll, dürfen nur mit Wasser und Bürste gesäubert werden. Der Reifenflanken-Gummimischung ist nämlich eine wachsähnliche Substanz hinzugefügt, die als Schutzschicht gegen Verwittern dient. Scharfe Reinigungsmittel zerstören diese schützende Beimischung.

Nach jeder Wagenwäsche soll der Fiat abgeledert werden. Dazu nimmt man ein großflächiges Reh- oder Ziegenleder, Kunstledertücher eignen sich nicht. Mit dem gleichen Leder darf man aber nicht auf der Frontscheibe reiben, weil Fett- und Silikonspuren aus Lackpflegemitteln sichtstörende Schlieren verursachen, die schließlich kaum noch zu entfernen sind.

Fensterscheiben reinigen

Eine durch Fett oder Dieselqualm verschmierte Scheibe bietet bei Dunkelheit keinen ungehinderten Durchblick. Hier hilft das altbewährte Messingputzmittel »Sidol« in der grünen Flasche. Es wird auf die Scheibe aufgetragen und nach dem Trocknen mit einem sauberen Lappen abgerieben. Man kann auch Wundbenzin aus der Apotheke (Benzin von der Tankstelle greift Wischergummis und Fensterdichtung an) oder etwas Waschmittel nehmen, das aber nicht über den Lack ablaufen darf. Dem Scheibenwaschwasser kann man vorbeugend ein Reinigungsmittel, z. B. »Caramba Scheibenklar« im Sommer oder »Sonax Antifrost« im Winter, zusetzen.
Gleichfalls störend sind Rückstände von Zigarettenrauch oder – besonders bei neueren Autos – von den Ausdünstungen (Weichmachern) der Kunststoffteile im Innenraum, die sich auf den Innenseiten der Fenster niederschlagen. Reines Wasser allein schafft hier keine Klarheit, man muß dann schon zu Spülmitteln oder zum wirkungsvollen Sidol aus dem Haushalt greifen.

Waschanlagen

Für Eilige und für die Autofahrer, die keine Gelegenheit zum Selbstwaschen haben; sind Waschanlagen eine praktische Hilfe. Dabei sind billig arbeitende Unternehmen und teurere zu unterscheiden.
In den ersten wird nur der grobe Dreck weggewaschen, und man muß selbst nachledern. In guten Waschstraßen wird das Auto naßgespritzt und an unzugänglichen Stellen von Hand vorgewaschen, damit keine Schmutz- und Rostnester entstehen.
Ausschließlicher Besuch von Waschstraßen ist nicht ratsam, weil das dort versprühte Wachs nur dem schnelleren Trocknen dient. Nach einigen Schnellwäschen muß der Lack mit Konservierer behandelt werden. Frisch lackierte Autos sollen überhaupt nicht maschinell gewaschen werden, denn bei diesen ist die Lackschicht erst nach etwa zwei Monaten richtig ausgehärtet. Und nicht zu vergessen: An Wochenenden bleibt dem Personal in Waschanlagen wegen des Andrangs meistens kaum genügend Zeit zu gründlicher Vorwäsche und abschließendem Abtrocknen, besser also an Tagen mit wenig Betrieb vorfahren. Nach der Wäsche sollte man den Wagen nach Beschädigungen absuchen, um Reklamationen gleich vorbringen zu können.

Motorwäsche

Staub und Straßendreck dringen in den von unten nicht verschlossenen Motorraum. Mit Öl und Fett vermischt bilden sich mit der Zeit schmierige Krusten.
Motorreiniger erhält man an Tankstellen und Zubehörgeschäften sowie in Kaufhäusern. Diese »Kaltreiniger« gibt es in größeren Gebinden zum Auftragen mit dem Waschpinsel und auch in Sprühdosen. Nach einiger Zeit läßt sich der gelöste Schmutz mit einem schwachen Wasserstrahl abspülen.
Mit einer Kunststoffolie unter dem Wagen vermeidet man unschöne Flecken durch abgetropften Ölschmutz, die beim Behandeln der Ölschmiere den Standort des Autos verunzieren. Sie lassen sich allerdings, wie auch alte Ölflecken auf dem Garagenboden, mit dem Ölbinder K 2 der Firma TA-Ka Ölschadendienst GmbH, Trumppstraße 2, 8000 München 50, entfernen.
Wenn der Motorraum nicht übermäßig verschmutzt ist, gelingt die Motorreinigung auch ganz einfach mit einem in Petroleum getränkten Lappen.

Mit der Zeit verliert vernachlässigter Lack seine Elastizität: er altert. Die Poren erweitern sich, Feuchtigkeit dringt ein und zermürbt die Farbschichten von innen. Je nach Zustand des Lacks gibt es verschiedene Pflegestufen.

Lackpflege stufenweise

■ Wasch-Konservierer gibt man zur letzten Nachwäsche einen Meßbecher voll in einem Eimer mit klarem Wasser, wäscht mit einem Schwamm den Wagen ab und ledert nun den Lack trocken oder läßt die Feuchtigkeit antrocknen (Gebrauchsanweisung beachten). Zum Schluß mit dem Poliertuch oder noch besser mit Polierwatte nachreiben. Es bleibt dann eine wachsartige Schutzschicht auf dem Lack zurück. Diese Konservierung ist bei gesundem Lack angebracht, aber auch nicht bei jeder Wagenwäsche notwendig.

■ Lack-Konservierer nennen sich in der Regel »Autowachs«, »Hartwachs«, oder »Glanzwachs«. Auch manche »Auto-Polish«, die dem Namen nach zu den polierenden Lackpflegemitteln gehören, sind in Wirklichkeit Lack-Konservierer. Sie enthalten keine schleifende (polierende) oder lackanlösende (lackreinigende) Anteile, sondern sind ausdrücklich zum konservierenden Schutz neuwertiger oder vorher polierter bzw. gereinigter Lacke gedacht. Lack-Konservierer gibt es nur selten als Pasten, sondern zumeist als Flüssigkeit. Der Konservierer muß glasigtrübe aussehen. Sonst enthält er Schleifmittel, die für neuen Lack zu scharf sind.

Vor der Behandlung des Lacks mit Konservierer muß der Wagen gewaschen, sorgfältig getrocknet und bei verschmutztem oder stumpfem Lack mit Lackreiniger bzw. Autopolitur vorbehandelt werden. Erst auf den völlig blanken Lack wird Konservierer mit sauberem Lappen möglichst dünn aufgetragen, danach mit einem zweiten Lappen »einmassiert« und mit einem dritten sauberen Lappen oder Polierwatte auf Hochglanz gebracht.

■ Autopolitur oder Lackpolitur ist schon eine scharfe Waffe zur Lackpflege und sie sollte erst dann angewendet werden, wenn der Lack schon gealtert ist und matt zu werden beginnt, wobei man diesen Lack noch durchaus als »gut erhalten« bezeichnen kann. Autopolitur hat reinigende, polierende und konservierende Wirkung, was am milchig-sahnigen Aussehen der Flüssigkeit durch die Schleifmittelanteile zu erkennen ist. Außerdem bleibt, im Gegensatz zu reinen Lack-Konservierern, bereits etwas abpolierte Farbe in der Polierwatte zurück, was bei Konservierern nicht sein darf. Wenn die Watte aber sehr kräftig Farbe annimmt, ist das Pflegemittel für nur verschmutzten Lack schon zu scharf.

■ Schleifpolitur und Schleifpolierpaste dienen einer brutalen Kur, die nur bei stark verwittertem Lack zum Abschleifen der obersten »toten« Lackschicht und dann für längere Zeit nicht mehr vorgenommen werden darf. Sonst ist die dünne Lackschicht bald durchpoliert. Solch eine Lackbehandlung nehmen manche

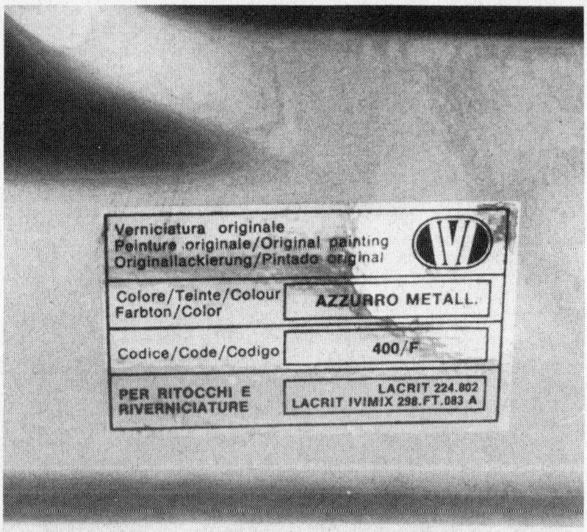

Im Motorraum ist ein Schild angebracht, auf dem der Originalfarbton der Lackierung und die Code-Nr. des Lacks angegeben sind. Die Kennnummer der Karosseriefarbe befindet sich auch auf dem Typenschild, siehe Seite 10.

Leute vor, wenn der Wagen verkauft werden soll. Dann lohnt sich auch die mehrstündige harte Handarbeit, die damit verbunden ist. An der starken Farbe, die in der Polierwatte hängen bleibt, kann man die starke Wirkung erkennen. Nach dieser intensiven Politur muß der Lack noch konserviert werden.

■ Lackreiniger nehmen eine Sonderstellung ein, denn sie leisten ihre Arbeit durch lackanlösende Anteile, und manchmal sind auch Schleifmittel beigemischt. Lackreiniger, manchmal auch als Rapid-Reiniger bezeichnet, sind für neue und junge Lacke Gift, denn sie können im Nu die obere Lackschicht anlösen und beschädigen. Das gilt vor allem für nachlackierte Stellen. Nach der Behandlung mit Lackreiniger muß der Lack in der Regel durch Konservierer gegen Schmutz und Witterungseinflüsse geschützt werden.

Teerspritzer und Insekten

Hochgeschleuderter Split vom frischen Straßenbelag hinterläßt dunkle Spritzer auf der Karosserie. Diese Teerflecken darf man nicht versuchen abzuschaben, vielmehr lassen sie sich mit Petroleum auflösen. Weil aber die Petroleumrückstände lackschädlich sind, ist eine umständliche Nachbehandlung mit Auto-Shampoo und Lackkonservierer notwendig. Empfehlenswerter sind deshalb spezielle Teerentferner, wie z. B. jene von Caramba, Polifac oder Rex, wodurch sich nach der Behandlung die herunterlaufenden braunen Teertropfen mit klarem Wasser abspülen lassen.

Insektenleichen können den Lack verätzen, wenn man sie nicht rechtzeitig entfernt. Aber auch Lackpolitur ist nicht das rechte Mittel, denn das hartgetrocknete Insekten-Eiweiß muß geduldig aufgeweicht werden. Das funktioniert mit speziellem Insektenlöser-Spray (z. B. von Caramba oder »Holts Summer Screen«), der das Aufweichen chemisch beschleunigt, aber es geht, wenn man Zeit hat, auch mit warmem Wasser und Geduld oder über Nacht auf die Fläche aufgelegte nasse Zeitungsbogen (patschnaß halten, sie dürfen nicht antrocknen, sonst hat man am nächsten Morgen die Druckerschwärze auf dem Lack). Die aufgeweichten Insektenleichen werden mit viel Wasser und am besten mit einem grobporigen Viskoseschwamm (»Fliegenschwamm«) abgewaschen.

Betreuung

Immer wieder bereitet der Winter dem Autofahrer Schwierigkeiten. Mit wenig Umsicht lassen sich die Schrecken mancher Wintertage mindern, freilich gehört dazu auch etwas Vorsorge, die aber in den wenigsten Fällen mit Geldausgaben verbunden sind. Dazu ein Beispiel: Weil sich der Ritmo bei schlechtem Wetter die Rückseite mit Dreck vollspritzt und der Griff zur Heckklappe dann mit schmutzigen Fingern verbunden ist, hält man praktischerweise ein leicht angefeuchtetes Tuch im Wagen bereit, um unterwegs für Reinlichkeit sorgen zu können. Damit wischt man auch gleich einmal über die Scheinwerfergläser.

Frostbeständige Kühlflüssigkeit

Klares Wasser sprengt bei Temperaturen unter dem Nullpunkt Kühler und Motorblock, denn Eis benötigt mehr Raum als Wasser, aus dem es sich bildet. Um das Freiwerden solcher Kräfte zu verhindern, muß man dem Kühlwasser ein Gefrierschutzmittel beimischen.
Die Werkstatt haftet zwar für den Schaden, der wegen Vergeßlichkeit des Lehrlings durch nicht eingefülltes Frostschutzmittel entstand. Keinen Ärger gibt es, wenn man sich rechtzeitig um den frostsicheren Zustand des Kühlwassers selbst kümmert.
Das Kühlsystem des 1050-cm^3 Motors hat ein Fassungsvermögen von rund 3 Liter und das der übrigen Motoren von 4,4 Liter. Damit die eine oder andere Menge auch Temperaturen bis zu –20° C ohne einzufrieren übersteht, müssen etwa zwei Fünftel davon durch handelsübliches Frostschutzmittel ersetzt werden. Eine Mischung im Verhältnis 1:1 gestattet es sogar, den Wagen bis zu in unseren Breiten seltenen –35° C draußen stehen zu lassen.

Fiat empfiehlt den hauseigenen Kühlerfrostschutz Paraflu 11. Weil dieser (wie andere Markenmittel auch) auf das Kühl- und Heizungssystem schonend einwirkt, soll er das ganze Jahr über in dem Kreislauf verbleiben. Natürlich können auch andere, handelsübliche Frostschutzmittel verwendet werden. Es wird behauptet, daß Frostschutzmittel mit der Zeit »altern« und ihre Schutzeigenschaft gegen Korrosion verlieren. Wir konnten das bislang noch nicht beobachten. Tatsächlich verhindert die Schutzfüllung aber die Bildung von Rückständen und Oxidation. Deshalb ist Wasser allein nicht zu verwenden.
An einigen Tankstellen kann man Frostschutzmittel literweise aus dem Faß bekommen. Das ist etwa halb so teuer wie andere, in Dosen erhältliche Markenfrostschutzmittel. Zur Not mischt man selbst aus einem Teil Glyzerin, einem Teil Spiritus und zwei Teilen Wasser eine bis zu – 20° C frostsichere Kühlflüssigkeit, die allerdings den Nachteil hat, daß der Spiritus darin schneller verdunstet.

Gefrierschutz für das Kühlsystem bereiten

Zur Aufbereitung des Frostschutzes genügt es nicht, etwa die entsprechende Menge Wasser aus dem Kühler abzulassen, in den Ausgleichsbehälter das Gefriermittel einzufüllen und zu glauben, daß alles nötige getan ist. Das kostbare

Frostschutzmittel würde sich nämlich nur in geringer Menge im Kühlsystem verteilen, auch wenn man anschließend den Motor laufen läßt. Es bleibt nichts anderes übrig, als das alte Kühlmittel abzulassen, frisches Wasser mit der entsprechenden Frotzschutzmittelmenge in einem Gefäß zu mischen und dieses Gemisch dann einzufüllen.
Wenn man sich über die frostsichere Eigenschaft des Kühlmittels nicht im klaren ist, kann man den Kühlerinhalt an einer Tankstelle ausspindeln lassen. Ähnlich wie ein Säureheber zum Batterieprüfen (siehe Seite 158) zeigt bei jenem die Spindel an, bei welcher Temperatur das Kühlmittel gefrieren wird. Entsprechend muß Frostschutzmittel nachgefüllt werden. In diesem Fall braucht nicht die ganze alte Füllung abgelassen zu werden.
Man spart Kosten, wenn man das Kühlmittel in einem Behälter auffängt und nur die geringe Menge weggießt, die der Menge des nachzufüllenden Frostschutzmittels entspricht.

Fingerzeig: *Die früher einmal nützliche Methode, mit einer Jalousie oder einem Pappkarton vor dem Kühler den Motor bei Frost zu schützen, ist für moderne Motoren gefährlich. Die auf alle mögliche Außentemperaturen eingerichtete Temperaturregelung durch Thermostat und Lüfter könnte dann gegen eine Überhitzung nichts ausrichten.*

Frostschutz für den Scheibenwascher

Der Waschwasserbehälter für die Frontscheibe befindet sich im Motorraum rechts hinten. Bei der Heckscheibenwaschanlage ist der Vorratsbehälter im Gepäckraum links untergebracht.
Frostschutzmittel im Scheibenwaschwasser verhindern das Einfrieren der gerade im Winter so wichtigen Reinigungsanlagen. An Tankstellen gibt es eine Fülle von Spezialmitteln, die man dem Scheibenwaschwasser auch an warmen Tagen beimischen kann.
Billiger, jedoch von seinem typischen Geruch begleitet, ist Brennspiritus. Er wird im Verhältnis 1: 1 dem Wasser beigemischt und hält noch bei klirrendem Frost die Windschutzscheibe sauber. Die Scheibendichtung wird durch den Spiritus nicht angegriffen. Ungünstige Bedingungen können die Wascherdüsen trotz Frostschutz im Scheibenwaschwasser zufrieren lassen, etwa wenn von der Windschutzscheibe abgetautes Eis auf dem Blech vor der Scheibe wieder festfriert. Dann hilft unterwegs nur warmes Wasser und gleichzeitiges Betätigen der Wascherpumpe.
Trotz Frostschutz können die Scheibenwascherdüsen einfrieren. Dieser Mißstand läßt sich durch heizbare Düsen beheben, die man statt der serienmäßigen einsetzt. Bei den Doppeldüsen von VDO erwärmt sich bei sinkender Außentemperatur ein Kaltleiterwiderstand, und auch nur dann findet der Stromfluß statt.

Reifen im Winter

Durch den Frontantrieb ist die Antriebsachse des Ritmo relativ stark belastet. Das erhöht die Wintertauglichkeit (ausgenommen an starken Steigungen). Wenn man nicht gezwungen ist, regelmäßig im Winter mit dem Wagen fahren zu müssen, kann man mit Sommerreifen auskommen.

Gürtelreifen mit beschränkten Wintereigenschaften

Bedeutung und Nützlichkeit der von Fiat ab Werk montierten Reifen sind im Kapitel »Räder und Reifen« besprochen. Es sind ausschließlich Gürtelreifen (Radialreifen), die wegen ihres stabilen Laufgürtels auf Schnee eine gewisse Griffigkeit besitzen, weil ihre Auflagefläche nur wenig auf der Fahrbahn walkt. Dazu ist allerdings eine Mindestprofiltiefe von 4 mm wie bei den anschließend erwähnten Haftreifen erforderlich.

Haftreifen

Mit Haftreifen ist man in jedem Fall besser bedient – aber ihre Anschaffung geht ins Geld. Mit den alten M + S-Reifen haben sie nichts mehr gemein. Durch hydrophile (wasserfreundliche) Laufflächenmischungen ist es gelungen, den Fahrbahnkontakt bei Glätte zu verbessern. In dem Temperaturbereich um 0° C allerdings befindet sich auf Eis ein dünner Wasserfilm, der ohne mechanische Hilfen (Sand, Spikes) die an sich schon unfreundliche Eigenart von Eis noch weitaus gefährlicher macht. Hier können auch die neuen Gummimischungen nur wenig ausrichten, sie zeigen aber auf Eis unterhalb – 5° C Spurtreue und Haftvermögen. Einige dieser Reifen beweisen ihr Können auch in lockerem und auf festgefahrenem Schnee.
Haftreifen müssen als Aushilfe für die mit Spikes bestückten Eis-Reifen dienen. Ein Ersatz dafür sind sie aber nicht, und die Reifenhersteller weisen auch darauf hin, daß sie auf Eisglätte nicht die Wirkung wie die in Deutschland verbotenen Nagelreifen zeigen können.
Wenn Winterreifen montiert werden sollen, muß man bedenken, daß sie an allen vier Rädern zu verwenden sind. Zwar dürfen Sommer- und Winter-Gürtelreifen weiterhin gleichzeitig am Auto montiert sein (amtlicherseits gelten nur Diagonal- und Gürtelreifen als Mischbereifung), aber eine solche Kombination taugt nicht viel.

Zusätzliche Felgen im Winter

Beim Kauf von Winterreifen ist es praktisch, auch gleich die dazu notwendigen zusätzlichen Felgen zu besorgen. Ummontieren und Auswuchten spart man dabei.
Ohne Schwierigkeiten lassen sich während des Winters auch die ganzen Räder austauschen, wenn eine wochenlang anhaltende milde Witterungsperiode Schnee und Eis fernhält, wobei die Winterreifen sonst nur sinnlos verschleißen. Wegen der weniger abriebfesten Gummimischung nutzen sich auch die Haftreifen auf trockener und nur nasser Fahrbahn schneller als Sommerreifen ab.
Die Anschaffung von drei zusätzlichen Felgen genügt bereits, denn als vierte Winterreifenfelge kann ohne weiteres die Felge des Ersatzrads benutzt werden. Da Reifenpannen heutzutage sehr selten sind, kann man als Ersatzreifen einen Winterreifen mit sich führen. Diesen läßt man im Bedarfsfall den kurzen Weg bis zur nächsten Tankstelle laufen, was auch im Hochsommer möglich ist.

Reifendruck im Winter

Die Reifendruck-Tabelle auf Seite 204 gilt für Sommerreifen. Wie auch bei schneller Fahrweise empfohlen, sollen die Werte bei Verwendung von Winterreifen um 0,2 bis 0,3 bar erhöht werden. Dadurch wird eine zusätzliche Stabilisierung erreicht, weil man damit die Aufstandsfläche etwas verkleinert. Somit wird die Last, die je Quadratzentimeter auf den Boden (auf Schnee und Eis) drückt, erhöht. Die Profilstollen und -kanten können dann besser greifen. Die großen und schmalen Reifen an den alten Autos unserer Väter lieferten den Beweis dafür: Damals gab es weniger Kummer bei winterlichen Fahrten.

Anfahrhilfen

Zum Flottmachen eines steckengebliebenen oder auf der glatten Straße rutschenden Wagen können sogenannte Anfahrhilfen (Preis ca. 150 DM) nützen. Das sind kurze Ketten oder Bügel, die um die Reifen geschnallt werden und helfen etwa dann, wenn Sie morgens über einen steilen verschneiten Weg auf die gestreute Straße hinausfahren wollen; sie sind schnell montiert und wieder abgenommen. Ein Ersatz für Schneeketten sind sie nicht.
Billiger sind zwei Streifen aus einem alten Teppich oder Kokosläufer, jeweils etwa einen halben Meter breit und mindestens 1,5 m lang. Diese Anfahrhilfen werden dicht vor die Vorderräder gelegt, wenn es auf glatter Fahrbahn nicht

mehr weitergeht, und jeweils rechts und links an der hinteren Stoßstange mit einer entsprechend langen, kräftigen Schnur angebunden. Wenn der Ritmo an der Steigung dann in Fahrt gekommen ist, zieht er die Streifen an der Stoßstange einfach hinterher, bis die Steigung genommen ist. Chemische Mittel, die auf die Reifenlauffläche gesprüht werden, haben sich nach unseren Erfahrungen nicht bewährt.

Fingerzeige: *Anfahren auf eisglatter Bahn gelingt mit normaler Bereifung im zweiten und dritten Gang und bei langsam losgelassener Kupplung besser. Dadurch bleibt das Antriebsmoment an den Rädern möglichst klein. So soll man bei Glätte auch in einem möglichst großen Gang fahren und nur gefühlvoll Gas geben.*
Wenn es darum geht, eine winterlich beschaffene sehr starke Steigung zu nehmen, kann – je nach Art der Bereifung und nach Steigungswinkel des Anstiegs – der Fall eintreten, daß die Vorderräder durchdrehen. In solcher Situation hilft ein simpler Trick: Rückwärtsfahrend die Höhe erklimmen. Das Wagengewicht ruht dabei besser auf den angetriebenen Rädern und erhöht den wichtigen Druck auf die Fahrbahn.

Gleitschutzketten

Gleitschutzketten – wie sie fachlich richtig statt »Schneeketten« heißen – sind das sicherste Mittel, um mit allen winterlichen Erscheinungen auf der Straße fertig zu werden. Nicht nur im verschneiten Hochgebirge beweisen vor allem die Spurkreuzketten ihren größten Effekt, sondern auch auf Glatteis und verharschtem Schnee sind sie unübertroffen.
Trotzdem sind Gleitschutzketten nicht sehr beliebt, weil sie je nach Straßenzustand auf- und abmontiert werden müssen. Außerdem darf man mit ihnen in der BRD nur noch höchstens 50 km/h schnell fahren. Auf trockener Straße ist dieses Tempo ohnehin das äußerste, weil sich sonst die Kettenglieder zu schnell abnutzen. Qualitätsketten, die pro Stück allerdings mindestens 150 DM kosten, halten einige Kilometer auf schnee- und eisfreier Straße aus. Billigketten dagegen lösen sich schnell in ihre Bestandteile auf.
Um sich mit klammen Fingern unterwegs die Montage zu ersparen, zog man früher schon zu Hause auf Reserverad und ein sechstes Rad die Schneeketten auf. Das empfehlen wir heute nur noch für schwierig zu montierende Ketten. Dennoch: Ein probeweise Auflegen der Ketten zu Hause nach der mitgelieferten Anleitung ist zu empfehlen. Die Kette darf nicht zu stramm angezogen werden, sonst wird sie zu sehr belastet und kann reißen oder das Reifenprofil beschädigen. Zwischen Kette und Reifenlauffläche sollte etwa die flache Hand geschoben werden können, dann kann die Kette etwas »wandern«, was sie auch soll. Das wirksamste Mittel zum Anfahren und Fahren im Schnee ist die stählerne sogenannte Spurkreuzkette. Sie bringt wesentlich mehr »Material« auf den

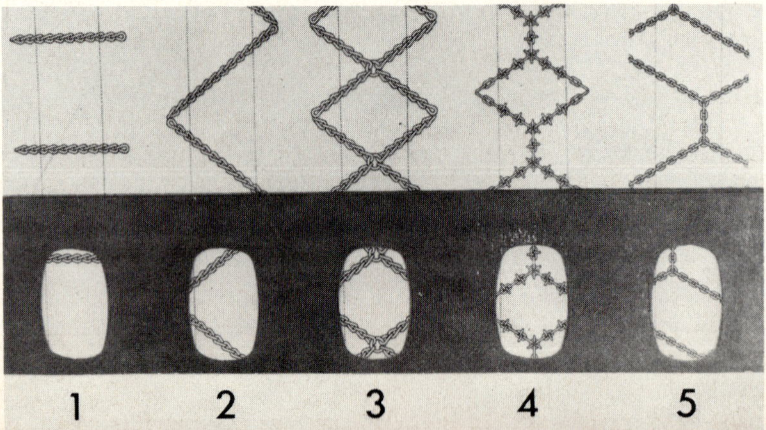

Die ovalen Ausschnitte geben die Aufstandsfläche eines Reifens an und vermitteln eine Vorstellung davon, bei welchen Gleitschutzketten der größte Kontakt mit der Fahrbahn besteht. Von diesen Ketten sind die Leiter- und Zickzack-Ketten (1 und 2) nicht zu empfehlen, dagegen sind die Kreuz-Kette (3) und die Spurkreuz-Ketten (4 und 5) wirkungsvoll genug, um im Schnee besonders gut zu greifen. Diese bieten auch bei Glatteis echte Sicherheit, während die beiden erstgenannten Ketten wegen ihrer ungleichmäßigen und unvollkommenen Auflage den Wagen bei einer Notbremsung unkontrolliert rutschen lassen.

Schnee oder auf das Eis als die zwar billigeren, aber weniger tauglichen Leiter- oder Zickzack-Ketten. Neuere Ketten mit verstärktem Laufmaterial halten länger auf trockener Straße als frühere, die dann bald rissen.
Wenn man noch von einem früheren Wagen solche Gleitschutzketten besitzt, die nicht auf die Reifen des gegenwärtigen Autos passen, so kann man sie während der warmen Jahreszeit kürzen oder verlängern lassen. Ebenso nehmen die Hersteller Reparaturen an gebrauchten Ketten vor.
Die Lebensdauer der Ketten kann dadurch erhöht werden, daß man sie abwechselnd beidseitig benutzt. Vorläufig nicht benutzte Ketten sollen gesäubert und trocken aufbewahrt werden.
Beim Ritmo dürfen Gleitschutzketten nur auf den Vorderrädern montiert werden. Wie bei jedem Wagen mit Frontantrieb muß dringend darauf geachtet werden, daß beim Fahren keine losen Kettenglieder herumschleudern. Diese könnten einen Bremsschlauch wegreißen. Eine zu locker montierte Kette, die sich unterwegs löst, kann sich um die Antriebswelle wickeln und die Lenkung blockieren. Zur Vorbeugung sichert man die Spannvorrichtung zusätzlich mit einem kurzen, kräftigen Stück Draht.

Praktische Hilfen unterwegs

Bei Frost und Schnee können die hier genannten Dinge von Nutzen sein. Man sollte sie während des Winters im Wagen mitführen.

- Eis-Schaber, um vereiste Scheiben zu reinigen. Er muß aus Kunststoff sein, damit die Scheiben nicht zerkratzt werden. Man kann so ein Ding auch als »Teigschaber« – für die Kuchenteigschüssel – im Haushaltswarengeschäft kaufen.
- Sprühdose mit Entfroster gegen vereiste Scheiben. Man braucht es nur auf die obere Hälfte der Scheibe zu sprühen, weil es abläuft und dann auch den unteren Teil der Scheibe vom Eis befreit. Aber nicht die Scheibenwischer als Eiskratzer verwenden, das reißt Riefen in die feinen Gummilippen und gibt ein streifiges Wischerfeld.
- Anti-Beschlagtuch, mit dem die von innen beschlagene Windschutzscheibe und Heckscheibe abgerieben werden können. Die Imprägnierung, die das Beschlagen etwa für eine Woche verhindert, reicht in dem Tuch für eine Saison. Dann wird das Tuch ausgewaschen und als normales Staubtuch verwendet.
- Sandsäckchen, um an vereister Steigung eine Fahrbahn zum Anfahren streuen zu können. Am besten sind dichte Leinen- oder Kunststoffsäckchen mit möglichst scharfem Sand oder feinem Kies.
- Schneeschaufel, um sich bei stärkerem Schneefall einen Weg bahnen zu können. Damit es ein auch wirklich brauchbares Gerät ist, möglichst eine breite Kohlenschaufel mit kurzem, abnehmbarem Stiel nehmen, damit man sich auch durch eine hohe Schneewehe graben kann.
- Warme Decke, die bei einem längeren Stau die Lebensgeister wach hält, denn das Auto kühlt ohne laufenden Motor (und damit ohne Heizung) schnell aus.

Start bei strenger Kälte

Auch bei tief abgesunkenem Thermometer springen die Ritmo-Motoren zuverlässig an. Wenn aber Feuchtigkeit (Nebel) mit im Spiel ist, kann es zu Schwierigkeiten kommen, falls sich die Teile der Zündanlage in einem vernachlässigtem Zustand befinden. Dann hilft nur sorgfältiges Trockenwischen der Zündleitungen und der Innenseite des Verteilerdeckels und das Einsprühen der offenliegenden Teile der Zündanlage mit Kontaktspray. Allein die serienmäßige Schutzkappe über dem Zündverteiler bietet schon eine sehr gute Vorsorge.
Allgemein sind bei Kälte folgende Ratschläge zu befolgen:

■ Kupplungspedal treten (steifes Getriebeöl bremst).

■ Sprühflaschen (z. B. Startpilot) aus dem Zubehörhandel mit besonders leicht vergasbarem Anlaßstoff besorgen. Dieser wird – möglichst von zweiter Person – beim Anlassen in den Vergaserstutzen gespritzt (Luftfilterdeckel abnehmen). Auch Feuerzeugbenzin vergast sehr gut.

■ Zündkerzen-Elektrodenabstand muß stimmen. Es kann helfen, die Kerzen herauszuschrauben und an Flamme oder Ofen zu erwärmen.

■ Zündleitungen, Zündspule und Verteiler peinlich sauber halten. Weißliche Schicht von Streusalz ist elektrisch leitend. Abwaschen und gut trocknen.

■ Batterie in beheiztem Raum aufbewahren und erst zum Start einsetzen.

Fingerzeige: *Soll das Auto für längere Zeit im Freien abgestellt werden (Winterurlaub), parkt man es praktischerweise bergab. Später kann es so – falls startunwillig – anrollen oder auch leicht angeschoben werden.*
Warmlaufen im Stand tut dem Motor nicht gut. Dabei gelangen Wasseranteile des Kraftstoffs in die Zylinder und ins Öl, die bei erwärmtem Motor als Dampf den Auspuff verlassen. Der Motor erwärmt sich schneller, wenn man sofort nach dem Start losfährt.

Dünneres Motoröl bei Frost

Bei Kälte erleichtert dünneres Öl das Anlassen und es hat dann eine sofort einsetzende, bessere Schmierwirkung. Im Winter wird das Motoröl stark beansprucht, vor allem bei vielen Stadtfahrten. Im Frühjahr soll man wieder einen Ölwechsel vornehmen. Im Kapitel »Schmieren was und wie« – können Sie mehr darüber erfahren.
Fiat empfiehlt allgemein für normalen Winterbetrieb das Einbereichsöl SAE 20 W/20 oder das Mehrbereichsöl 15 W-40. Bei länger anhaltenden Temperaturen unter –15° C soll das Einbereichsöl 10 W genommen werden, man kann aber auch beim schon erwähnten Öl 15 W-40 bleiben.
Zur Erinnerung: Einbereichsöl ist kostengünstiger. In jedem Fall sollen die Öle der API-Norm SE oder CC entsprechen (Siehe Seite 67).

Schutz für Wagenunterseite und Hohlräume

Streusalz hält die Straßen eisfrei. Diese erfreuliche Wirkung erweist sich für die Unterseite des Autos auf die Dauer recht nachteilig. Natriumsalze, bei tieferen Temperaturen auch nötige Magnesiumflocken oder Kalzium, greifen ungeschütztes Blech an und beginnen ein höchst vernichtendes Werk. Auch angetrocknet schlummern deren Kräfte nur, denn das nächste Spritzwasser mobilisiert die begonnene Korrosion erneut. Die Folge sind Durchrostungen.
Gefährlich ist der Rost, der unentdeckt frißt, nämlich an unzugänglichen Stellen. Rechts am Wagen haben solche Rostnester die größere Chance zu entstehen, weil dort der Straßenrand oft etwas abfällt und das Kondenswasser im Wagen entsprechend zu dieser Seite läuft. Manche Partien im Auto lassen sich in der Herstellung nicht lackieren und nachträglich nur bedingt schützen, und wenn es sich dabei um Teile mit tragender Funktion handelt, ist ihre sorgfältige Behandlung besonders geboten.
Wenn erst einmal Rost von innen nach außen gedrungen ist, dann hilft dagegen keine noch so aufwendige Behandlung.

Vorsorge ab Werk

Im Abschnitt »Dauerschäden verhindern« auf Seite 39 wurde dargelegt, welche Vorkehrungen Fiat zur Verhinderung von Rostbefall am Ritmo unternimmt. Mit diesen Maßnahmen hat man sonst gefährdeten Blechteilen eine hohe Lebenserwartung mitgegeben. Als Autobesitzer muß man sich jedoch um den Bestand des serienmäßigen Schutzes kümmern.

Unterbodenschutz kontrollieren und ausbessern

Pflegearbeit Nr. 41

Den Unterbodenschutz sollte man spätestens vor dem nächsten Winter neu behandeln. Eigentlich hat man zum Schluß am meisten gespart, wenn man schon beim neuen Auto Unterbodenschutz nachsprühen läßt. Ob sich Unterbodenschutz bei einem gebrauchten Auto überhaupt lohnt anzubringen, kann im Zweifelsfall nur eine qualifizierte Werkstatt feststellen.
Wenn eine sichere Aufbockmöglichkeit vorhanden ist, kann man die Kontrolle der Wagenunterseite sowie das Nachbessern von Unterbodenschutz selbst vornehmen. Nach einer gründlichen Unterbodenwäsche werden alle schadhaften Stellen mit Spachtel, Schaber und Drahtbürste bis aufs blanke Blech freigelegt. Alle Rostansätze so weit wie möglich blankschleifen und den letzten Porenrost mit einem Roststopper »einbalsamieren«. Bewährt hat sich dazu »Terotex Rostprimer« von Teroson, der zugleich die Haftfestigkeit des nachfolgenden Unterbodenschutzmaterials verbessert.
Zum Ausbessern gibt es Sprühflaschen, die freilich relativ teuer und nur zum Ausbessern gedacht sind. Es lohnt sich nicht, die ganze Unterseite des Ritmo damit zu behandeln. Unterbodenschutzmittel in Sprühdosen enthalten allerdings Lösungsmittel, die den noch vorhandenen Schutz angreifen können. Deshalb nimmt man zum Nacharbeiten besser einen Unterbodenschutz zum Streichen (z. B. Terotex P) oder man läßt die Ausbesserung mit Kompressor und Sprühpistole vornehmen (z. B. Terotex hell).
Vor dem Auftragen des Unterbodenschutzes müssen Bremsanlage (Leitungen, Radbremsen), Lenkungsteile, Motor, Getriebe und Achswellen abgedeckt werden. Nach dem Einsprühen sofort die Wirkung der Bremsen überprüfen und feststellen, ob Sprühdunst auf die Bremsscheiben oder in die Bremstrommeln geraten ist. Bei mangelhafter Bremswirkung kann man versuchen, mit betätigten Bremsen so lange zu »schleichen«, bis sich die normale Bremskraft wieder einstellt. (Das sollte man aber nicht auf öffentlicher Straße tun.) Ist dieses Experiment erfolglos, müssen die Bremsbeläge erneuert werden.
Ein Langzeitschutz – er hält mehrere Jahre – muß von einem Betrieb aufgebracht werden, der mit solchen Arbeiten vertraut ist. Auch dazu muß der Unterboden sorgfältig entrostet und entfettet sein, sonst haftet der Schutz nicht. Ein fachlich richtig angebrachter Dauerschutz ist billiger als ständiges Nachsprühen. Zur Bearbeitung mit dem Konservierungsmittel darf das Auto nicht eiskalt durchgefroren sein. Man bringt es am besten am Abend vor dem Auftragen in die geheizte Werkstatt.

Nachkur der Hohlraumversiegelung

Auch die werksseitig versiegelten Hohlräume sollen alle zwei jahre erneut konserviert werden, sonst kann der beste Unterbodenschutz den von innen auftretenden Rostfraß nicht verhindern. Kondenswasser und in die Hohlräume der Karosserie eingedrungenes Spritzwasser sammelt sich mit Vorliebe in bereits vorhandenen Schmutzdeponien. Bei einem älteren, wenig gepflegten Wagen hat erneute Hohlraumversiegelung selbstverständlich kaum noch Zweck.
Nicht jede Karosserie- oder Lackierwerkstatt ist auf die Hohlraumkonservierung spezialisiert, und auch das billigste Angebot ist nicht empfehlenswert.

Lackpflege im Winter

Das Äußere des Wagens muß man in der kalten Jahreszeit besonders schützen. Hierbei gilt es vorzubeugen, denn bei Temperaturen unter Null kommt man mit keinerlei Methode mehr richtig zum Zuge. Einem noch gut erhaltenen Lack ist es am zuträglichsten, ihn vor dem Winter zu konservieren (siehe vorangegangenes Kapitel).
Wagenwäsche im Freien wie an warmen Tagen ist bei Frost nicht möglich, außerdem würden dabei Türen, Schlösser und Hauben zufrieren. Man muß also

frostfreies Wetter abwarten und dann den mit den Auftausalzen vermischten Schmutz gründlich und mit viel Wasser abwaschen. Reinigende Mittel sollte man dabei vermeiden, weil sie die Konservierung durchdringen und illusorisch machen. Auch die Anwendung von Poliermitteln hat bis zum Frühjahr zu warten. Besser ist es, ein bei Schneematsch häufig benutztes Auto regelmäßig in einer Waschhalle säubern zu lassen, wo sich auch die Gelegenheit findet, für anschließendes Austrocknen des Wagens zu sorgen.

Pflege der Blankteile

Für die eloxierten Schriftzüge wie auch für die Zierleisten und Türöffner aus rostfreiem Stahl benötigt man keine speziellen Putzmittel.

Fingerzeige: *Die Gummileisten um die Türen reibt man intensiv mit Glyzerin oder man sprüht sie mit einem isolierenden Mittel wie »Türgummischutz« von Pingo ein. Dann können sie nicht einfrieren. Festgefrorene und aufgerissene Dichtleisten müssen in der Regel ersetzt werden.*
Das eingefrorene Türschloß öffnet man mit dem erhitzten Schlüssel, dessen Spitze über die Flamme des Feuerzeugs gehalten wurde. Das Festfrieren der Türschlösser verhindert Rostlöser-Isolierspray. Gleiche Dienste leistet Knochenöl, das die Sperren des Schlosses nicht verklebt. Bei der winterlichen Wagenwäsche überdeckt man das Schloß mit einem Klebestreifen.

Stillegen des Fahrzeugs

Früher gönnte mancher Automobilist seinem Wagen regelmäßig einen Winterschlaf. Dagegen sind es heute allenfalls persönliche Gründe, die einen zeitweiligen Ruhestand des Fahrzeugs veranlassen. Um die Wiederinbetriebnahme später reibungslos vornehmen zu können, muß man folgende Maßnahmen treffen:

- Motoröl wechseln.
- Tank füllen.
- Motor warmlaufen lassen. Etwas Korrosionsschutzöl oder Petroleum in Vergaserstutzen sprühen oder in Kerzenlöcher gießen und Motor ohne Zündung (Verteilerkappe abnehmen) mit Anlasser durchdrehen.
- Motor (mit in Öl getränktem Lappen) luftdicht verschließen: Ansaugöffnung (Vergaserstutzen), Auspuff.
- Handbremse nicht anziehen. Kappe des Bremsflüssigkeitsbehälters mit Klebeband abdichten, da Bremsflüssigkeit wasseranziehend ist.
- Batterie ausbauen. Möglichst alle 4 Wochen aufladen lassen oder dorthin verleihen, wo sie benutzt wird.
- Schlösser mit Gefrierschutzmittel einspritzen.
- Scheibenwischerblätter aushängen.
- Blanke Teile mit Vaseline oder anderem säurefreiem Fett einreiben.
- Reifendruck regelmäßig kontrollieren (lassen).
- Alle 2 Monate Wagen bei eingelegtem großen Gang wenigsten 50 cm vom alten Platz wegschieben, um einseitige Reifenbelastung und Dauerbelastung einzelner Ventilfedern zu vermeiden.
- Bei Stillstand über 6 Monate Wagen hochbocken. Frei hängende Antriebsräder bei eingelegtem Gang gelegentlich gleichzeitig etwas drehen, damit einzelne Ventilfedern regelmäßig entlastet werden.
- Abstellplatz soll trocken sein und muß gelegentlich entlüftet werden. Heizung ist nicht erforderlich. Wagenfenster handbreit geöffnet lassen.

Betriebssicherheit

Wie auch früher, so sollen die von Fiat in der neuesten Ausgabe des Kundendiensthefts aufgestellten Wartungspunkte die Betriebssicherheit des Autos erhalten. Die Masse dieser Anweisungen ist auf alle Fiat-Modelle bezogen, typische Konstruktionsmerkmale verlangen allerdings auf das betreffende Modell ausgerichtete besondere Wartungsarbeiten. So besteht beim Ritmo mit Frontantrieb eine gewisse Abweichung von Modellen mit der konventionellen Antriebsart, außerdem unterscheiden sich die Wagen mit Schaltgetriebe von den Automatik-Fahrzeugen.

Das Wartungssystem

Ebenso wie andere Autohersteller verbessert Fiat ständig den Wartungsplan, um einen rationelleren Arbeitsablauf in den Werkstätten zu sichern und dem Fahrzeughalter ein Höchstmaß an Sicherheit und Zuverlässigkeit seines Wagens zu vermitteln. Fiat trennt diese Arbeit in Wartung und Jahresdiagnose, wobei erstere alle 10 000 km anfällt. Die »Diagnose«, für etwa alle 20 000 km vorgesehen, enthält natürlich die 10 000 km-Wartung und ist mit verschiedenen Prüf-, Einstell- und Erneuerungsarbeiten verbunden.
Im Kundendienstheft sind die einzelnen Arbeiten nur stichworthaltig vermerkt, weil es sich dabei um Anhaltspunkte für die zu erledigenden Arbeiten in der Fiat-Werkstatt handelt. Man muß dazu nicht den Fiat-Händler aufsuchen, bei dem man das Auto gekauft hat, vielmehr ist jeder Fiat-Händler und jede Fiat-Niederlassung für diese Inspektion zuständig.
Außerdem hat Fiat die sonst üblichen »Schecks« abgeschafft. Statt dessen wird die ausgeführte Wartung auf einzelnen Abschnitten im Kundendienstheft mit Angabe von Datum und km-Stand der betreffenden Fiat-Werkstatt vermerkt. Somit ist dieses Heft ein Dokument, das zum Wagen gehört.

Garantie-Sicherung

Mit der Übergabekontrolle, die bei einem neuen Fiat vorgenommen wird, hat der Besitzer des Autos nichts zu tun. Damit wird vom Händler die Betriebs- und Verkehrssicherheit des Wagens überprüft.
Die Arbeiten zur »Grundwartung« bei km-Stand 1000–1500 haben wir in unserem Pflegeplan ebenfalls nicht aufgeführt, denn diese Inspektion sollte man der Fiat-Werkstatt überlassen. Eine der wichtigsten Gewährleistungsbedingungen ist sonst nicht erfüllt, wenn Garantieansprüche gestellt werden müssen. Bei fast jedem neuen Wagen ist dann noch dieses oder jenes zu beanstanden und von der Werkstatt beheben zu lassen.

Beihilfen zur Wartung

Nachfolgend haben wir einen Pflegedienstplan aufgestellt, der sich an die Fiat-Richtlinien anlehnt. Gemäß der Betriebsanleitung soll aber der Fahrer einige wichtige Überprüfungen in kürzeren Abständen als erst nach 10 000 km selbst vornehmen, nämlich die in unserem Pflegeplan mit den Nummern 1 bis 5 versehenen Kontrollen.

Damit wird dem Autobesitzer eine gewisse Verantwortung übertragen, die ihm ja auch der Gesetzgeber in ähnlicher Hinsicht vorschreibt. Denn für die Verkehrssicherheit des Wagens ist zuerst der Fahrer verantwortlich, wie er z. B. auch eine durchgebrannte Lampe am Auto sofort erneuern muß. Genau wie dieser Lampenwechsel lassen sich aber auch manche Inspektionspunkte selbst vornehmen und »abhaken«.
Bei näherem Blick auf die nachfolgende Pflegeliste kann man nämlich feststellen, daß viele Dinge mit wenigen Handgriffen zu erledigen sind. Bei etwas routinierter Beziehung zwischen Ihnen und dem Wagen lassen sich einige Aufgaben aus dem Wartungsplan sogar während des Fahrens ausführen. In den einzelnen Kapiteln wird daneben noch verständlich erklärt, was über die Pflegearbeiten hinaus am Fiat getan werden soll. Besondere Anforderungen ergeben sich dabei im Winter, unter dem die Autos am meisten leiden. Bei allen Wartungen gilt es, den Zweck der Vorsorge zu erfüllen.

Was kann man selber machen?

Vor jeder einzelnen Wartungsarbeit unserer Liste finden Sie einen oder mehrere Kennbuchstaben (S, T oder W), die Ihnen andeuten sollen, was Sie selbst machen können, was die Tankstelle erledigen kann und was der Werkstatt überlassen bleiben soll. Im einzelnen erläutert:

S = Selbst machen. Das sind Arbeiten, die man ohne Fachkenntnisse und besonderes Werkzeug selbst ausführen kann, nachdem man den entsprechenden Abschnitt dieses Buches gelesen hat.

ST = Selbst machen oder Tankstelle. Auch hier sind keine besonderen Fachkenntnisse notwendig, aber vielleicht fehlt das entsprechende Gerät zur Ausübung dieser Arbeit. Die Tankstelle besitzt es.

SW = Selbst machen oder Werkstatt. In diesen Fällen sind neben einfachen Fachkenntnissen etwas Geschick, Einfühlungsvermögen und zusätzliches, aber kein aufwendiges Werkzeug Voraussetzung.

T = Tankstelle. Der sparsame Mann überläßt diese Arbeit am besten der Tankstelle, obgleich er sie auch selbst ausführen könnte. Er spart dabei Zeit und Mühe, denn der Warenpreis, der bei dieser Arbeit entsteht, ist gleich, einerlei, ob man die Ware – in der Regel das Öl – selbst verarbeitet oder von der Tankstelle verarbeiten läßt.

W = Werkstatt. Diese Arbeit erfordert spezielle Fachkenntnisse sowie teure Meß- und Arbeitsgeräte, die nur die Fachwerkstatt besitzt.

Einzelne Arbeiten, die man nicht selber machen will, werden an einer guten Tankstelle oft schneller (auch samstags) ausgeführt, als dies in Werkstätten manchmal möglich ist. Es gibt allerdings auch einige Pflege- und Inspektionsdienste, die nur mit »W« gekennzeichnet sind. Sie bleiben »übrig«, wenn man selber pflegt oder die Tankstelle einige Wartungen übernehmen läßt. Man braucht sich keineswegs zu scheuen, seiner Werkstatt nur diese Arbeiten gesondert in Auftrag zu geben. Das ist immer noch billiger als ein kompletter Inspektionsdienst.

Was muß wann und wo gemacht werden?

		Pflegearbeit alle 500 km	Seite
1.	S	Motorölstand kontrollieren	63
		alle 1000 km oder zweimal monatlich	
2.	S	Reifendruck messen	150
3.	S	Batteriesäurestand kontrollieren	155
4.	S	Kühlmittelstand kontrollieren	90
5.	S	Bremsflüssigkeitsstand kontrollieren	135
6.	S	Ölstand im automatischen Getriebe kontrollieren	70

		alle 10 000 km	
7.	S T	Motoröl wechseln	64
8.	S T	Ölfilterelement erneuern	65
9.	S	Papierelement des Luftfilters wechseln	106
10.	S	Zündkerzen überprüfen	183
11.	S W	Ventilspiel prüfen	80
12.	S W	Bremsanlage auf Dichtheit prüfen	137
13.	S W	Bremsleitungen und -schläuche prüfen	136
14.	S W	Belagstärke der Scheibenbremsen prüfen	139
15.	S W	Fuß- und Handbremse auf Wirkung prüfen	134
16.	S	Reifenzustand prüfen	150
17.	S T	Gummibälge des Lenkgetriebes und der Vorderradgelenke überprüfen	124, 132
		alle 20 000 km	
18.	S W	Ölstand im Schalt- und Ausgleichsgetriebe kontrollieren	69, 70
19.	S	Zündverteilerwelle ölen	71
20.	S W	Unterbrecherkontakte prüfen	179
21.	S W	Zündzeitpunkt überprüfen	181
22.	S	Keilriemenspannung prüfen	161
23.	S W	Leerlauf überprüfen	109
24.	W	Abgaskontrolle	108
25.	S W	Kompressionsdruck messen	85
26.	S	Kraftstoffanlage überprüfen	101
27.	S	Dichtheit des Kühlsystems überprüfen	92
28.	S	Gasgestänge prüfen und schmieren	71
29.	S	Schläuche und Schlauchverbindungen prüfen	92
30.	S T	Auspuffanlage untersuchen	88
31.	S W	Kupplungseinstellung überprüfen	116
32.	S W	Belagstärke der Trommelbremsen prüfen	142
33.	S W	Handbremseinstellung prüfen	144
34.	W	Spur der Vorderräder messen	133
35.	S	Radschrauben auf festen Sitz prüfen	152
36.	S	Scharniere und Schlösser ölen und überprüfen	71
37.	S	Funktion aller Leuchten prüfen	185
38.	S W	Scheinwerfereinstellung überprüfen	190
39.	S	Funktion des Scheibenwischers prüfen	199
40.	S	Funktion der Scheibenwaschanlage prüfen	199
41.	S	Unterbodenschutz untersuchen	57
42.	S	Sicherheitsgurte kontrollieren	46
43.	S W	Probefahrt	10
		alle 40 000 km	
44.	S T	Ölwechsel im Schalt- und Ausgleichsgetriebe	69, 70
45.	W	Ölwechsel im automatischen Getriebe	70
46.	S W	Vergaser reinigen, Handchoke einstellen	110
47.	S W	Radlager überprüfen	127
		alle 60 000 km	
48.	W	Zahnriemen erneuern	82
49.	S	Kühlmittel wechseln	92

Der Pflegeplatz

Falls Ihnen eine Garage zur Verfügung steht, die ausreichend breit und gut beleuchtet ist, gibt es kaum Probleme. Bei gutem Wetter ist der Vorplatz oder Hof

Völlig gefahrlos kann man unter dem Auto hantieren, wenn man es mit den Rädern einer Achse auf ein Paar Auffahrrampen fährt. Diese stählernen Schienen tragen mehr als das Zweifache an Gewicht des Ritmo. In unserem Gebrauch haben sie sich als äußerst praktisch erwiesen.

am Haus günstiger, denn unter freiem Himmel ist das Licht besser und Hand- oder Taschenlampe hat man dann selten nötig. Auf dem Rasen gibt es wenig Freude, denn eine versehentlich herabgefallene Schraube bleibt verschwunden, und Öl schadet der Wiese auch. Vorteilhafter ist dann eine Do-it-yourself-Werkstatt, die sich vielleicht in der Nähe befindet.

Bei Arbeiten unterhalb des Wagens braucht man eine saubere Unterlage. Hierzu empfiehlt sich eine alte Decke oder ein Teppichrest, worüber man zum Schutz gegen Feuchtigkeit und Öl noch eine Plastikfolie legt. Zur Not reichen auch zwei oder drei nebeneinander gelegte Holzbretter.

Hochgebockten Wagen sichern

Absolut festen Boden unter den Füßen zu haben ist besonders dann wichtig, wenn Sie an der Unterseite Ihres Ritmo heran wollen. Dann müssen Sie das Auto hochwinden und möglicherweise unterbauen. Hüten Sie sich davor, unter ein Auto zu kriechen, das nur vom Wagenheber hochgehalten wird. Das ist lebensgefährlich für den, der unter dem Auto liegt, denn beim Rütteln am Wagen, etwa beim Lösen einer Schraube, kann der Wagenheber leicht abgleiten oder verrutschen.

Deshalb ist es erforderlich, entweder Böcke als Fangstützen unter den Wagen zu stellen, oder das Auto auf Hohlblocksteine aufzubocken. Diese dürfen aber nicht feucht sein, dann könnten sie nämlich in sich zusammenbrechen. Das Brett zwischen Stein und Wagenbauch darf nicht vergessen werden: Es soll die Last gleichmäßig über den Stein verteilen. Der Hohlblockstein muß auch selbst auf ebenem Boden gut aufliegen, z. B. auf Beton oder Asphalt, keineswegs auf weichem Boden oder Rasen. Zwei Hohlblocksteine übereinander sind ein zu hoher wackeliger Stapel und praktisch auch nicht notwendig. Notfalls nimmt man noch eine Lage Backsteine mit lastverteilendem, zwischengelegtem Brett.

Ölwirtschaft

Bewegliche Teile, die aufeinander gleiten, erzeugen Reibung und damit Widerstand und Wärme. Das kostet Kraft, Material nutzt sich ab, und nicht abgeleitete Wärme staut sich auf.

Zur Vermeidung solcher Erscheinungen dient Öl oder Fett. Damit wird erreicht, daß bewegliche Metallteile leicht aufeinander gleiten.

Ob sich besser Öl oder Fett bzw. eine von ihren hunderterlei Sorten für diese Aufgabe eignen, hängt von sehr unterschiedlichen Voraussetzungen ab. Dazu gehören die Geschwindigkeit der Teile, auftretende Drücke und Temperaturen, äußere Einwirkungen, z. B. Schmutz und Wasser. Außerdem müssen manche Schmiermittel zur Kühlung beitragen, gegen Gase abdichten und Verbrennungsrückstände lösen. Das hat bei allen Betriebsbedingungen im Sommer wie im Winter zu geschehen.

Als Eigenpfleger können Sie durch eine richtige Wahl des Schmiermittels dazu beitragen, daß diese hohen Anforderungen tatsächlich erfüllt werden.

Motorölstand kontrollieren

Pflegearbeit Nr. 1

Der Ölpeilstab sitzt bei allen Motor-Versionen an der linken Triebwerksseite, ist also vorn im Motorraum gut erreichbar.

Bei den Ritmo S 75 und S 85 ist am Peilstab eine elektrische Verbindung angeschlossen, die durch einen Sensor den unzureichenden Motorölstand an die Leuchten im Kontrollmodul weiterleitet. Unabhängig davon ist eine übliche Sichtkontrolle möglich.

- Ölstand-Kontrolle bei abgestelltem Motor. Nach vorangegangenem Motorlauf etwa fünf Minuten verstreichen lassen, damit sich das im Umlauf befindliche Öl in der Wanne sammeln kann.
- Ölpeilstab herausziehen, sein unteres Ende mit einem sauberen Lappen oder Papiertaschentuch (nicht Putzwolle) abwischen.
- Ölpeilstab wieder bis zum Anschlag einschieben und erneut herausziehen, Ölstand ablesen. Sollte das Öl an der Peilstabspitze durch das Herausziehen verwischt sein, den Vorgang wiederholen.
- Der Ölstand soll sich im Bereich der Aussparung an der Peilstabspitze abzeichnen. Vereinzelte Wagen besitzen einen Peilstab mit Markierungen »MAX« und »MIN«, die in Höhe jener Aussparung angebracht sind.
- Motoröl nur nachfüllen, wenn der Ölstand bis zur unteren Abgrenzung der Aussparung bzw. bis »MIN« abgesunken ist. Nicht über die obere Abgrenzung der Aussparung bzw. »Max« auffüllen.

Morgens vor dem Start ist die genaueste Kontrolle möglich. Dann ist über Nacht das Öl vollkommen in die Ölwanne abgelaufen und der Ölstand läßt sich schon beim ersten Herausziehen des Peilstabs ablesen, ohne diesen abwischen zu müssen. Für die Kontrollen unterwegs klemmt man den nötigen Lappen in einem Winkel im Motorraum fest, z. B. in der Nähe der Batterie.

Die Ölkontrolle muß bei waagrecht stehendem Fahrzeug vorgenommen werden,

weil ein (auch an manchen Tankstellen anzutreffender!) nur wenig abschüssiger Untergrund genügt, das Kontrollresultat zu verfälschen.
Die in der Betriebsanleitung gegebene Anweisung, die Prüfung alle 500 km oder vor Antritt einer größeren Fahrt vorzunehmen, hat ihre Berechtigung. Eine undichte Stelle am Motor (z. B. gelockerte Ölablaßschraube oder nachlässig eingedrückter Ölpeilstab) kann das Motoröl unbemerkt entweichen lassen.

Öl nachfüllen

Die Differenz zwischen der unteren und oberen Markierung am Peilstab entspricht beim Motor 1050 einer Menge von 1 Liter, bei allen übrigen Motoren 1,1 Liter. Gewöhnlich genügt es, 0,5 Liter nachzufüllen. Nur wenn der Ritmo häufig voll belastet wird (hohes Autobahn-Dauertempo, Hochgebirgs-Paßfahrten), sollte der Ölstand im oberen Drittel zwischen den Peilstabmarkierungen gehalten werden, weil eine größere Ölmenge die Kühlungsaufgabe besser erfüllt.
Zu hoher Ölstand ist unnütz. Im Kurbelgehäuse kommt es zu Schaumbildung, die Zündkerzen verrußen, die Leistung fällt ab, das Öl wird sinnlos verbraucht. Zu viel eingefülltes Öl wird außerdem über die Entlüftungsleitung vom Motor abgesaugt und verklebt dabei die Bohrungen im Vergaser.
Im Grunde ist es egal, welcher Ölmarke man sich zuwendet. Alle qualifizierten Ölsorten und -marken lassen sich (bis auf einige sehr teure Spezial- und Rennöle) untereinander mischen. Diese Mischbarkeit ohne schädliche chemische oder sonstige Folgen ist eine Grundforderung der internationalen Ölnormen. An Tankstellen erzählt man es manchmal anders.
Es empfiehlt sich sogar, beim eventuell notwendigen Nachfüllen bei hartem Frost das dünnere Winteröl SAE 10 W zum »20er«-Öl im Motor zu nehmen. Ein Mehrbereichsöl erhält man zwar dadurch nicht, aber die Ölfüllung ist den Starttemperaturen besser angepaßt.
Skeptiker beruhigen ihr Gefühl, wenn sie zum Nachfüllen die gleiche Marke nehmen, die zum Ölwechsel gewählt wurde. Unter Vorlage der Quittungen kann man dann bei einem überraschenden Motorschaden bei der treu beanspruchten Ölfirma reklamieren und feststellen lassen, ob vielleicht mit dem Öl etwas nicht stimmte. Das ist zwar äußerst selten der Fall, aber bei solchen Ausnahmen zeigen die Mineralölfirmen auch zweifellos Kulanz.

Motoröl wechseln

Pflegearbeit Nr. 7

Gemäß den im Kundendienst-Scheckheft angegebenen Intervallen ist das Motoröl alle 10 000 km zu wechseln. Fiat empfiehlt sogar, diesen Wechsel bei »schweren« Betriebsbedingungen, also bei überwiegenden Fahrten in der Stadt oder in staubigen Gegenden, in kürzeren Abständen vorzunehmen. Allerdings

Motoröl soll nachgefüllt werden, wenn der Ölstand bis zur Minimum-Marke abgesunken ist. Die Füllmenge zwischen Minimum- und Maximum-Markierung auf dem Peilstab beträgt rund 1 Liter (richtige Ölsorten siehe Seite 67). Ständiges Nachfüllen bis zur Maximal-Marke fördert den Ölverbrauch, hat also keinen Sinn und schadet nur dem Geldbeutel. Nach der Ölstandsprüfung muß der Peilstab fest in das Peilstabloch am Motor gedrückt werden, sonst tritt bei laufendem Motor Öl aus. Ergebnis: Ölverlust und ölverschmierter Motorraum.

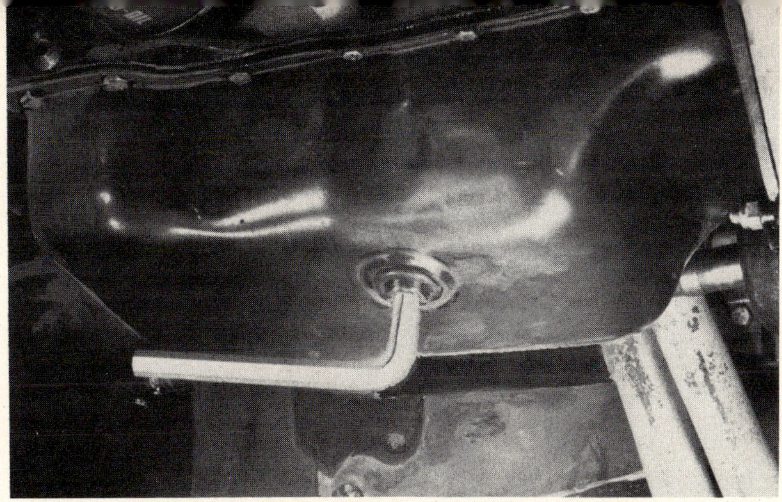

Hat man keine Grube zur Verfügung, sollte der Wagen zum Ablassen des Motoröls möglichst allseitig gleichmäßig hochgebockt sein. Wagen zur Sicherung abstützen! Die Ölablaßschraube befindet sich an der Unterseite der Ölwanne, sie kann nur mit einem Sechskant-Inbusschlüssel SW 12 herausgedreht werden. Beim Hineindrehen der Schraube darf keine Gewalt angewendet werden, damit man das Gewinde nicht beschädigt.

zwingen nur sehr krasse Bedingungen zu solchem Verhalten, etwa dann, wenn der Ritmo als Botenfahrzeug von Haus zu Haus benutzt wird. An warmen Sommertagen mag das noch angehen, aber winterliche Temperaturen verschlechtern solche Bedingungen für den Motor erheblich.
Heutige Öle besitzen andererseits derartige Qualitäten, daß ihre volle Schmierkraft auch bis zu 15 000 km erhalten bleiben kann. Das setzt voraus, daß der Wagen flott gefahren und nicht mit unterkühltem Motor gequält wird.
Das Öl kann aber schon nach 10 000 km so gealtert sein, daß es seine Funktion nur noch unvollkommen erfüllt. Häufige Kurzstreckenfahrten fördern Verunreinigungen, versetzt mit Kraftstoffkondensaten, die der schmierenden Eigenschaft des Öls abträglich sind. Altes Öl verbraucht sich schneller. Erhöher Ölverbrauch kann daran liegen, daß man schon häufig neues Öl zum alten hinzugeschüttet hat. Ein Ölwechsel kann den Verbrauch wieder sinken lassen, wenn der Motor sonst noch in Ordnung ist. Günstig ist es natürlich, wenn man den Ölwechsel dem Wandel der Jahreszeiten anpassen kann, um die für Sommer und Winter geeigneten preiswerten Ölsorten zu verwenden.

Ölfilterelement wechseln

Pflegearbeit Nr. 8

Zugleich mit jedem Ölwechsel sollte das Ölfilterelement ausgewechselt werden. Bei den Ritmo-Motoren ist es in den sogenannten Hauptstrom des Motoröls gehalten. Dieser Wechselfilter kann nicht mit Benzin oder anderen Mitteln gereinigt werden. Er sitzt unten links am Motor und ist unterhalb des Wagens erreichbar.
Das am Motor angeschraubte Filterelement läßt sich selten mit Händekraft los-

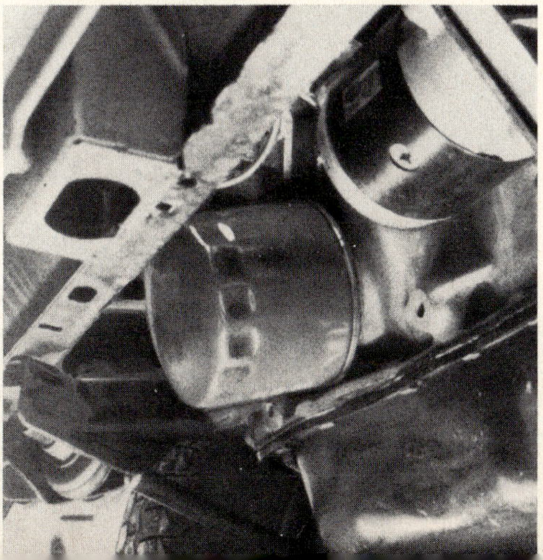

An das Ölfilterelement kommt man nur von unten heran. Zum Abschrauben verwendet man in Ermangelung eines Bandschlüssels einen alten Keilriemen oder Lederriemen, dessen Enden man mit einer Rohrzange festdreht. So wird gleichzeitig das Filterelement losgedreht. Sollte der Versuch erfolglos sein, hilft folgende rauhe Methode: Mit einem kräftigen Schraubenzieher durchstoßen Sie die Blechwände des Filters. Jetzt haben Sie einen ausreichenden Hebelarm zum Lösen der festsitzenden Verschraubung. Bei abgenommenem Filter muß der Flansch gesäubert werden. Dabei kann auch gleich festgestellt werden, ob der Gummidichtring noch am Filterflansch klebt.
Nach dem Filterwechsel läßt man den Motor zur Dichtheitsprüfung kurz laufen und zieht dann das Filter mit der Hand noch etwas fester an.

drehen. In der Werkstatt benutzt man dazu einen speziellen Bandschlüssel, es geht aber auch mit einem alten Keilriemen oder Ledergurt. Man schlingt den Riemen einmal um das Filtergehäuse, dreht die Enden mit einer Rohrzange fest und gleichzeitig damit das Gehäuse los. Falls sehr störrisch, durchstößt man das Filtergehäuse mit einem großen Schraubenzieher und benutzt diesen als Drehgriff.
Bei dem neuen Filter muß der Dichtring vor dem Ansetzen leicht mit Abschmierfett eingestrichen werden. Zwar nimmt man in der Werkstatt dazu Öl, aber bei der anschließenden Sichtprüfung am laufenden Motor, ob nämlich der Filter wirklich dicht sitzt, kann abtropfendes Öl fälschlich als austretendes Öl angesehen werden, und man zieht ihn dann noch fester an. Das Filterelement darf aber beim Anschrauben nur mit der Hand festgedreht werden. Jedes Festziehen mit irgendeinem Werkzeug ist verboten und kann dazu führen, daß sich die Patrone später nicht mehr lösen läßt.
Folgende Ölfilter erhält man bei Fiat-Werkstätten oder im Zubehörhandel:

Bosch 0 451 203 058,	Knecht AW 28,
Fiat 4 135 559,	Mann W 1126,
Hengst H 22 W,	Purolator Li 3554.

Fingerzeig: *Handprobe am Ölfilter bei heißgefahrenem Motor zeigt, ob das Öl auch richtig durch diesen Filter zirkuliert. Sie muß gleich warm wie der Motorblock sein. Ein verschmutztes oder verstopftes Filter wird sich kühler anfassen, weil der Ölstrom über das Kurzschlußventil fließt. Dann wird der Motor mit ungefiltertem Öl versorgt. Filterwechsel ist dringendst geboten.*

Ölwechsel-Probleme

Ölwechsel kann man in der Fiat-Werkstatt oder an einer Tankstelle vornehmen lassen oder daheim machen.
Bei Fiat sagt man allerdings, daß der Ölwechsel alle 10 000 km oder zweimal jährlich zum Wartungsdienst gehört. Im allgemeinen ist die Tankstelle aus einigen besonderen Gründen vorzuziehen:
1. Das Motoröl soll warm gewechselt werden, damit es restlos mit allem Schmutz abläuft. In Werkstätten muß der Wagen oft lange warten, inzwischen wird der Motor wieder kalt. An Tankstellen hat man für diese Arbeiten oft schon nach wenigen Minuten Zeit.
2. Das alte Öl aus dem Motor darf man nicht in die Kanalisation schütten, im Garten vergraben oder verbrennen. Bei den Tankstellen ist Altöl jedenfalls besser aufgehoben. Dort wird es aber nicht immer abgenommen, wenn man sich sonst dort nicht sehen läßt und es einfach hinbringt. Will man die Arbeit selber machen, benötigt man:
■ Ein neues Ölfilterelement (siehe vorstehenden Abschnitt).
■ 3 Liter Motoröl beim Motor 1050, bei allen übrigen Motoren knapp 4,5 Liter. Die verwendbaren Ölsorten finden Sie in der Tabelle auf der nächsten Seite.
■ Inbusschlüssel SW 12 zum Öffnen und Schließen der Ablaßschraube.
■ Gefäß zum Auffangen des Altöls.
Die Arbeit verläuft folgendermaßen: Hat man keine Grube, muß der Wagen vorn gleich hoch aufgebockt werden, damit die Ölwanne sich in einer Stellung befindet bei der das Öl vollkommen auslaufen kann. Dann Wanne oder sonstiges Gefäß zum Auffangen des Altöls unterschieben. Ablaßschraube öffnen (Vorsicht bei heißem Öl) und Öl auslaufen lassen. Danach Ablaßschraube wieder festdrehen, aber nicht »anknallen«.
Nun wird das frische Motoröl oben in den Einfüllstutzen auf dem Zylinderkopfdeckel eingefüllt. Ganz zum Schluß wird nach einigen Minuten noch einmal der

Ölmeßstab gezogen, denn sicher ist sicher. Es soll nämlich schon vorgekommen sein, daß oben das Öl eingefüllt wurde und unten die Ablaßschraube noch gar nicht drin war.

Öl absaugen

Wirbt Ihre Tankstelle mit Ölwechsel zur Selbstbedienung mit einem Ölabsauggerät und verkauft sie dazu preisgünstiges »Öl zum Mitnehmen«, so ist das eine preiswerte Ölwechselmöglichkeit. Der alle 10 000 km vorgeschriebene Ölfilterwechsel darf natürlich auch beim Ölabsaugen nicht vergessen werden.
Allenfalls bei einem außerplanmäßigen Ölwechsel zwischen den Intervallen, wie er etwa bei winterlichem Kurzstreckenbetrieb vorgenommen werden sollte, braucht das Filter nicht gewechselt zu werden. Das reicht beim nächsten 10 000-km-Intervall.

Verwendbare Ölsorten

Fiat schreibt Qualitäts-Öle vor und nennt als Hinweis einige der weiter unten angeführten Bezeichnungen. Es bleibt aber dem Wagenhalter überlassen, sich selbst von dieser Qualität zu überzeugen.
Ende der 40er Jahre wurden vom **A**merikanischen **P**etroleum-**I**nstitut (API) Motoröle erstmals nach ihren Eigenschaften eingeteilt. Heute noch bekannt sind die Bezeichnungen »Regular« für unlegiertes Öl, das aber höchstens noch für die Schmierölkanne taugt, und »Heavy Duty« (HD) für legiertes Öl. Unter Legierung versteht man den Zusatz chemischer Wirkstoffe – Additive –, die beispielsweise das Öl alterungsbeständig halten, anfallende Säuren neutralisieren, Verbrennungsrückstände in der Schwebe halten und die Motorenteile vor Korrosion schützen.
Die vermehrten Aufgaben in einem modernen Motor schafft ein einfaches HD-Öl nicht mehr, es muß weitergehende Anforderungen erfüllen. Die nachfolgend genannten Spezifikationen stammen vom Amerikanischen Petroleum-Institut (eingeführt 1970), dem Committee of Common Market Automobile Constructors, dem US-Militär, von Ford und von General Motors. Motoröl für den Fiat sollte eine der nachfolgenden Angaben tragen:

- API SE oder SF (beste Qualität);
- API CC (an sich für Dieselmotoren bestimmt, kann aber problemlos auch in den Benzinmotoren verwendet werden);
- CCMC;
- Ford SSM-2C-9001-AA;
- GM-6136 M;
- MIL-L-46 152 oder 46 152 A (beste Qualität);
- MIL-L-2104 B (entspricht API CC).

Motoröl, das keine dieser Bezeichnungen trägt oder mit den geringerwertigen API-Spezifikationen »SA, SB, SC, SD, CA, CB« gekennzeichnet ist bzw., wie »API CD« und MIL-L-2104 C«, für turboaufgeladene Dieselmotoren bestimmt ist, sollten Sie nicht für Ihren Ritmo nehmen.
Die Ölsorten mit den nachfolgend genannten Viskositätsbezeichnungen entsprechen den Fiat-Empfehlungen (der Begriff »Viskosität« wird im nächsten Abschnitt erläutert).

Bezeichnung	Viskosität für den Sommer	Viskosität für den Winter	Viskosität für länger anhaltende Temperaturen unter −15° C
Einbereichsöl	SAE 30	SAE 20 W/20	SAE 10 W
Mehrbereichsöl	SAE 15 W-40	SAE 15 W-40	–

Eine bindende Preisangabe für diese Öle kann hier nicht gemacht werden. Am kostspieligsten sind vollsynthetische Öle. In Supermärkten, Kaufhäusern und von Versandfirmen gibt es oft billige Motorenöle zu kaufen.

Temperaturbereiche

In der vorangegangenen Aufstellung geben Spalte 2 bis 4 die Viskosität, die Zähflüssigkeit des Öls, durch Zahlenwerte an. Sie resultiert aus der Fähigkeit des Öls, schneller oder langsamer aus einem Röhrchen gleichen Durchmessers zu fließen und wurde von der amerikanischen **S**ociety of **A**utomotive **E**ngineers genormt. Die Bezeichnung der Zähflüssigkeitsklassen erfolgt deswegen mit »SAE« und einer vereinbarten Zahl. Je kleiner diese Zahl, desto dünnflüssiger ist das Öl. Das »W« am Schluß bedeutet zusätzlich »Winter«. Es ist gleichfalls dünnflüssiges Öl, das für die kalte Jahreszeit vorgesehen ist. SAE 30 ist ein Sommeröl, dessen Dickflüssigkeit für winterliche Temperaturen im Fiat ungeeignet ist, zumal dickes Öl im froststarren Motor den Anlaßvorgang erschwert.
Natürlich können solche Einbereichsöle in den Temperaturbereichen, für die sie vorgesehen sind, die entsprechenden Bedingungen erfüllen, für den strengen Winter eignen sie sich aber nicht. In jedem Fall genügt es, wenn man sich grob nach den Jahreszeiten richtet und ungefähr den Ölwechsel danach vornimmt.

Mehrbereichsöl

Motoröl mit der Bezeichnung SAE 15 W-40 hat den Vorteil, in der Zeit des Winter- und Sommerhalbjahrs über im Motor Dienst tun zu können. Solches Mehrbereichsöl kann dann verwendet werden, wenn das Öl der Klasse SAE 20 W für den Winter empfohlen wird und wenn das gleiche Öl auch im Sommer gefahren werden möchte. Mehrbereichsöl ist aber auch am teuersten. Somit ist es Ihr Geld, das Sie in Mehrbereichsöl nur dann gut anlegen, wenn Sie mit Ihrem Fiat so wenig fahren, daß der nächste Ölwechsel in jene Jahreszeit fällt, die zu anderer Ölviskosität zwingt.
Bei einem Mehrbereichsöl werden in ein dünnes Grundöl neben den üblichen Additiven noch Viskositäts-(VI-)Verbesserer gemischt. Das sind lange Molekülketten, die beim Erhitzen quellen und bei Abkühlung wieder schrumpfen. Das Öl paßt sich nun den Temperaturen elastisch an und kann mehrere Viskositätsklassen überspannen. Man sollte es sich gut überlegen, ob das Mehrbereichsöl in jedem Fall rentabel ist. Man darf auch nicht immer auf den Mann an der Tankstelle hören, der natürlich lieber das Öl verkauft, bei dem er eine höhere Verdienstspanne hat.

Ölverbrauch

Neue Autos haben einen höheren Ölverbrauch als solche im besten Alter. Nach den ersten 5000 bis 8000 km hat sich der Verbrauch gewöhnlich stabilisiert und bleibt dann lange konstant. Bei einem gut eingefahrenen Ritmo verbraucht dessen Motor auf 1000 km höchstens 0,5 Liter Öl, meistens bedeutend weniger. Etwa ab 80 000 km, bei beginnender Alterung des Motors, steigt der Verbrauch allmählich auf 1 Liter/1000 km. Leichter Mehrverbrauch über diesen Angaben ist ohne Belang und rührt meistens von unterschiedlichen Fahrbedingungen her.
Wenn diese Werte erheblich überschritten werden, kann es an Verschleiß im Motor liegen. Vermutlich ist dann aber der Motor nur undicht. Ölspuren am Motor und darunter auf dem Standplatz des Autos machen auf den Ölverlust aufmerksam.
Überhaupt keinen Ölverbrauch gibt es nicht, weil Motoröl unter Aufopferung seiner selbst schmiert. Dagegen kann häufiger Kaltstart, unterkühltes Fahren und dauerndes Fahren mit gezogener (oder klemmender) Starterklappe vortäu-

schen, daß der Motor kein Öl verbraucht. Vorsicht! In solchem Fall ist das Öl durch Kraftstoffteile und Kondensate verdünnt – ein Ölwechsel ist dringend fällig.

Fingerzeige: *Hochwertiges Öl wird schon nach kurzer Laufzeit dunkel. Das beweist, daß es richtig »arbeitet« und allen anfallenden Schmutz in der Schwebe hält. Es ist jedoch kein Zeichen zum Ölwechsel.*
Geld läßt sich sparen, wenn beispielsweise nach 1000 km der nächste Ölwechsel fällig wäre und der Ölspiegel steht an der Minimum-Marke. Anstatt nun einen Liter teures Öl in den Motor zu geben, das alsbald doch wieder rausfließen muß, ist es besser, den ganzen Ölwechsel einfach vorzuverlegen. die fehlenden 500 oder 1000 km können Sie beim nächsten Ölwechsel dann wieder zulegen, denn im heutigen Öl stecken noch durchweg Reserven.
Von etlichen Firmen werden Zusatzmittel zum Motoröl angeboten. Sie kosten Geld – und bringen nichts. Fiat lehnt bei Verwendung solcher Zusatzmittel sogar ausdrücklich alle Garantieansprüche ab und steht auf dem Standpunkt, daß die Ölzusätze – zumeist Molybdändisulfid, das wir im Abschmierfett durchaus zu schätzen wissen – nutzlos wären.

Ölstand im Schalt- und Ausgleichsgetriebe kontrollieren

Teil der Pflegearbeit Nr. 18

Viergang- oder Fünfgang-Getriebe und Ausgleichsgetriebe (Differential) sind wegen des Vorderradantriebs platzsparend in zwei miteinander verbundenen Gehäuseteilen untergebracht. Für die gemeinsame Öffnung ist das Getriebeöl SAE 80 W/90 ohne EP-Eigenschaften vorgeschrieben, das bei Fiat unter der Bezeichnung Oliofiat ZC 90 geführt wird.
Der Ölstand soll alle 10 000 km kontrolliert werden. Dazu muß das Auto über einer Grube oder auf der Hebebühne stehen. Die Kontrollschraube (für einen Ringschlüssel SW 17) sitzt an der Vorderseite des Getriebes in halber Höhe, und nach Herausschrauben bietet die Bohrung die Möglichkeit, den Getriebeölstand zu kontrollieren. Natürlich darf der Wagen dabei nicht schräg stehen. Reicht der Ölstand bis zur Unterkante der Einfüllöffnung – man kann das mit einem Finger fühlen –, ist alles in Ordnung. Die Kontrollschraube darf aber danach nicht zu fest eingedreht werden, sonst leidet das Gewinde.
Wenn man Ölmangel vermutet, ist von eigenhändigem Nachfüllen abzuraten. In der Regel fehlt nur eine geringe Menge oder gar nichts. Fehlt eine größere Menge, dann dürften irgendwo das Gehäuse oder die Manschetten der Achswellen undicht sein, was äußerlich an Ölschmutzkrusten erkennbar ist. Zum Abdichten aber ist die Werkstatt zuständig und Nachfüllen besorgt auch besser eine Tankstelle.
Beim Nachfüllen muß das Öl seitlich in die Kontrollöffnung gedrückt werden, was mittels Schlauch und passend gebogenem Mundstück passiert. Zum Selbermachen braucht man noch eine Plastikflasche, die man zusammendrücken und auf diese Weise das Öl einpumpen muß. Damit ist freilich eine ziemliche Geduldsprobe verbunden, weil das Öl recht dickflüssig ist. Erwärmt läßt sich das Getriebeöl leichter einfüllen.

Öl im Schalt- und Ausgleichsgetriebe wechseln

Teil der Pflegearbeit Nr. 44

Den periodischen Ölwechsel erledigt am besten die Fiat-Werkstatt oder eine Tankstelle. Benötigt werden je nach Getriebeart und Motortyp eine der auf Seite 205 angegebenen Mengen des im vorstehenden Abschnitt genannten Öls.
Zum Ablassen des alten Getriebeöls wird die unterhalb der linken Achswelle im Gehäuse sitzenden Sechskantschraube SW 17 herausgedreht. Hat man vorher den Wagen warmgefahren, läuft das dickflüssige Öl schneller ab. Danach die

Schraube wieder eindrehen und durch die Bohrung für die Kontrollschraube frisches Öl einfüllen, wie vorstehend beschrieben. Nach kurzer Laufzeit kontrollieren, ob an den Schrauben Öl austritt.

Fingerzeig: *Es gibt zwei Sorten Getriebeöl. Der Ritmo mit Schaltgetriebe kommt mit »normalem« Getriebeöl aus. Das in diesem Fall nicht empfohlene Hypoid-Getriebeöl könnte die Dichtungen des Getriebegehäuses angreifen.*

Ölstand im automatischen Getriebe kontrollieren

Pflegearbeit Nr. 6

Die Kontrolle soll bei »handwarmem« Öl durchgeführt werden. Diese Öltemperatur hat sich nach etwa 5 bis 10 Minuten Fahrt eingestellt; kaltes oder heißes Getriebe verfälscht das Meßergebnis. Der Wagen muß dann waagrecht stehen, den Motor läßt man bei angezogener Handbremse in Wählhebelstellung »N« im Leerlauf drehen.

Für die Kontrolle ein absolut sauberes, nicht faserndes Tuch zum Abwischen des Peistabs bereit halten. Dieser befindet sich im Motorraum unterhalb des Bremsflüssigkeitsbehälters und ist ohne Entnahme des Reserverads erreichbar.

Peilstab aus dem Führungsrohr herausziehen, Öl vom Meßbereich am Peilstab abwischen, wieder bis zum Anschlag in die Führung einstecken und sofort erneut herausziehen. Der Ölstand soll sich im Bereich zwischen den beiden Markierungspunkten an der Peilstabspitze abzeichnen.

Falls das Öl die untere Markierung nicht erreicht, sollte umgehend eine Fiat-Werkstatt aufgesucht werden, weil dann eine undichte Stelle am Automatik-Getriebe ermittelt und abgedichtet werden muß. Sicherheitshalber sollte man vor der Weiterfahrt die Fehlmenge durch das Führungsrohr für den Peilstab ergänzen.

Benötigt wird das für automatische Getriebe handelsübliche Spezialöl mit der Bezeichnung »Dexron . . .« (und einer nachfolgenden Nummer), bei Fiat geführt unter der Kennzeichnung GI/A.

Ölwechsel im automatischen Getriebe

Pflegearbeit Nr. 45

Zum Ölwechsel, den die Betriebsanleitung alle 40 000 km vorschreibt, sind 3 Liter des schon erwähnten Spezialöls erforderlich. Wenn das Auto unter erschwerten Bedingungen läuft, etwa als Taxi oder als Zugwagen mit Anhänger, so sollte die vorgegebene Wegstrecke zum Ölwechsel nur zur Hälfte ausgenutzt werden.

Diese Pflegearbeit muß der Werkstatt vorbehalten bleiben, weil mit ihr verschiedene Montagearbeiten verbunden sind und dazu spezielle Werkzeuge gebraucht werden. Das Öl wird abgesaugt.

Ölstand im Ausgleichsgetriebe kontrollieren

Automatik

Teil der Pflegearbeit Nr. 18

Im Gegensatz zum Ritmo mit Schaltgetriebe besitzen die Wagen mit automatischem Getriebe ein Ausgleichsgetriebe (Differential) mit eigener Ölfüllung. Es handelt sich dabei um das für Differential bestimmte Öl SAE 80 W/90 EP der Spezifikation MIL-L-2105 B, erfüllt also hohe Ansprüche. Der Ölstandkontrolle dient der Peilstab auf der linken hinteren Getriebeseite.

Im übrigen gelten hierbei die auf Seite 69 gegebenen Hinweise zur Kontrolle des Getriebeöls.

Öl im Ausgleichsgetriebe wechseln

Automatik

Pflegearbeit Nr. 44

Diese Arbeit läßt man praktischerweise gleichzeitig mit dem Ölwechsel im automatischen Getriebe vornehmen.

Es muß das bei Fiat auch für Hinterachsgetriebe anderer Modelle verwendete Öl Oliofiat W 90/M eingefüllt werden, das der im vorstehenden Abschnitt benannten Ölsorte entspricht.

Bei Wagen mit Schaltgetriebe hat dieses und das Ausgleichsgetriebe eine gemeinsame Ölfüllung. Die Kontrollschraube sitzt am Getriebegehäuse vorn (weißer Pfeil), die Ablaßschraube unterhalb der linken Achswelle. Beide Schrauben sind mit einem Ringschlüssel SW 17 zu bedienen.

Wartungsfreies Lenkgetriebe

Eine regelmäßige Öl- oder Fettversorgung des Lenkgetriebes entfällt, denn der Ritmo ist mit einer wartungsfreien Zahnstangen-Lenkung ausgerüstet. Das Lenkgetriebe enthält eine Fett-Dauerfüllung, die nur anläßlich einer Reparatur erneuert wird. Näheres über die Lenkung ist auf den Seiten 130–132 zu finden.

Zündverteiler schmieren

Pflegearbeit
Nr. 19

Alle 10 000 km soll die Verteilerwelle des Zündverteilers einige Tropfen Öl zur Schmierung erhalten. Fiat empfiehlt dazu das jeweils im Motor befindliche Öl. das kann man wörtlich nehmen: Den Peilstab ziehen und das davon abtropfende Motoröl auf den Schmierfilz der Verteilerwelle fließen lassen, vorher den Verteilerläufer abziehen (siehe Bild Seite 178).
Auch die Nockenbahn der Verteilerwelle sollte geschmiert werden. Man nimmt dazu ein echtes Mehrzweckfett oder das Spezialfett FT v 4 von Bosch. Vorher das alte Fett mit sauberem Lappen abwischen und nur hauchdünn neu einfetten.

Gasgestänge schmieren

Pflegearbeit
Nr. 28

Das Gasgestänge zwischen Gaspedal und Vergaser muß leichtgängig beweglich sein. Dazu jährlich einmal die beweglichen Teile dieser Übertragung mit zähem Fett schmieren, vorher die alten Fettreste wegwischen. Öl ist für die Lagerstellen des Gasgestänges weniger geeignet, weil es zu schnell wegläuft. Fiat spricht hierbei zwar von Ölen, aber man sollte diese Empfehlung nicht zu wörtlich nehmen.
Die beweglichen Teile am Vergaser dürfen auf keinen Fall geeschmiert werden.

Scharniere und Schlösser ölen

Pflegearbeit
Nr. 36

Erfahrungsgemäß müssen besonders die Schlösser am Ritmo regelmäßig geschmiert werden. Ein wegen Verschmutzung nicht mehr funktionsfähiges Schloß ist vorher auszubauen und mit Waschbenzin, Nitroverdünnung oder Trichloräthylen (Vorsicht, stark giftig) zu reinigen.
Der Festschmierstoff Graphit ist nicht empfehlenswert, weil dieser Puder auf die Dauer die Beweglichkeit des Mechanismus hemmt. Fett ist ebenfalls abzulehnen, denn es bleibt am Schlüssel kleben und verschmutzt die Kleidung. Günstigster ist normales »Haushaltsöl« für Nähmaschinen und Fahrrad. Vorher die alten Fettreste wegwischen und danach noch einmal das überschüssige Öl.

Noch besser ist ein Rostlöser-Isolierspray, das den Schließzylinder schmiert, gegen Rost schützt und Feuchtigkeit verdrängt, so daß das Schloß im Winter auch nicht einfrieren kann. Geeignet sind z. B. »4 × Silikon-Spray« von Molykote oder »Caramba Super«.
Für die Scharniere und beim Haubenverschluß kann man Vaseline oder ein anderes zähes Fett nehmen, das gerade zur Hand ist. Desgleichen eignet sich Fett auch besser für die Türspanner und für die Fensterheber, sollte einmal die Innenverkleidung der Türen entfernt werden müssen.

Erweiterung des Pflegeplans

Am Ritmo gibt es noch einige andere Teile, die sich gegeneinander bewegen und für gelegentliches Schmieren dankbar sind. Dazu gehören beispielsweise die Schienen der Vordersitze und der Fensterkurbelmechanismus in den Türen. Zähes Fett genügt hierbei.
Die Scheibenwischer müssen ungehindert laufen können. Dazu ist es nötig, daß die Gelenkstellen des Gestänges und die Buchsen der Wischerlager zumindest sauber sind. Ein paar Tropfen Öl erleichtern zusätzlich dem Wischermotor sein Wirken. Bei geöffneter Motorhaube ist das Wischergestänge unterhalb der Windschutzscheibe erreichbar.

Schaubild Motorraum

Unter der Haube

Bei geöffneter Motorhaube bietet sich dieser Blick in den Motorraum. Folgende Bauteile sind in dem Bild bezeichnet:

1 – Luftfiltergehäuse auf dem Vergaser, 2 – Zahnriemenabdeckung, 3 – Nockenwellengehäusedeckel, 4 – Öleinfüllstutzen, 5 – Ölpeilstab, 6 – Zündverteiler mit Zündkabeln, 7 – Schlauch zum Ausgleichsbehälter, 8 – obere Stoßdämpferbefestigung, 9 – Bremsflüssigkeitsbehälter, 10 – Thermostat, 11 – Batterie, 12 – Getriebegehäuse, 13 – Kühlereinfüllstutzen, 14 – Signalhörner.

Quertreiber

Bei seinem Erscheinen im Frühjahr 1978 trat der Ritmo sogleich mit drei Motorgrößen auf. Als Basis dieser Triebwerke diente der Motor des Fiat 128, ein bereits seit 1969 bewährtes Auto. Von den zunächst nach ihrer Hubraumgröße betitelten Ritmo-Modellen kamen die Versionen 1100 und 1500 im Oktober auf den deutschen Markt, der 1300er folgte im November 1979.
In dieser Zeit hatten sich die endgültigen Modellbezeichnungen durchgesetzt, nämlich die Angaben der PS-Leistungen: Ritmo 60 heißt der Wagen mit 1,1-Liter-Motor, der Ritmo 65 besitzt das 1,3-Liter-Aggregat und der Ritmo 75 das mit 1,5 Liter Hubraum. Hinzugekommen sind 1981 die Modelle S 75 und S 85, wobei das »S« gleichbedeutend mit »Super« ist und auf die leistungsgesteigerte Eigenschaft ihrer 1,3- bzw. 1,5-Liter-Motoren hinweist.
Seit 1980 ergänzt noch ein zweites Modell mit der Bezeichnung Ritmo 60 die Baureihe. Dessen in Brasilien hergestellter Motor entstammt dem Fiat 127 und weist entsprechend seiner Klassifizierung »1050« nur einen Hubraum von 1,05 Liter auf. Dieses Triebwerk unterscheidet sich von den vorausgenannten nur in Details, nicht aber in seinem Konstruktionsprinzip.
Alle in diesem Buch besprochenen Motoren besitzen Merkmale neuzeitlicher Entwicklung: Obenliegende Nockenwelle mit Antrieb durch Zahnriemen, Leichtmetall-Zylinderkopf und fünffach gelagerte Kurbelwelle.

Steckbrief der Motoren

Die Vierzylindermotoren sind – wie bei modernen Autos mit Vorderradantrieb üblich – vorn quer eingebaut. Die sonst nach vorn gerichtete Stirnseite des Motors zeigt zur rechten Wagenseite. Dieser Quereinbau erleichtert die Kraftübertragung auf die in gleicher Richtung angeordneten Achswellen. Motor, Schaltgetriebe und Vorderachsgetriebe bilden eine Einheit, daher spricht man auch von einem Triebwerkblock. Diese drei genannten Bauteile erfüllen unterschiedliche Aufgaben; hier wird nur über den Motor – das eigentliche Triebwerk – gesprochen, während über Getriebe und Vorderachsantrieb ab Seite 119 nachgelesen werden kann.
Die Ritmo-Motoren unterscheiden sich im wesentlichen nur durch ihre Größe, d. h. durch die Hubraum-Abmessungen. Diese haben einen maßgebenden Einfluß auf die Leistungsfähigkeit und Lebensdauer eines Motors und sind allgemein von Interesse. Die Hubraumangabe errechnet sich aus der Bohrung (dem Durchmesser) eines Zylinders und aus dem Hub (den Weg der Auf- und Abbewegung) eines Kolbens in diesem Zylinder. Der ermittelte Wert wird mit der Anzahl der Zylinder multipliziert und ergibt bei dem betreffenden Motor den Gesamthubraum.
Die Motoren mit 1100 und 1300 cm^3 Hubraum haben einen Hub von 55,5 mm. Daraus ergibt sich, daß die Kurbelwellen mit ihren Kröpfungen die gleichen Maße aufweisen müssen. Die Bohrung beträgt entsprechend einmal 80 mm, zum anderen 86,4 mm. Beim 1500er-Motor ist das letztere Bohrungsmaß eben-

falls vorhanden, der Hub beträgt hierbei 63,9 mm. Die jeweilige Hubraumvergrößerung hängt also im ersten Fall mit der Erweiterung der Zylinderbohrung zusammen und darauf aufbauend – im zweiten Fall – mit einer Anhebung des Kolbenhubs.
Die Eigenständigkeit des Motors 1050 wird durch völlig anderslautende Daten dokumentiert; Bohrung 76 mm und Hub 57,8 mm. Weil aber wie bei den übrigen Motoren der Kolbenhub wesentlich kleiner als der Zylinderdurchmesser ist, ergibt sich als typische Gemeinsamkeit ein absoluter Kurzhubcharakter. Diese Eigenheit ermöglicht zunächst höhere Drehzahlen als bei Langhubern. Allerdings steht solchem Vorteil eine verminderte Elastizität gegenüber, was bedeutet, daß die Durchzugskraft des Motors bei niedrigen Touren geringer ist. Wegen ihrer direkt wirkenden Ventilbetätigung sind die Fiat-Motoren jedoch bemerkenswert drehzahlfest.
Aus den 40 kW (55 PS) des 128-Basismotors erwuchsen beim ebenso großen Ritmo-Motor 44 kW (60 PS). Erreicht wurde das durch Verwendung eines widerstandsärmeren Luftfilters und eines durchsatzfreudigeren Auspuffs. Von diesem 1100er-Triebwerk sind die größeren Versionen abgeleitet, und verständlicherweise stehen deren Leistungsanstiege auf 48 kW (65 PS) beim Motor 1300 und auf 55 kW (75 PS) beim 1500 mit einer zweimaligen Vergrößerung des Hubraums in Verbindung. Die jüngeren Motoren beim Ritmo S 75 und Ritmo S 85 verfügen über dieselben Hubräume von 1300 und 1500 cm³, ihre zusätzlichen 10 PS resultieren aus modifiziertem Ansaugrohr und Auspuffsystem sowie aus der Verwendung eines Registervergasers.

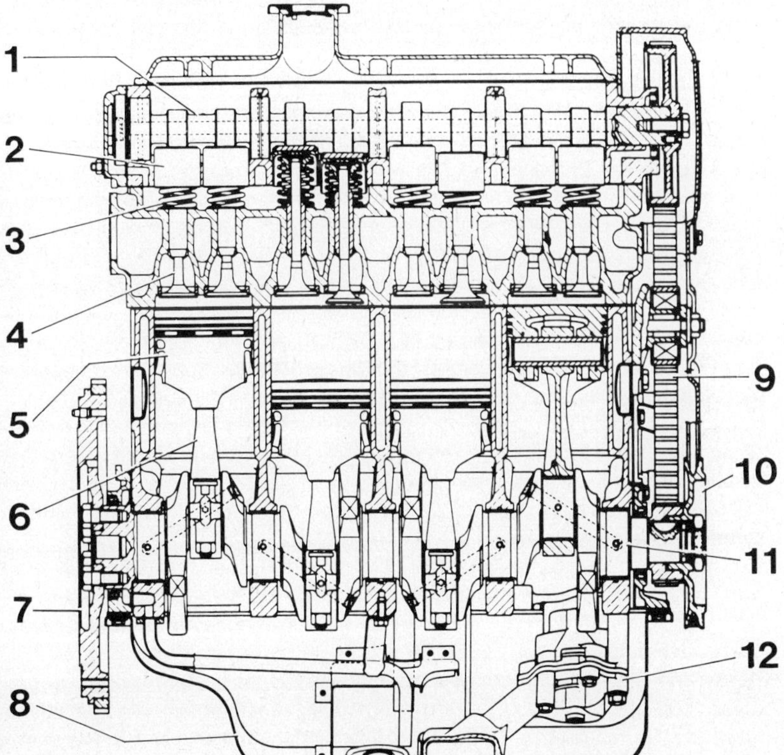

Längsschnitt des Motors.
1 – Nockenwelle,
2 – Stößel,
3 – Ventilfeder,
4 – Ventil,
5 – Kolben,
6 – Pleuel,
7 – Schwungrad,
8 – Ölwanne,
9 – Zahnriemen,
10 – Kurbelwellenriemenscheibe,
11 – Kurbelwelle,
12 – Ölpumpe.
Abgebildet ist der Motortyp mit 1100 bis 1500 ccm Hubraum.

Die Motoren besitzen eine obenliegende Nockenwelle, die über Stößel die Ventile direkt betätigt. Diese Bauart wird mit den Buchstaben OHC (»overhead camshaft«) bezeichnet, womit man die Anordnung der Nockenwelle in international verständlicher Art technisch umschreibt.
Das Kurbelgehäuse besteht aus Grauguß. Der Zylinderkopf ist aus Leichtmetall gefertigt, was aus Gründen der Gewichtsersparnis und der besseren Wärmeableitung bei modernen Motoren auch üblich ist. Darüber hinaus läßt sich Leichtmetall leichter bearbeiten.

Der Kurbeltrieb

Die Robustheit der Motoren ist auch in ihrem stabilen Kurbeltrieb begründet. Die Kurbelwelle ist fünffach gelagert, und das bedeutet, daß jedes Pleuel mit Kolben sich zu beiden Seiten auf einem Hauptlager abstützt. Die Kurbeltriebe könnten theoretisch höhere Drehzahlen als vorgeschrieben verkraften, doch die somit verborgene Reserve kommt der Lebensdauer zugute.
Für die Kurbelwellen- und Pleuellagerzapfen liegen bestimmte Daten vor. Die Einhaltung dieser durch Fiat festgelegten Schleifmaße hat ganz erheblichen Einfluß auf die Gesundheit des Motors. Zur Überholung der sich gegeneinander bewegenden Flächen (Kurbelwelle in den Hauptlagern, Pleuelstangen auf den Lagern der Kurbelwelle) stehen entsprechende Lagerschalen außer in der Normalgröße in vier Untermaßstufen zur Verfügung.
Das Haupt- und Pleuellagerspiel kann mit dem Maßmittel Plastigage von der Firma Ern, Motorenteile KG, Schinkelstraße 46–48, 4000 Düsseldorf, zuverlässig gemessen werden. Dieser verformbare Plastikfaden mit kalibriertem Durchmesser wird axial zwischen Wellenzapfen und Lagerschale gelegt, und nach Anziehen der Lagerdeckelschrauben verformt sich der Faden je nach Größe des vorhandenen Lagerspiels auf eine bestimmte Breite. Durch Anlegen der mitgelieferten Meßskala können an dem flachgedrückten Faden das Lagerspiel und die Ovalität festgestellt werden.
Wie üblich, besitzen die Kolben je drei Kolbenringe. Diese sind in Aussparungen – Nuten – im oberen Drittel des Kolbens elastisch eingebettet und drücken federnd gegen die Zylinderwand. Die beiden oberen Verdichtungsringe verhindern, daß das Gasgemisch aus dem Verbrennungsraum am Kolben vorbei nach unten dringt, und der untere Ölabstreifring läßt das Schmieröl nicht aus dem Kurbelgehäuse nach oben steigen.
Jeder Kolben ist über Kolbenbolzen und Pleuelstange mit der Kurbelwelle verbunden. Die Bohrung für den Kolbenbolzen (eingeschliffener, hohler Bolzen aus Stahl), der im Kolben gelagert ist, liegt nicht in der Mittelachse des Kolbens, sondern ist nach einer Seite versetzt (deachsiert). Dadurch wird das Kolbenkippen, was Geräusche und stärkeren Verschleiß ergibt, verhindert. Die Pleuel bestehen aus Temperguß, so daß sie trotz geringen Gewichts hohe Festigkeit besitzen. Alle Pleuel und Kolben sind numeriert und weisen durch die Ziffern 1–4 die Zugehörigkeit zu einem der Zylinder nach. Zum Gewichtsausgleich (oder auch zur Gewichtsverminderung für sportliches »Frisieren«) können die Kolben – unterhalb des Kolbenauges für den Kolbenbolzen –abgefräst werden.
Kolben gibt es in drei verschiedenen »Normal«-Klassen, außerdem sind ab Werkstatt Ersatzkolben mit Übermaß-Durchmesser in drei weiteren Stufen verfügbar. Gleiches gilt für die Durchmesser der Kolbenaugen und Kolbenbolzen. Letztere werden im Kolben von Sicherungsringen arretiert.
Bei der Motorüberholung können die Zylinder ausgeschliffen werden. In den Motor 1100 lassen sich auch Zylinderlaufbüchsen einpressen. Die zueinander passenden Durchmesser der Zylinder und Kolben werden vor der Reparatur ausgewählt.

Lagerschäden können durch Ölmangel und Überanspruchung des Motors auftreten. Es sind dies Beschädigungen der Gleitflächen zwischen Pleuel und Kurbelwelle, in fortgeschrittenem Stadium sogar zwischen Kurbelwelle und Motorgehäuse, also der Hauptlager. Lang anhaltende Vollgasfahrten oder ständiges scharfes Ausfahren der Gänge führt zu allmählich eintretenden Lagerschäden. Nicht beachteter Ölmangel dagegen läßt Lagerschäden plötzlich entstehen.

Lagerschäden

Lagerschäden künden sich mit wärmer werdendem Motor (Öl wird flüssiger) durch Klopfen an, das allmählich zum lauten Hämmern wird. Ob überhaupt ein Lager (meistens Pleuellager) schadhaft ist und um welches es sich handelt, ist folgendermaßen festzustellen. Bei Leerlauf nacheinander die Kabel von den Zündkerzen abziehen und wieder aufstecken. Läßt das Klopfen bei einem der abgezogenen Kabel nach, liegt der Lagerschaden an diesem Zylinder vor. Ein anderer Test besteht darin, mit langem Schraubenzieher, oder Metallstab gegen den Zylinderkopf nahe der Zündkerzen zu drücken und ein Ohr auf das Ende des Werkzeugs zu legen. So läßt sich das schadhafte Lager durch das Resonanzgeräusch einkreisen und lokalisieren.

Mit einer sehr verhaltenen Fahrweise kann man trotz »ausgelaufenen« Lagers noch die rettende Werkstatt, ja sogar den Heimatort über Hunderte von Kilometern anlaufen. Dazu die Zündkerze des betreffenden Zylinders ausschrauben,

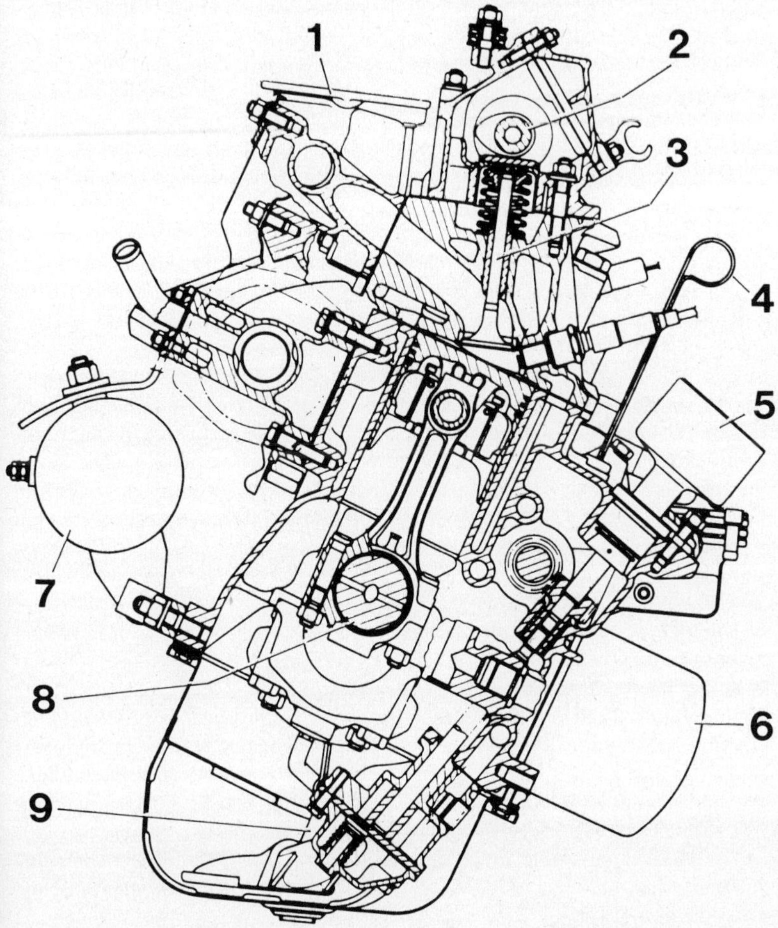

Querschnitt des Motors mit 1100 bis 1500 ccm Hubraum, Ansicht von vorn.
1 – Ansaugstutzen,
2 – Nockenwelle,
3 – Ventil,
4 – Ölpeilstab,
5 – Zündverteiler,
6 – Ölwechselfilter,
7 – Drehstromgenerator,
8 – Kurbelwelle,
9 – Ölpumpe.

damit Arbeit und weitere Beanspruchung durch Kompression bei diesem Zylinder fortfallen. Falls sich Wasser im Motoröl befindet (milchiges Aussehen): Öl wechseln. Denn der Lagerschaden kann auch durch Ölverdünnung eingetreten sein, wenn bei undichter Zylinderkopfdichtung das Kühlmittel in den Ölkreislauf gelangte. Die Leistung der drei noch arbeitenden Zylinder darf nicht ausgeschöpft werden, deshalb auch nur langsam beschleunigen. Im 4. Gang kann das Tempo etwa 60 km/h betragen. Aus dem offenen Kerzenloch entweicht dabei ein pfeifendes Knallen, das von den Kompressionsbemühungen des mitlaufenden Kolbens herrührt. Diese Geräusche sind unerheblich. Stand und Temperatur von Kühlwasser und Motoröl müssen laufend überwacht werden.

Der Ventiltrieb

Im Zusammenhang mit der auf die Motorbauart hinweisenden Bezeichnung (OHC) wurde auch die Eigenart dieses Ventiltriebs erwähnt. In allen Motortypen hängen die Ventile im Zylinderkopf nach unten in die Verbrennungsräume. Sie sollen Frischgas herein- und verbranntes Gas hinauslassen, was sie durch Öffnen und Schließen bewerkstelligen. Das Veranlassen dieser Arbeit im richtigen Moment wird Steuern der Ventile genannt und von den oval geformten Nocken der Nockenwelle bestimmt.

Die obenliegende Nockenwelle dirigiert die Ventile in direkter Betätigung, womit eine aufwendige Mechanik wie bei einer untenliegenden Nockenwelle umgangen wird. Man erspart sich also hin- und hergehende Teile, wie Stößelstangen und Kipphebel, die nur zusätzliche Kraft verzehren und dem Verschleiß unterworfen sind. Zwischen Nocken und Ventilen sind lediglich Stößel zusammen mit flachen Einstellscheiben angeordnet.

Mit ihren Nocken drückt die Nockenwelle auf die Stößel und somit auf jedes Ventil, wodurch eine Öffnung des Verbrennungsraums hervorgerufen wird. Zu jedem Zylinder gehören zwei Ventile: Das Einlaßventil ist für die Zufuhr des vom Vergaser bereiteten zündfähigen Gasgemisches zuständig, das vom niedergehenden Kolben angesaugt wird, und das Auslaßventil sorgt für eine Ausgangsöffnung für das verbrannte Gas, das der nach oben drückende Kolben ausstößt. Die Reihenfolge der Ventile, von rechts oder von links (in Fahrtrichtung) gezählt, lautet (A = Auslaß, E = Einlaß): A – E – E – A – A – E – E – A.

Der Antrieb von obenliegenden Nockenwellen erfolgte früher durch Zahnräder oder Ketten, was nicht nur mit Geräusch, sondern auch mit Verschleiß verbunden war. Die von Fiat verwendete Bauart macht eine derartige teure »Zahnrad-Fabrik« überflüssig. Wie erstmals 1962 bei Automobilen der Marke Glas angewandt, bedient man sich eines Zahnriemens, der über das Kurbelwellenzahnrad die Nockenwelle antreibt. Dieser mit Stahldrähten verstärkte, gezähnte Riemen ist stabil genug, die auf ihn wirkende Kraft zu übertragen. Es ist nicht einmal mehr vorgesehen, den Zustand des Zahnriemens nach einer gewissen Zeit zu kontrollieren.

Der Zahnriemen läuft unter der Abdeckung an der Stirnseite des Motors. Natürlich kann es vorkommen, daß er ersetzt werden muß. Anzeichen dazu kann ein plötzlicher Leistungsabfall sein, etwa weil der Riemen wegen altersbedingter Dehnung einen Zahn am Kurbelwellen- oder Nockenwellenrad übersprungen hat. Dann öffnen und schließen die Ventile nicht mehr zum vorbestimmten Zeitpunkt und ein Werkstattbesuch ist fällig, bei der ein neuer Zahnriemen aufgelegt und die Ventilsteuerung eingestellt werden muß. Der Ersatz des Zahnriemens steht auf Seite 82.

Zu Beginn der Produktion kam es zu erhöhtem Verschleiß der Nockenwellenräder. Fiat bewies Kulanz und tauschte sie kostenlos bei den vor März 1979 hergestellten Motoren aus.

Ventile

Ein Ventil besteht aus Schaft und Teller, sieht also aus wie ein Pilz. Der polierte Schaft läuft in einer genau passenden austauschbaren Ventilführung und der Teller schließt in seinem Sitz den Zylinder dicht ab. Ein- und Auslaßventile sind unterschiedlich groß. Das größere Einlaßventil vermag das einströmende Gemisch bequemer in den Verbrennungsraum zu lassen.
In die Ausfräsung am Fuß des Ventilschafts werden zwei Kegelstücke durch eine darübergeschobene Tellerscheibe derart festgekeilt, daß die unterhalb der Tellerscheibe sich andrückenden Ventilfedern das Ventil nach oben und somit in seinen Sitz pressen. Die umlaufende Nockenwelle hingegen wirkt gegen diese Kraft: Der Nocken drückt auf das Ventil, wodurch es geöffnet wird.
Eine starke äußere und eine schwächere innere Feder umschließen den Schaft. Ist eine von ihnen gebrochen, hält auch die andere nicht mehr lange, und die Leistung auf dem betreffenden Zylinder fällt aus. Befinden Sie sich beispielsweise auf einer Auslandstour in einer Gegend, wo der Fiat-Service sehr fern ist, kann die Kraft einer gebrochenen Ventilfeder dennoch wieder nutzbar gemacht werden, indem zwischen die beiden (gebrochenen) Federteile eine Stahlscheibe gelegt wird, so daß die Windungen neuen Halt haben und sich nicht ineinanderschieben. Das setzt natürlich voraus, daß das Ventil noch nicht im Zylinder zerstört wurde.
Die Ventile hängen im Zylinderkopf schräg nach unten. Wenn ihre Führungen verschlissen sind, wird ein konzentrischer Ventilsitz verhindert und der Ölverbrauch erhöht sich. Die Ventilführungen können auf eine nächste Übergröße angerieben werden. Außer der Normalgröße gibt es Übergrößen, und dazu gehören Ventile mit entsprechendem Ventilschaft.

Die Ventilsteuerung

Unter dem Begriff »Steuerung« versteht man die Regelung für den Gemischeinlaß in die Verbrennungsräume und für den Auslaß der verbrannten Gase. Diese von den Ventilen übernommene Arbeit, von der Nockenwelle bewirkt, muß in genau bestimmten Abläufen geschehen und zugleich mit der Zündung Hand in Hand gehen, was durch den direkten Antrieb des Zündverteilers ebenfalls von der Nockenwelle gegeben ist. Wenn die dabei mitwirkenden Teile ausgebaut, ersetzt oder während einer Reparatur in ihrer Stellung verändert werden, müssen sie wieder in die richtige Position gebracht werden. Schon geringe Abweichungen in der Steuerung verursachen Leistungsabfall und möglicherweise Schäden im Motor.
Braucht nur die Steuerung korrigiert und kontrolliert zu werden (die Montage der einzelnen Bauteile bedarf spezieller Kenntnisse), so gibt die auf Seite 202 gebotene Aufstellung Aufschluß über die Steuerzeiten bei den verschiedenen Motortypen. Anschließend müssen die Ventile eingestellt werden, wie noch beschrieben wird. Ferner ist die Einstellung des Zündverteilers zu prüfen und gegebenenfalls zu berichtigen.

Das Ventilspiel

Die einzelnen Teile des Ventiltriebs, vornehmlich aber die Ventilschäfte, dehnen und längen sich bei Erwärmung des Motors. Deshalb muß – damit auch bei warmem Motor die Ventile trotz ihrer etwas länger gewordenen Schäfte richtig abdichten – etwas »Luft« oder »Spiel« zwischen Nocken und Stößeln vorhanden sein.
Das Prüfen dieses Spiels gehört demzufolge zu den wichtigsten Wartungsarbeiten am Motor, denn schlecht schließende Ventile brennen mit der Zeit ein und werden undicht.
Diese Kontrolle kann jedoch keinesfalls mit dem Gehör, wie manchmal behauptet wird, vorgenommen werden. Denn was da als helles Ticken hörbar wird, ist

Zur Einstellung des Ventilspiels benötigt man eine Fühlerlehre, die zwischen Steuernocken und Einstellscheibe des Ventilstößels geschoben wird. Auf dieser und der nächsten Seite ist der Vorgang des Einstellens genau beschrieben. Beim Abnehmen des Nockenwellengehäusedeckels ist darauf zu achten, daß die Dichtung zwischen Deckel und Gehäuse nicht beschädigt wird. In den einzelnen Kammern des Nockenwellengehäuses steht nicht abgelaufenes Motoröl, das beim Einstellen der Ventile hinderlich ist. Mit einem saugfähigen, nicht fasernden Lappen ist das Öl aufzunehmen, ehe man mit weiteren Arbeiten beginnt.

der ungefährlichere Fehler: zu großes Ventilspiel. Weit kritischer, aber nicht zu hören, ist zu kleines Ventilspiel. Was sind die Folgen von falschem Spiel?

Zu kleines Ventilspiel: Gefahr, daß Ventile und Ventilsitze verbrennen (Ventile liegen nicht satt auf Ventil-Sitzring auf, wodurch Kühlung ungenügend), Verziehen der Ventile, schlechte Leistung durch verringerte Kompression, veränderte Steuerzeiten.

Zu großes Ventilspiel: Schlechtere Zylinder-Füllung, also geringere Leistung, Veränderung der Steuerzeiten, ungleichmäßiger Lauf, höherer Verschleiß, größeres Geräusch.

Ventilspiel prüfen

Pflegearbeit Nr. 11

Das Ventilspiel des Motors 1050 hat beim Einlaßventil 0,30 mm und beim Auslaßventil 0,40 mm zu betragen, aller anderen Ritmo-Motoren beim Einlaß 0,40 mm, beim Auslaß 0,50 mm. Zum Messen und Einstellen muß der Motor kalt sein. Das Spiel wird mit einer Fühlerblattlehre gemessen.

Außerdem wird noch ein Blockierwerkzeug für die Stößel benötigt, wie es Fiat-Werkstätten besitzen. Ohne ein solches Werkzeug muß der Heimwerker genügend Improvisation aufbringen, um die Arbeit richtig erledigen zu können. Wir wollen also nicht unbedingt dazu anraten.

Um die Ventile zu bewegen, braucht man etwas Raum auf dem Standplatz, denn der Wagen muß dazu bei eingelegtem Gang hin- und hergeschoben werden. Den Motor mit der Hand durchzudrehen ist umständlicher, kann bei Wagen mit automatischem Getriebe aber nicht umgangen werden (diese lassen sich auch nicht anschieben).

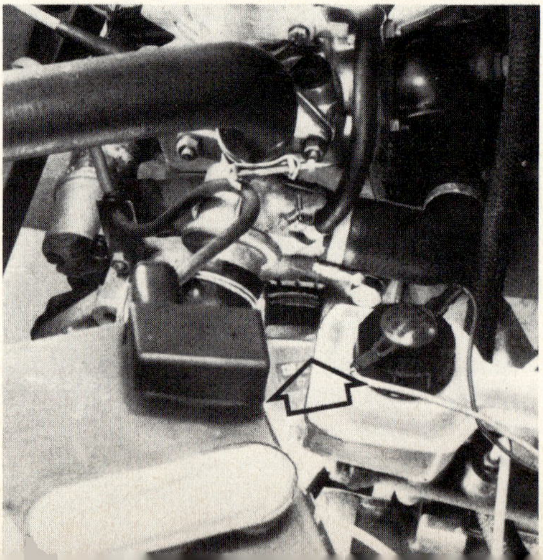

Oben im Kupplungsgehäuse befindet sich ein Schauloch, an dessen oberen Rand drei Kerben zur Grundeinstellung der Zündeinstellung eingelassen sind. Von links nach rechts markieren die Kerben: 0°, 5° und 10°, wobei eine Deckung mit der Markierung am Schwungrad erfolgen muß. Siehe dazu weiter Seite 181.

Die Kontrolle läßt sich bei abgenommener Zylinderkopfhaube durchführen. Dazu vorher das Luftfiltergehäuse abbauen (siehe Seite 108). Die Zylinderkopfhaube ist mit sechs Muttern SW 10 befestigt, die man am besten mit einem Rohrschlüssel abschraubt. Eine festsitzende Haube hebt man an den überstehenden Mutterauflagen an, eventuell die Haube mit dem Hammerstiel locker klopfen. Die Dichtung zwischen Haube und Zylinderkopf darf nicht beschädigt werden. Haube abnehmen und das in den Kammern des Zylinderkopfs stehende Öl mit einem saugfähigen Lappen so weit aufsaugen, bis die Oberfläche der Stößel ölfrei ist.
Die Kurbelwelle und mit ihr die Nockenwelle müssen zur Messung bei den einzelnen Ventilen bewegt werden: Den Wagen im großen Gang schieben, bei Automatik mit Schlüssel SW 17 die Keilriemenscheibe der Lichtmaschine drehen und dabei auf den Keilriemen drücken, damit er nicht rutscht. Niemals am Nockenwellenrad drehen, was bei abgenommenem Deckel für die Steuerräder möglich wäre. Das Drehen des Motors ist bei herausgeschraubten Zündkerzen erleichtert.
An der Stellung der Nocken kann man feststellen, welche Ventile öffnen und welche schließen. Bei schließendem Ventil läßt sich der Stößel mit der daraufliegenden Einstellscheibe im Sitz drehen, weil er nicht unter dem Druck des Steuernockens steht. Ventilspiel (auch »Stößelspiel« genannt) nur bei geschlossenem Ventil messen, dabei soll der Nocken nach oben – senkrecht zur Einstellscheibe – weisen.
Wegen der unterschiedlichen Spielmaße bei Einlaß und Auslaß muß die auf Seite 78 erwähnte Reihenfolge der Ventile beachtet werden.
Zur Überprüfung des Stößelspiels fährt man mit dem Blatt der Fühlerlehre zwischen Steuernocken und Einstellscheibe, die auf dem Steuerstößel liegt. Der Zwischenraum muß so weit sein, daß das vorgeschriebene Meßblatt mit leichter Reibung hindurchgleiten kann. Stimmt das Spiel nicht, wird durch probeweises Einschieben stärkerer oder schwächerer Fühlerblätter ermittelt, welche Differenz sich zu dem tatsächlich vorgeschriebenen Spiel ergibt. Zum Austausch gibt es bei Fiat Einstellscheiben in 25 verschiedenen Stärken von 3,50 mm bis 4,70 mm mit je einer Differenz von 0,05 mm. Ihr Preis schwankt je nach Größe. Einen Satz dieser Scheiben muß man sich vor Arbeitsbeginn besorgen. Die jeweilige Stärke findet man auf einer Scheibenseite eingeprägt, beim Einbau soll sie zum Steuernocken hinweisen. Es handelt sich um die gleichen Scheiben, die auch für andere Fiat-Motoren mit obenliegender Nockenwelle vorgesehen sind.

Ventilspiel einstellen

In der Fiat-Werkstatt wird die Einstellscheibe ausgetauscht, indem durch Drehen der Nockenwelle (an der Kurbelwelle) das Ventil zum vollständigen Öffnen gebracht wird. Man verfügt dort über ein Werkzeug zum Blockieren des Ventilstößels in dieser Lage. Nach Ansetzen desselben dreht man die Nockenwelle wieder etwas weiter, wonach die Scheibe entnommen werden kann.
Heimwerker ohne Blockiergerät müssen versuchen, den Stößel auf andere Weise herunterzudrücken. Dabei sollte das Ventil geschlossen bleiben. Man hebelt, die Nockenwelle als Hebelarm benutzend, mit einem schmalen Werkzeug den Stößel an seinem Rand nach unten, und ein Helfer muß die Einstellscheibe auswechseln. Diese Arbeit ist äußerst vorsichtig auszuführen, um keine Beschädigung zu hinterlassen.
Die Einstellscheibe wird entnommen, indem man mit einem spitzen Werkzeug in den zur Motorlängsachse gerichteten Schlitz des Stößels greift. In der Werkstatt wird für diesen Vorgang Preßluft verwendet, die in den Stößelausschnitt gerichtet wird, wodurch sich die zu entnehmende Scheibe anhebt.

Nach dem Einstellen des Stößelspiels wird dieses nochmals überprüft, nachdem man die Nockenwelle mehrmals gedreht hat. Bei zu großem Spiel zwischen Nocken und Stößeln würde die Ventilsteuerung geräuschvoll arbeiten, bei zu kleinem Spiel verringert sich die Lebensdauer der Ventile.

Zahnriemen ersetzen

Pflegearbeit Nr. 48

Der Zahnriemen treibt die Nockenwelle und die Nebenwelle für Zündverteiler, Ölpumpe und Kraftstoffpumpe an. Seinerseits wird der Zahnriemen von der Kurbelwelle angetrieben. Der Zahnriemen kann sich nach längerer Laufzeit dehnen – theoretisch kann er sogar reißen. Dadurch tritt sofort ein erheblicher Motorschaden ein, weil die jetzt ungesteuerten Ventile mit dem Kolben in Berührung kommen.

Die Arbeit muß mit Umsicht ausgeführt werden, weniger praktisch veranlagte Leute sollten sie der Werkstatt überlassen. Der neue Zahnriemen darf nicht geknickt werden. Hierzu der Vorgang in Kürze:

- Steuergehäusedeckel abschrauben (4 Schrauben SW 10). Die mittlere Schraube läßt sich nur mit einer Stecknuß herausdrehen, mit der oberen Schraube vorn ist zusätzlich ein Masseband befestigt.
- Keilriemen abziehen, dazu die Befestigung der Lichtmaschine lockern.
- Markierungen für die Steuereinstellung in Übereinstimmung bringen. Dabei müssen die Bezugsbohrung am Nockenwellenrad mit den Bezugszeiten am Steuerkastendeckel und die Markierung an der Kurbelwellenriemenscheibe mit dem Bezugsbalken am (provisorisch angelegten) Gehäusedeckel fluchten. Auch möglich: Stellung des Nockenwellenrads und des Nebenwellenrads markieren. In jedem Fall die Kurbelwelle durch eingelegten 1. Gang arretieren.
- Riemenspanner lockern. Beim Motor 1050 die beiden Muttern der Spannerhalterung lösen, bei den anderen Motoren die Mutter der Spannrolle lösen. Wenn die Wirkung der Spannfeder etwas ausgeglichen worden ist, die Befestigung(en) nur leicht anziehen.
- Alten Zahnriemen abnehmen.
- Neuen Zahnriemen unter Beibehaltung der vorherigen Einstellung der Steuerräder auf dieselben auflegen.
- Befestigung des Riemenspanners bzw. die Spannrolle lockern, womit die Feder den Spanner anzieht. Danach die Befestigung(en) festziehen.
- Kurbelwelle an der Riemenscheibenmutter einmal drehen. Danach die Übereinstimmung der oben erwähnten Steuermarkierungen überprüfen.
- Einstellung der Zündung prüfen (siehe Seite 181).
- Riemenspannerbefestigung nochmals lockern und wieder anziehen.
- Keilriemen auflegen und spannen (siehe Seite 161).

Bei abgeschraubter Zahnriemenabdeckung erkennt man: 1 – Nockenwellensteuerrad, 2 – Riemenspannrolle, 3 – Antriebsrad für Ölpumpe, Zündverteiler und Kraftstoffpumpe. Darunter (nicht im Bild) läuft der Zahnriemen über das antreibende Kurbelwellenrad. Gezeigt ist der Steuermechanismus der Motoren mit 1100 bis 1500 ccm Hubraum, beim Motor 1050 ist die Anordnung spiegelverkehrt.

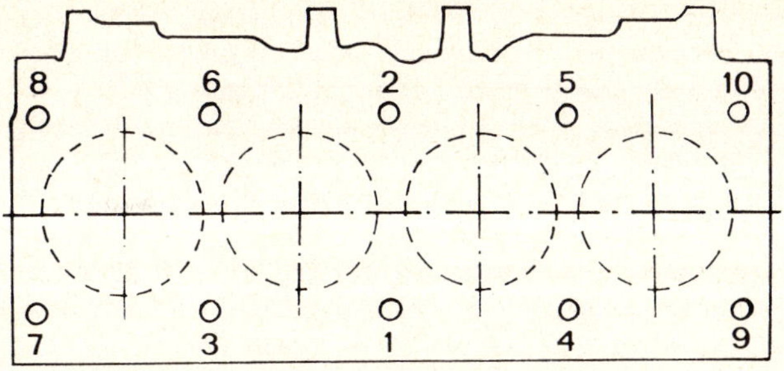

Um den demontierten Zylinderkopf wieder aufzuschrauben, sind die Zylinderkopfschrauben in der Reihenfolge der Zahlen nacheinander anzuziehen. Dabei sind unterschiedliche Anzugsmomente zu beachten, wie auf dieser Seite beschrieben.

■ Steuergehäusedeckel anschrauben.
Ein gelaufener Zahnriemen darf nicht nachgespannt werden.

Zylinderkopfdichtung

Die Dichtung zwischen Zylinderblock und Zylinderkopf ist ein wichtiger Bestandteil. Qualität des Dichtungsmaterials und richtige Montage sind für die Gesundheit des Motors von Ausschlag.
In den ersten beiden Produktionsjahren kam es beim Ritmo zu Schwierigkeiten wegen nicht genügend temperaturfester Zylinderkopfdichtung. In solchem Fall – oder wenn die Zylinderkopfschrauben nicht richtig angezogen wurden – können folgende Erscheinungen auftreten: Kühlmittel dringt in die Zylinder (Wasser im Motoröl) oder Ölverlust durch Eindringen in den Kühlmittelkreislauf, erkennbar an weißem Auspuffdampf bei warmem Motor bzw. Ölspuren und Brandgeruch im Kühler, bisweilen auch an Leistungsverlust – siehe Abschnitt »Kompressionsdruck messen« Seite 85. Außerdem kann sich der Zylinderkopf verziehen, er muß dann plangeschliffen werden.
Zum Ersatz der durchgebrannten Zylinderkopfdichtung muß man den Zylinderkopf ausbauen.

Zylinderkopf aus- und einbauen

Praktisch veranlagte Leute werden sich für diese Arbeit interessieren, die z. B. auch für Arbeiten am Ventiltrieb oder zum Säubern der Brennräume von Rückständen nötig wird. Hier das Wichtigste in Stichworten:
Minuskabel von der Batterie abklemmen, Kühlwasser ablassen. Alle Anbauteile demontieren (Luftfilter, Zylinderkopfhaube, Auspuff- und Saugrohr, Vergaser, Lichtmaschine, Schläuche usw., Kabel abziehen), siehe entsprechende Kapitel. Steuergehäusedeckel abschrauben und Zahnriemen abnehmen. Zehn Zylinderkopfschrauben herausdrehen und den Kopf vorsichtig abheben. Zylinderkopfdichtung abnehmen und die Auflageflächen sorgfältig reinigen. Die Zylinderkopfhaube kann man bei ausgebautem Zylinderkopf abschrauben.
Zum Einbau eine neue Zylinderkopfdichtung verwenden. Zylinderkopf vorsichtig aufsetzen und die Zylinderkopfschrauben eindrehen. Diese müssen bei allen Motoren in der im Bild oben gezeigten Reihenfolge angezogen werden, unter Einhaltung der folgenden Anzugsdrehmomente: Motor 1050: 93,2 Nm, übrige Motoren: 83 Nm. Dazu einen Drehmomentschlüssel benutzen. Nach 500 bis 1000 km Laufstrecke sind die Schrauben in der gleichen Reihenfolge mit demselben Anzugsmoment anzuziehen.
Nach dem Einbau werden alle demontierten oder gelösten Teile in umgekehrter Reihenfolge angebaut bzw. befestigt. Die Steuerung ist einzustellen, wie auf Seite 79 beschrieben.

Ventile einschleifen

Mit dem Einschleifen der Ventile begegnet man dem Nachlassen der Leistung bei höherem Motoralter. Dabei wird der Ventilkegel mit Schleifpaste bestrichen

und das Ventil in seine Führung im Zylinderkopf – dieser ist ausgebaut – gesteckt. Das Ventil schleift man mit einem Spezialhandgriff unter leichtem Anziehen und wechselweisem Hin- und Herdrehen auf seiner Sitzfläche ein.
Der Kegelwinkel aller Ventilsitze soll 45° betragen, bei den Ventiltellern beträgt der Winkel 45° 30′. Um die vorgeschriebene Breite der Ventilsitze von 2 mm zu erreichen, bedient man sich zwei verschiedener Fräser, einmal mit 20° und einmal mit 75°.
Bei ausgebautem Zylinderkopf die Befestigungsmuttern für das Kopfstück mit der Nockenwelle abschrauben. Ventile numerieren, sie sollen später in ihrer alten Position eingebaut werden. Stößel mit Einstellscheibe entnehmen. Ventile mit Hilfe eines Ventilfederspanners ausbauen, dabei die Kegelstücke am Ventilschaft abnehmen. Beide Ventilfedern sowie Scheibe entnehmen und Ventil herausziehen. Die Teile eines jeden Ventils gehören zueinander, sie sollen nicht vertauscht werden.

Triebwerkblock aus- und einbauen

Motor und Getriebeeinheit müssen zusammen ausgebaut werden. Diese Arbeit erfordert eine weitreichende Praxis und läßt sich nur mit Unterstützung einer zweiten Person vornehmen. Wesentliche Anhaltspunkte zu dem Arbeitsablauf:
Motorhaube ausbauen, bei vorhandenem Radio das Masseband abschrauben. Kühlmittel ablassen, dazu den Ablaßhahn am Kühler und den Stopfen rechts am Motorblock öffnen, Kühlmittel zur Wiederverwendung auffangen. Wasserschläuche vom Kühler und Motor abziehen. Massekabel von der Batterie trennen. Anschlüsse von Zündspule und Zündverteiler, Lichtmaschine, Anlasser, Öldruck- und Kühlmitteltemperatur-Geber abklemmen. Luftfiltergehäuse abbauen. Züge am Vergaser und Anschlüsse der Kraftstoffleitungen an Vergaser und Kraftstoffpumpe trennen. Unterdruckschlauch für Servobremse am Ansaugkrümmer abziehen (Ritmo 75 und 85). Schrauben für Auspuffkrümmer herausdrehen. Kupplungsseil an der Ausrückgabel aushängen. Tachowelle vom Antriebslager abschrauben.
Flaschenzug über dem Motorraum anbringen, das Seil an den Aufhängeösen des Motors befestigen und straffziehen. Aufhängungslager des Triebwerks rechts im Motorraum lösen. Fahrzeug so anheben, daß die Vorderräder frei hängen, Seil des Flaschenzugs entsprechend spannen. Vorderräder abmontieren. Muttern zur Befestigung der Achswelle an der Radseite abschrauben. Auspuffleitung abschrauben und vor dem ersten Schalldämpfer am Unterboden aufhängen. Äußere Schaltstange vom Getriebe trennen. Befestigung am Aufhängungslager an mittlerer Traverse lösen. Querlenker an den Laschen der Karosserieseite abschrauben. Kugelkopf der Lenkspurstange vom Achsschenkel abdrücken. Achswellen im Radlauf aufhängen, sie dürfen nicht durchhängen. Am Getriebe die Umgebung des Achswellengelenks und das Lager der Welle reinigen. Befestigungsschrauben für die Welle am Lager herausdrehen, Haltestück für Achswellenlager zum Getriebe drücken. Manschettenflansch abschrauben, auslaufendes Öl auffangen. Bei Ritmo S 75 und S 85 vorher untere Abdeckung ausbauen, an linker Achswelle auch die Schrauben für das Schiebegelenk herausdrehen. Bei vorn genügend angehobenem Wagen den Triebwerkblock am Flaschenzug ablassen und unter dem Fahrzeug hervorziehen.
Der Einbau erfolgt jeweils in umgekehrter Reihenfolge der beim Ausbau vorgenommenen Arbeiten. Es gelten folgende Anzugsdrehmomente in Nm: Aufhängungslager am Kurbelgehäuse: 24,5; Gummilager am Halter Motor- und Getriebeseite: 89; oberer Aufhängungsbügel: 98; hinterer Aufhängungsbügel: 245; hinteres Gummilager am Bügel: 89; Muttern für Auspuff-Ansaugkrümmer: 27,5; Befestigungen für Generator: 49 (oberer Bügel bei Motor 1050: 27).

Kompressionsdruck messen

Pflegearbeit Nr. 25

Bei Verdacht auf verringerte Motorleistung ist zu prüfen, ob die Kompression in den Zylindern noch hoch genug ist, ob Kolbenringe und Ventile gut abdichten. Voraussetzung: Das Ventilspiel ist richtig eingestellt.
Der Kompressions-Druckprüfer wird auf das Zündkerzenloch angesetzt oder eingeschraubt. Der Motor soll betriebswarm sein. Ein Helfer drückt das Gaspedal ganz durch, damit die Zylinder ihre größte Füllung erhalten und dreht den Motor mit dem Anlasser mehrmals durch. Druckschreiber zeichnen für jeden Zylinder eine Kurve auf das gewachste Papier, deren Endpunkt den höchsten Druck anzeigt. Wichtig für den gesunden Motor ist nicht die absolute Höhe des Drucks, sondern dessen Gleichmäßigkeit bei allen Zylindern. Druckunterschiede bis zu 0,5 bar sind unerheblich, sie sollen aber nicht mehr als 1 bar betragen. Die Messung bei warmem Motor ist aussagekräftiger als bei kaltem Motor, da bei diesem die Abdichtung durch die Kolbenringe und das Öl noch unvollkommen ist. Motoren in tadellosem Zustand werden eine Kompression von 13 bar besitzen. Über 11 bar stellt noch eine gute Kompression dar, unter 7 bar deutet auf schlechten Motorzustand hin.
Lassen Sie sich das Meßkärtchen geben und schreiben Sie sich zu Vergleichszwecken Datum und km-Stand auf.
Zu niedriger Druck kann von Schäden an den Ventilen herrühren, z. B. durch verbranntes Auslaßventil (durch zu knappes Ventilspiel) oder klebendes (hängendes) Ventil wegen zu viel Rückstandsbildung am Ventilschaft und in dessen Führung, ferner von Kolben- und Kolbenringverschleiß oder festsitzenden Kolbenringen, unrunden Zylindern, Folgeerscheinungen von Kolbenklemmern. Außerdem kann auch die Zylinderkopfdichtung verbrannt oder undicht geworden sein.
In den weitaus meisten Fällen liegt mangelnder Kompressionsdruck und damit verringerte Motorleistung an undichten Ventilen. Zusätzliche Kontrolle: Einträufeln von Öl ins Kerzenloch. Ist der Druck nach nochmaligem Motordurchdrehen immer noch mangelhaft, sind die Ventile undicht, insbesondere die Auslaßventile.
Manche Werkstätten messen auch den Motor-Druckverlust mittels Druckverlust-Tester und Preßluft. Dabei läßt sich mit ziemlicher Sicherheit feststellen, ob der in einem Zylinder (durch das Kerzenloch) eingepreßte Druck in das Saugrohr, in den Auspuff, in das Kurbelgehäuse, in den Kühlmittelkreislauf oder in einen benachbarten Zylinder entweicht. In der genannten Reihenfolge deutet das auf Defekte an Einlaßventil, Auslaßventil, Kolbenring(en) oder Zylinderkopfdichtung.

Das Schmiersystem

Das Öl muß im Motor von einer Ölpumpe zu verschiedenen Schmierstellen geführt werden. Im Leerlauf soll der Öldruck nicht weniger als 0,5 bar ausmachen, und bei Betriebstemperatur (Öl: 100° C) sollte er nicht unter 3 bar absinken. Zur Kontrolle des Öldrucks ist auf Seite 196 noch mehr gesagt.
Die Ölpumpe wird über die Nockenwelle von der gleichen Welle angetrieben, die auch dem Antrieb des Zündverteilers dient. Die Pumpe besitzt zwei ineinander kämmende Zahnräder, welche das Öl unter Druck setzen. Sie saugt das Öl am tiefsten Punkt der Ölwanne an, immer mit halber Geschwindigkeit (Umdrehungszahl) der Kurbelwelle.
Da die Ölpumpe sich selbst schmiert, ist sie wartungsfrei. Es kann aber vorkommen, daß ihr Zahnflankenspiel nicht mehr stimmt oder daß sich die Zahnräder seitlich versetzt haben. Ausbau und Kontrolle der Ölpumpe muß die Werkstatt übernehmen.
Folgende Toleranzen sollen eingehalten sein:

Motor	1050	1100, 1300, 1500
Fläche Zahnräder/Sitzfläche Pumpenräder	0,045–0,12 mm	0,02–0,2 mm
Zahnradumfang/Pumpengehäuse	0,016–0,055 mm	0,08–0,11 mm
Spiel zwischen Pumpenrädern	0,025–0,10 mm	0,15 mm

Der von der Pumpe geförderte Ölstrom wird zuerst durch das Ölwechselfilter geschickt. Dann strömt das Öl über eine Hauptleitung zu den Kurbelwellenlagern und zum vorderen Lager der Nockenwelle. Durch Bohrungen in der Kurbelwelle gelangt das Öl auch zu den Pleuellagern. Vom mittleren und hinteren Kurbelwellenlager steigt das Öl zu den entsprechenden Nockenwellenbüchsen. Durch andere Bohrungen fließt das Öl wieder in die Ölwanne zurück, das zum Schmieren der Kolbenlaufbahnen dient.
Die Ölwanne kann nur bei ausgebautem Motor abgeschraubt werden.
In der Ölpumpe sitzt ein Ventil mit Feder, das bei verstopftem Ölfilter den Weg für den Ölfluß freigibt. Allerdings gelangt dann das Öl ungefiltert durch den Motor. Wenn die Ölpumpe ausgebaut wird, sollte man in jedem Fall dieses Ventil reinigen und dessen Gängigkeit überprüfen.

Etwas über Drehzahlen

Zu jedem Motor gehört eine bestimmte Nenndrehzahl, ab deren Bereich er zugleich seine höchste Leistung erreicht. Es bringt kaum etwas ein, über diese Drehzahl hinauszudrehen, weil die Leistungskurve nach einem flachen Verlauf wieder abfällt.
Auf ebener Straße und im obersten Gang kann der Motor nicht überdreht werden. Dies ist aber in kleineren Gängen (beim Beschleunigen) und im Gefälle ohne weiteres möglich. Als Warngerät gibt es dafür nur den Drehzahlmesser, den verschiedene Ritmo-Ausführungen serienmäßig besitzen. Ein solches Instrument kann nachträglich als Zusatzgerät eingebaut werden.
Überdrehzahlen machen sich in einem unüberhörbaren Brummen des Motors bemerkbar. Solche Geräusche stammen von den in Schwingungen geratenen Teilen der Ventilsteuerung, vor allem von den Ventilfedern. Diese sind es auch, denen in der Fahrpraxis eine Drehzahlgrenze gesetzt ist. Die in die Fiat eingebauten Drehzahlmesser brauchen deshalb nicht dauernd ängstlich beobachtet zu werden, ob man vielleicht gerade den ersten Warnsektor bei 5750/min überschreitet.
Die Nenndrehzahl der Ritmo-Motoren liegt zwischen 5700/min und 5800/min. Bei den vorangegangenen Fiat-128-Triebwerken wurde die Höchstleistung sogar bei 6000–6200/min erreicht, womit ersichtlich ist, daß die jetzigen Motoren recht drehzahlfest sind. Tatsächlich kann das bei 6400/min beginnende rote Feld des Drehzahlmessers bedenkenlos erreicht werden, und auch bei sehr kurzzeitigen 7000 Touren ist keine Überbeanspruchung des Triebwerks erkennbar. Im Bereich über 5800/min tritt aber weniger Leistung ein, und wegen der Gefahren für die Ventilfedern sollte man Dauerdrehzahlen über 6500/min vermeiden.

Die Einlaufzeit

Umständliche Einfahrregeln früherer Jahre werden von Fiat wie auch von anderen Autofirmen nicht mehr erteilt. Doch in den Betriebsanleitungen sind (hoffentlich beachtete) Hinweise gegeben, aus denen hervorgeht, daß der Besitzer eines jungen Ritmo nicht von Anfang an das Gaspedal strapazieren soll.
Moderne Herstellungsverfahren bieten die Gewähr, daß die Teile im Motor, die sich gegeneinander bewegen, ausreichend zueinander passen. Bei der Konstruktion wurden Einlauftoleranzen berücksichtigt, und dauerhafte Materialien

sind für hohe Beanspruchung ausgelegt. Eine solche Belastbarkeit wird noch von der Chemie unterstützt, die in Form von Zusätzen in den heutigen Ölen mehr Sicherheitsreserven bietet, als noch vor einigen Jahren üblich war.

Diesen Pluspunkten steht aber gegenüber, daß ein neuer Motor tatsächlich erst laufen lernen muß. In den Betriebsanleitungen ist angegeben, daß man anfangs in den einzelnen Gängen maximal nur dreiviertel Gas geben soll. Als Besitzer eines Wagens mit Drehzahlmesser hat man einen weiteren Hinweis: Sein Zeiger soll sich während der ersten 1500 Kilometer möglichst nur im Bereich zwischen 1500/min und 4000/min bewegen. Erst nach mehr als 1000 zurückgelegten Kilometern kann man allmählich der Höchstgeschwindigkeit näher kommen.

Fahren Sie die Maschine gemächlich warm (wenn Sie wissen wollen, wann »warm« ist: Die Thermometernadel hat die Hälfte der Anzeige erreicht, oder kurz die Heizung anstellen – Sie werden es spüren). Danach kann flotter beschleunigt werden, denn das Auto soll nicht mit viel Gas bei wenig Drehzahl gequält werden. Das heißt ganz einfach: Nicht schaltfaul fahren.

Lassen Sie den Motor richtig drehen, damit er später gut laufen kann. Sie müssen nicht »schleichen«. Die ersten tausend Kilometer sind sehr bald zurückgelegt. Am besten eignen sich dazu Fahrten auf Landstraßen, wo man öfter schalten muß. Benutzt man jedoch die Autobahn, dann ist die Fahrweise so einzurichten, wie sie über Land mit Kreuzungen und Ortsdurchfahrten ausfallen würde. Also mit wechselnden Geschwindigkeiten fahren, Höchstdrehzahlen vermeiden, dazwischen auskuppeln und dem Motor für einige hundert Meter Leerlauf gönnen, was bergab gelegentlich möglich ist. Nachstehende kleine Regeln können dazu dienen, die Lebensdauer des Motors zu verlängern:

- Erst voll Gas geben, wenn die richtige Betriebstemperatur erreicht ist.
- Nach Kurzstreckenbetrieb (Stadtverkehr) auf langer Strecke nicht gleich Vollgas geben.
- Nach Fahrt auf Autobahn oder über Gebirgspaß Motor nicht sofort abstellen, sondern eine Weile leerlaufen lassen.
- Ventilspiel regelmäßig prüfen und einstellen (siehe Seite 80).
- Ölfilter und Luftfilter regelmäßig wechseln (siehe Seite 65 und 106).
- Frostschutz im Kühlmittel laufend verwenden, Wasser allein im Kühlkreislauf fördert Korrosion und Rückstandsbildung.

Die mit Pfeilen angezeigte Aufhängung des Auspuffs unter dem Wagenboden darf nicht beschädigt sein. Besonders beim Rückwärtsfahren im Gelände sind die elastischen Ringe gefährdet. Natürlich kann man bei gerissener Aufhängung den Auspuff zur Not mit Draht befestigen, aber dieser Behelf sollte wirklich nur bis zur nächsten Fiat-Werkstatt dienen. Denn wenn die Auspuffanlage starr befestigt ist, bilden sich durch die Erschütterungen während der Fahrt schnell Risse, die einen völlig neuen Auspuff nötig werden lassen.

Die Auspuffanlage

Für den Abzug der im Motor verbrannten Gase sorgt die Auspuffanlage, deren einzelne Teile noch zur Schalldämpfung herangezogen werden. Im einzelnen besteht diese Anlage beim Ritmo aus dem Auspuffkrümmer, dem sich das vordere Auspuffrohr anschließt, unter dem Wagen folgt der erste, vordere Schalldämpfer und nach einem gebogenen Zwischenrohr der hintere Schalldämpfer.
1979 wurde das Flammrohr der Auspuffanlage verstärkt, und im folgenden Jahr erhielt die Anlage eine zusätzliche Aufhängung. Bei den Modellen S 75 und S 85 wurde die Auspuffausführung nochmals stärker ausgebildet, und außerdem erhielten diese Wagen einen geänderten Ein- und Auslaßkrümmer. Durch diese Modifikation wurden anfängliche Ärgernisse mit dem Auspuff weitgehend beseitigt.
Die Aufhängungen bestehen aus folgenden Teilen: Vor dem ersten Schalldämpfer sowie hinter dem zweiten Schalldämpfer sind zwei starke Gummiringe angeordnet, unter dem Wagenheck ist die Halterung des Endrohrs mit einem Dämpfungsgummi aufgehängt.

Auspuffanlage untersuchen

Pflegearbeit Nr. 30

Man sollte die Anlage etwa einmal im Jahr auf Beschädigungen untersuchen. Bei Durchrostungen oder Rissen das betreffende Teil erneuern. Elastische Aufhängungsteile darf man nur provisorisch durch starken Draht ersetzen, vielmehr müssen diese baldigst gegen neue ausgetauscht werden.
Das Festrosten von Schraubverbindungen am Auspuff läßt sich verhindern, wenn man die Gewinde der neuen Schrauben mit HSC-Paste von Molykote oder ASC-Paste von Liqui-Moly bestreicht.

Betriebsklima

Die Arbeit im Verbrennungsmotor ist mit erheblicher Temperaturentwicklung verbunden. Damit diese Hitze den Motor nicht funktionsunfähig macht, muß für ihre Ableitung gesorgt werden. Das geschieht mit Hilfe von Wasser, das wiederum durch Luft gekühlt wird, wobei die vom Wasser aufgenommene Wärme noch für die Wagenheizung verwendet werden kann.

Die Kühlanlage

Wassergekühlte Automobilmotoren moderner Bauart besitzen ein »geschlossenes« Kühlsystem, das bei Betriebstemperatur einen Überdruck entstehen läßt. Dieser Überdruck kann bei allen Ritmo-Motoren bis 1,15 bar erreichen. Dadurch ist der Siedepunkt des Kühlmittels auf etwa 110° C angehoben. (Der Ausdruck »Kühlmittel« wird verwendet, weil sich im Kühlkreislauf nicht nur Wasser, sondern eine Mischung aus Korrosions- und Frostschutzmittel und Wasser befinden soll.) Der Kraftstoff verbrennt bei dieser höheren Temperatur wirtschaftlicher, Temperaturen unter 80° C sind auf die Dauer für den Motor schädlich.
Um dieses für den Motor angenehme »Betriebsklima« möglichst dauernd zu erhalten, tun drei wichtige Teile des Kühlsystems das ihre dazu: der Ausgleichsbehälter reguliert den Druck, der Thermostat sorgt nach dem Start baldigst für angemessen gleichbleibend hohe Betriebstemperatur, der elektrische Ventilator fächelt dem Motor Frische zu.
Die Wasserpumpe wird über den Keilriemen angetrieben. Sie zwingt das Kühlmittel in einen ständigen Kreislauf. Hat es sich im Wassermantel des Motors, der um die Zylinder gelegt ist, erwärmt, fließt es zum Kühler. Zusätzlich zum Fahrtwind kann noch der Ventilator Luft durch den Kühler anziehen, so daß gekühltes schweres Wasser von unten wieder zum Motor geschickt wird. Vom Zy-

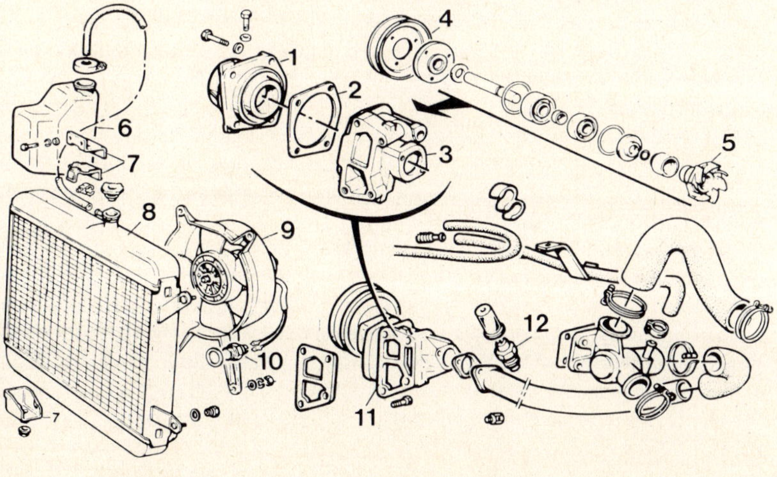

Teile des Kühlsystems:
1 – Wasserpumpendeckel,
2 – Deckeldichtung,
3 – Wasserpumpengehäuse,
4 – Riemenscheibe,
5 – Flügelrad,
6 – Überlaufgefäß,
7 – Kühlerhalterung,
8 – Kühler,
9 – Lüfter,
10 – Thermoschalter für den Lüfter,
11 – Wasserpumpe komplett,
12 – Thermostat.

Der Kühlwasserstand soll bei kaltem Motor etwa 7 cm über der Minimum-Marke des Ausgleichsgefäßes stehen.

linderblock gelangt das Kühlmittel in Kanäle des Zylinderkopfes, wo Zündkerzen und Ventilsitze gekühlt werden. Dann läuft das Kühlmittel erneut in den Zylinderblock, wo es die Zylinder in ihrem gesamten Umfang umspült. Wie noch beschrieben wird, kann der Thermostat dafür sorgen, daß das Kühlmittel auf einem kürzeren Weg gleich wieder zum Motor zurückfließt, ohne durch den Kühler zu gelangen.
Zusätzliche Schlauchleitungen verbinden das Kühlsystem mit der Heizanlage. Diese Einrichtung wird ebenso bei geschlossenem Thermostat gespeist, also während der Anwärmperiode, wenn der Kreislauf noch kurzgeschlossen ist.

Der Ausgleichsbehälter

An dem Kreislauf ist ein Ausgleichsbehälter angeschlossen (bei Fiat heißt er auch Nachfüllbehälter, obwohl bei fehlendem Kühlmittel hier nur bedingt Wasser nachgegossen werden sollte). In ihm wird bei hoher Temperatur der ansteigende Wasserstand ausgeglichen, denn das Kühlmittel dehnt sich bei Wärme aus.
Dieser Behälter ist mit dem Kühler durch einen Schlauch verbunden. Das durchscheinende Material des Behälters läßt erkennen, ob sich im Kühlsystem genügend Kühlmittel befindet.

Kühlmittelstand kontrollieren

Pflegearbeit Nr. 4

Diese Kontrolle ist im Kundendienst-Scheckheft bei jeder 10 000-km-Inspektion vorgesehen. Die Prüfung des Kühlwasserstands sollte aber wenigstens einmal wöchentlich geschehen, etwa immer dann, wenn man auch den Ölstand kontrolliert. Bei den Modellen S 75 und S 85 wird zu geringer Kühlmittelstand durch Aufleuchten von zwei Kontrolleuchten angezeigt (siehe Betriebsanleitung).
Dabei handelt es sich um eine reine Sichtprüfung. Der Stand des Kühlmittels soll sich im Ausgleichsbehälter (im Motorraum vorn rechts) bei kaltem Motor 6–7 cm über der Markierung »MIN« abzeichnen, bei warmem Motor kann er entsprechend höher reichen.
Sollte Kühlmittel fehlen, kann man es unter folgender Voraussetzung im Ausgleichsbehälter ergänzen: Der durch den Verschluß geführte Schlauch muß bis zur tiefsten Stelle im Behälter reichen. Dann besteht auch die Gewißheit, daß bei abkühlendem Motor das Kühlmittel aus dem Behälter in den Kühler zurückgesogen wird (Unterdruck). Wenn dieser Überstand bei wieder erkaltetem Kühlsystem nicht in den Kühlkreislauf zurückgeflossen ist, kann auch wegen Verunreinigung eine Verstopfung eingetreten sein, die unbedingt beseitigt werden muß.

In den Ausgleichsbehälter kann man auch bei heißem Triebwerk unbesorgt geringe Mengen kaltes Wasser nachgießen. Es vermischt sich auf dem Weg in den Kühler dort mit erhitztem Kühlmittel und dem Motor droht kein Kälteschock. Bei heißem Motor muß man den Behälterverschluß allerdings wegen Gefahr von Verbrühung (Heißdampf!) vorsichtig öffnen. Anschließend den Deckel wieder bis zum Anschlag festdrehen.
Bei kaltem Motor kann man Wasser auch im Kühler nachfüllen. Dabei beachtet man das Ansteigen des Niveau im Ausgleichsbehälter bis zur vorgeschriebenen Höhe. Niemals jedoch kaltes Wasser bei heißgefahrenem Motor in den Kühler gießen!
Waren mehr als ein Liter in die Kühlanlage einzufüllen, stellt man die Heizung auf volle Öffnung und läßt den Motor laufen, damit vorhandene Luftblasen aus dem Kühlsystem herausgedrückt werden. Dabei den Kühlmittelstand im Kühler (durch den Einfüllstutzen) und im Ausgleichsbehälter beobachten. Nach einigen Minuten Motorlauf eventuell noch fehlende Menge ergänzen.

Kühlmittelverlust

Für erheblichen Verlust von Kühlflüssigkeit gibt es immer einen Grund, und dann ist es allein mit Nachfüllen nicht getan. Die Ursache muß erforscht werden. Unterwegs macht sich Kühlwassermangel durch unnormal hohen Stand der Temperaturanzeige in der Instrumententafel bemerkbar.
Bei Kühlmittelverlust hat sich die Fehlersuche auf folgende Fragen zu konzentrieren (nähere Erläuterungen sind auf den in Klammern angegebenen Seiten zu finden).

- Wasserschläuche und Schlauchanschlüsse undicht? (Seite 92).
- Leck im Kühler? (Seite 92).
- Verschluß des Ausgleichsbehälters defekt? (Seite 90).
- Keilriemen gerissen oder locker? (Seite 162).
- Thermostat ausgefallen? (Seite 94).
- Zylinderkopfdichtung durchgebrannt, Motorölstand gestiegen? (Seite 83).
- Wasserpumpe defekt? (Seite 94).
- Allgemein: Wann wurde der Kühlmittelstand zuletzt kontrolliert?

Das Kühlmittel

Die Kühlanlage enthält eine Dauerfüllung, die nur zum Teil aus Wasser besteht. Wichtige Bestandteile dieser Flüssigkeit sind korrosionsverhütende und vor Frost schützende Mittel. So wird vor allem der Kühler vor chemischen Anfressungen und Rost behütet. Ferner verhindert ein kalkbindendes Mittel die Bildung von Kesselstein, der die Kühlwirkung herabsetzen würde. Das beigefügte Frostschutzmittel (allgemein handelt es sich dabei um Äthylenglykol, auf Alkoholbasis) kann schließlich noch als Schmiermittel für die Wasserpumpe wirken.
Der werksseitig eingefüllte Dauerschutz hält das Kühlmittel bis etwa -25° C flüssig. Näheres über Frostschutzmittel im Kühlsystem ist auf Seite 51 gesagt. Dort wird auch erwähnt, daß die konservierende Dauerfüllung möglichst nicht durch Wasser ersetzt werden soll. Mußte unterwegs einmal Wasser nachgegossen werden, ist spätestens vor Einsetzen der kalten Jahreszeit die Kühlerfüllung auszuspindeln, um die notwendige Nachfüllmenge Frostschutzmittel zu ermitteln. Das macht jede Tankstelle.
Gute Erfahrungen wurde mit dem im Handel befindlichen Mehrzweck-Kühlwasserzusatz »5 in 1« gemacht. 100 cm^3 dieses Mittels mit Dicht-, Korrosionsschutz- und Schmierwirkung ohne Gefahr von Verstopfung müssen dem heißen Kühlwasser bei laufendem Motor zugeführt werden. Danach sollte man sofort eine Fahrt von wenigstens 15 Minuten Dauer unternehmen. Das Mittel verträgt sich einwandfrei mit Frostschutzzusätzen.

Wasserschläuche und Schlauchverbindungen prüfen

Pflegearbeit Nr. 29

Von Zeit zu Zeit soll man die Anschlüsse der Kühlwasser- und Heizungsschläuche vorbeugend kontrollieren. Durch Alterung porös gewordene Schläuche können wasserdurchlässig werden und sogar (durch den bestehenden Druck im geschlossenen Kühlsystem) platzen. Damit man nicht von solchen Pannen überrascht wird, prüft man durch Kneten der Schläuche, ob sie verhärtet sind. Wird kein Dauerfrostschutz verwendet, quellen die Wasserschläuche im Laufe der Jahre auf.

Bei ständigem Wasserverlust muß man die Untersuchung vordringlich vornehmen. Auch der gute Sitz der Schlauchbinder ist zu prüfen, allerdings soll man sie nicht über ein gewisses Maß festziehen, sonst wird das Schlauchmaterial beschädigt. Durch Augenschein kann man sich ferner davon überzeugen, ob der Kühler dicht ist. Wie er in der Werkstatt auf Dichtheit geprüft wird, das ist in dem noch folgenden diesbezüglichen Abschnitt gesagt.

Zum Austausch erhält man beim Fiat- Kundendienst die passenden, gebogenen Formschläuche. Vor dem Auswechseln muß natürlich das Wasser abgelassen werden. Eventuell vorhandene Frostschutzfüllung fängt man auf und füllt sie nach der Reparatur wieder ein, das erspart unnötige Geldausgaben. Die Schlauchschellen lassen sich, wenn man sie vorher vorsichtig gelöst hat, wieder verwenden.

Wenn unterwegs der Zeiger des Kühlmittelthermometers (auch bei CL-Ausführung und bei den Modellen S 75 und S 85) plötzlich in den Bereich über 100° C tritt, ist vermutlich ein spröde gewordener Wasserschlauch geplatzt (oder der Keilriemen ist gerissen, siehe Seite 162). Dann muß die Fahrt sofort unterbrochen und der Schaden behoben werden, damit kein Motordefekt eintritt. Sollte der zerrissene Schlauch nicht gleich ersetzt werden können, rettet vielleicht ein festes Klebeband die Situation, das man mehrfach stramm um das gereinigte und außen getrocknete Schlauchstück wickelt.

Noch besser ist das »Pannenband« von Weyer, Düsseldorf oder Holts »Hoseweld Bandage«; beide kleben auf den Gummischläuchen besser. Dann fehlendes Wasser nachgießen.

Kühlflüssigkeit ablassen

Vor Arbeiten an der Kühl- und Heizungsanlage muß das Kühlmittel abgelassen werden. Um es später wieder verwenden zu können, fängt man es in einem Behälter auf, den man unter den Kühler aufstellt.

Dort (an der Innenseite unten) den Ablaßhahn öffnen. Damit das Kühlmittel leichter ausläuft, auch die Verschlüsse des Kühlers und des Ausgleichsbehälters öffnen. Aus der Heizungsanlage läuft das Wasser nur restlos aus, wenn man zudem die Heizung voll öffnet. Falls eine Demontage des Motors vorgenommen werden soll, muß auch noch die Vierkant-Ablaßschraube an der rechten Seite des Zylinderkopfes herausgedreht werden.

Kühlmittel wechseln

Pflegearbeit Nr. 49

Nach 60 000 km oder alle zwei Jahre soll das Kühlmittel erneuert werden. Nötig ist das besonders, wenn bei häufigem Nachfüllen von Wasser Verunreinigungen in das Kühlsystem geraten sind. Die Arbeit entspricht dem im vorangegangenen Abschnitt beschriebenen Vorgang. Für die Neubefüllung stellt man eine Mischung aus reinem Wasser und Frostschutzmittel her, wie auf Seite 51 beschrieben.

Kühler auf Dichtheit prüfen

Pflegearbeit Nr. 27

Dünnwandige Rohre in großer Anzahl verbinden senkrecht den oberen und unteren Wasserkasten des Kühlers. Zur Vergrößerung der Kühlflächen dienen zwischen diesen Röhrchen angeordnete kleine und dünne Bleche.

Undichtheiten des Kühlers kann die Werkstatt mit einem Kühlerprüfgerät ermit-

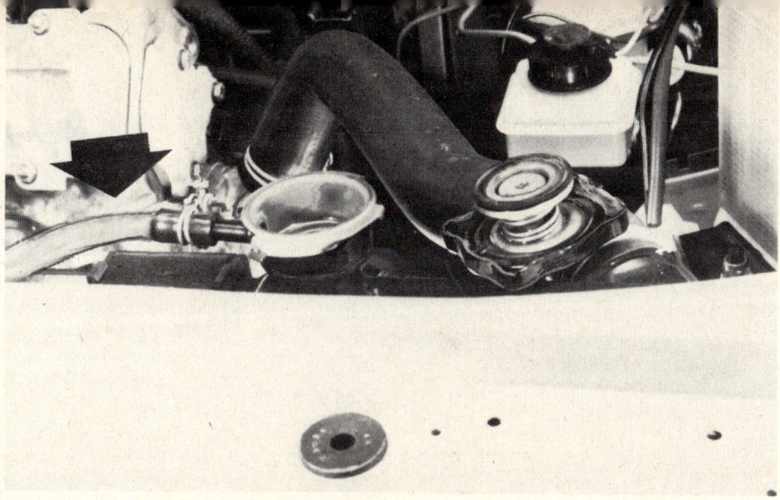

Dieses ist der Kühlerverschluß des Ritmo, der in keinem Fall gegen einen anderen, vielleicht passenden Verschlußdeckel eingetauscht werden darf. Links im Bild befindet sich die Leitung zum Ausgleichsbehälter.
Ein abgenommener Deckel muß beim Aufsetzen wieder bis zum Anschlag festgedreht werden, damit das Kühlsystem luftdicht verschlossen ist.

teln. Dazu muß der Motor im Leerlauf laufen und der Heizungshebel auf »warm« stehen. Das Gerät wird statt des Verschlußdeckels auf den Einfüllstutzen gesetzt und bringt in das Kühlsystem einen Druck bis zu 1,0 bar (Drücke darüber gefährden die Lötstellen). Undichte Stellen zeigen sich an ausfließendem Kühlmittel. Fällt dagegen der von der Meßuhr angezeigte Druck ohne Austritt von Kühlmittel ab, deutet dies auf einen Defekt im Motor (beschädigte Zylinderkopfdichtung, Gehäuseriß).
Abdichtende Reparaturen sind in Eigenarbeit nicht möglich; im Handel erhältliche Kühlerdichtungsmittel sorgen nicht immer für dauerhafte Abdichtung. Unterwegs tut es zur Not auch Kaugummi, sofern der Motor nicht zu heiß gefahren wird und das Loch nicht zu groß ist. Der schadhafte Kühler muß ausgebaut und in einer Spezialwerkstatt repariert werden. Größere Reparaturen lohnen sich finanziell nicht immer – ein neuer Kühler ist dann billiger.

Kühler ausbauen

Kühlmittel ablassen wie beschrieben. Kabelanschlüsse vom Thermoschalter unten am Kühler abziehen. Schlauchbinder am oberen und unteren Stutzen des Kühlers lockern und die Schläuche abziehen. Schlauchklemmen für den Schlauch zum Ausgleichsbehälter am Kühlereinfüllstutzen lösen (abgewinkelte Enden der Klemme mit Zange zusammendrücken), Schlauch abziehen. Vier Befestigungsmuttern des Trägers für den Lüfter abschrauben, Träger mit Lüfter abnehmen. Zwei Schrauben am Halter für den Kühler oben an der Traverse herausdrehen, Halter entnehmen. Kühler aus dem Motorraum nach oben herausziehen.

Der Kühlerverschluß

Der Verschlußdeckel des Kühlers schließt den Kühler nach außen vollkommen ab. Die tellerförmige Druckplatte am Fuß des Deckels preßt sich durch Federdruck auf den Innenrand des Stutzens. Diese Druckplatte sorgt als Sicherheitsventil für Druckausgleich, wenn die Temperatur etwa 110° C überschreitet, wenn der Innendruck des Kühlsystems den Wert von 0,08 bar übertrifft und die Federkraft überwindet. Dann entweicht die Flüssigkeit oder deren Dampf durch den seitlich abzweigenden Schlauch zum Ausgleichsbehälter.
Umgekehrt macht der durch Abkühlung entstehende Unterdruck den Weg vom Ausgleichsbehälter zurück in den Kühler frei, indem sich das in der Mitte befindliche Ventil öffnet. Es handelt sich also um einen speziellen Verschluß. Ein zufällig passender Verschlußdeckel eines anderen Fabrikats darf auf keinen Fall verwendet werden, weil die Federspannung auf die Druckverhältnisse beim Ritmo ausgerichtet ist.

Der Thermostat

Dieses Thermoventil soll das Kühlwasser nach dem Starten des Motors möglichst schnell auf Betriebstemperatur bringen und dieselbe dann konstant halten. Mit seiner Arbeit bewirkt der Thermostat, daß bei kaltem Motor nur ein Teil des Kühlmittels auf kurzem Weg zirkuliert, wodurch es sich schnell erwärmt. Das Kühlmittel fließt dabei aus dem Zylinderkopf über die Wasserpumpe wieder zurück in den Zylinderkopf. Wird das Wasser wärmer, öffnet der Thermostat den Zugang zum Kühler, und zwar nicht sofort voll, sondern er läßt eine von der Temperatur abhängige Wassermenge hindurch. So mischt sich warmes mit kaltem Wasser. Bei voll geöffnetem Thermostat ist der kurze Weg geschlossen und nur der Kreislauf durch den Kühler frei. Diese regelnde Arbeit ist vor allem im Winter wichtig.

Der Öffnungsbeginn liegt zwischen 78° und 84° C. Die volle Öffnung ist bei 92° C erreicht, dabei ist der Öffnungshub von 7,5 mm beendet.

Durch diese Wirkungsweise bleibt der Motor weitgehend innerhalb der günstigen Betriebstemperatur, was dessen Lebensdauer (sonst chemische Kalkkorrosion) und der Schmierfähigkeit des Öls (Ölschlammbildung) zuträglich ist, und auch die Heizung gibt schneller Wärme ab.

Thermostat ersetzen

Ein defekter Thermostat im Ritmo läßt im Gegensatz zu Thermostaten anderer Bauart den Durchfluß zum Kühler frei. Das hat den Vorteil, daß man unterwegs nicht gezwungen ist, den Thermostat ausbauen zu müssen, wenn er nicht funktioniert.

Im Winter aber sollte man wegen der eben bezeichneten negativen Auswirkungen nicht mit einem defekten Thermostat fahren. Er ist dann auszuwechseln. Dazu muß das Kühlmittel wenigstens teilweise aus dem Kühler abgelassen werden, wobei man die Frostschutzfüllung zur Wiederverwendung auffängt. Dann die Schlauchbinder am Thermostatgehäuse lösen, Schläuche abziehen und den Thermostat mittels Zange entnehmen. Das Thermostatgehäuse durchspülen, dazu in den oberen Stutzen klares Wasser gießen. Der Thermostat läßt sich nicht reparieren, er muß ersetzt werden.

Die Wasserpumpe

Diese Pumpe sitzt an der Stirnseite des Zylinderkopfes, also in Fahrtrichtung rechts. Sie wird vom Keilriemen durch die Kurbelwelle angetrieben.

Stellen sich bei der Wasserpumpe Störungen ein, wird sie undicht. Am mahlenden oder heulenden Geräusch erkennt man, daß die Lager schadhaft sind. Dann muß sie repariert oder ersetzt werden. Zur Kontrolle, ob abnormale Geräusche von der Wasserpumpe kommen, kann man den Keilriemen abnehmen und kurz den Motor laufen lassen. Ist dabei das Geräusch verschwunden, betrifft die Störung entweder die Wasserpumpe oder die Lichtmaschine.

Wasserpumpe ausbauen

Wenn sie auch von einem praktisch veranlagten Heimwerker ausgebaut werden kann, so braucht man zu ihrer Überholung doch besondere Werkzeuge und neue Dichtungen. Die Reparatur muß daher die Fiat-Werkstatt erledigen.

Zum Ausbau die Kühlflüssigkeit ablassen und auffangen. Keilriemen abnehmen, dazu die Befestigung der Lichtmaschine lockern. Schlauchbinder für den Schlauch an der Wasserpumpe lösen und den Schlauch abziehen. Nur beim Motor 1050: Befestigungsschrauben für die Riemenscheibe herausdrehen und die Scheibe abnehmen. Muttern zur Befestigung der Wasserpumpe abschrauben und die Pumpe entnehmen, alte Dichtung entfernen.

Die Dichtflächen sind zu reinigen. Beim Einbau der Wasserpumpe muß eine neue Dichtung verwendet werden. Danach das abgelassene Kühlmittel einfüllen und die Keilriemenspannung einstellen.

Der auf Seite 94 in seiner Funktion besprochene Thermostat im eingebauten Zustand. Beim Defekt ist die Kühlflüssigkeit wenigstens bis zum unteren der drei Anschlüsse abzulassen, die drei Schraubverbindungen sind zu lösen, und das Gerät kann ausgewechselt werden. Anschließend wieder Kühlmittel – oder unterwegs notfalls reines Wasser – nachfüllen.

Richtige Keilriemenspannung

Ab Seite 161 ist alles Wissenswerte über den Keilriemen und seine Spannung erklärt. Es sei hier eindringlich darauf hingewiesen, daß man beim Ritmo durch Weiterfahrt mit gerissenem Keilriemen, also ohne Wasserpumpenantrieb, zumindest eine durchgebrannte Zylinderkopfdichtung riskiert. Siehe dazu noch folgenden Abschnitt »Überhitzter Motor«.

Der Ventilator

Der Ventilator (auch: Lüfter) reguliert die Wassertemperatur und verhindert, daß jene in kritische Bereiche klettert. Anders als bei vielen anderen Autos läuft der Ventilator nicht dauernd während des Betriebs, weil er nicht vom Motor des Wagens angetrieben wird. Das wäre auch wegen der Querlage des Motors nur umständlich realisierbar. Vielmehr besitzt er einen eigenen Elektromotor, dessen Schalter die Temperatur im Wasserkühler sozusagen abtastet und den Lüfter nur in Tätigkeit setzt, wenn es die Umstände erfordern. Durch den gesonderten Antrieb ist kein Leistungsverlust gegeben und zugleich gewährleistet, daß der Ventilator tatsächlich nur bei Bedarf arbeitet. Abgesichert ist der Ventilator durch die Sicherung Nr. 9.

Ob der Elektromotor überhaupt funktionstüchtig ist bzw. ob der Wärmeschalter unten am Kühler richtig arbeitet, läßt sich wie folgt feststellen:

Bei eingeschalteter Zündung beide Kabel von den Kontaktzungen des Schalters abziehen und die Kabelenden aneinanderdrücken: der Ventilator muß nun laufen.

Der Thermoschalter soll bei Erreichen einer Wassertemperatur von 90° C den Lüfter einschalten und bei etwa 87° C wieder ausschalten. Wenn die Kühlwassertemperaturanzeige in den kritischen Bereich klettert, sollte man bei richtigem Kühlmittelstand zuerst die Einschaltung des Ventilators kontrollieren. Die Behebung möglicher anderer Defekte, die mit dem elektrischen Antrieb zusammenhängen, ist im Kapitel »Instrumente und Geräte« beschrieben. Ein defekter Wärmeschalter ist schnell ausgetauscht.

Überhitzter Motor

Bei ungenügender Kühlmittelmenge wird der Motor im Betrieb zu heiß und es können an ihm größere Schäden eintreten. Deshalb ist die regelmäßige Kontrolle des Kühlmittelstands so wichtig.

Bei Überhitzung des Motors kann die Zylinderkopfdichtung durchbrennen. Das ist bei laufendem Motor an Luftblasen im Kühlwasser und Brandgeruch aus dem Einfüllstutzen des Kühlers erkennbar. Bedenkliches Stadium: Kühlwasserstand fällt, weil Wasser in den Motor dringt. Dann wird das Öl verdünnt, Lagerschäden und Kolbenklemmer sind die Folge, und die Pleuel können (bei festsitzendem

Kolben) sogar abreißen. Neben den geschilderten Anzeichen bei durchgebrannter Zylinderkopfdichtung ist dafür noch die weiße, allmählich stärker werdende Dampfwolke, die der Wagen nachzieht, ein untrügliches Merkmal. Dann ist ein Werkstattbesuch überfällig. Die defekte Kopfdichtung kann auch von nicht sachgemäß angezogenen Zylinderkopfschrauben verursacht sein. Wenn sich der Zylinderkopf dabei verzogen hat, muß der Kopf plangeschliffen werden.
Bei kritischer, zu hoher Motortemperatur steigt die Anzeige des Fernthermometers über die normale Mittelstellung (bei S 75 und S 85 durch den Warnsektor markiert). Sollte es sich nur um eine momentane Überhitzung handeln, vielleicht durch eine Paßfahrt im Sommer verursacht, senkt sich die Wassertemperatur wieder, wenn man an den Straßenrand rollt und den Motor im Leerlauf drehen läßt. Der Ventilator sorgt dann schnell wieder für eine Abkühlung des von der Wasserpumpe umgewälzten Kühlwassers. Dagegen könnte es zu einem Hitzestau kommen, wenn man den Motor abschaltet, weil das in den Kanälen des Motors dann nicht zirkulierende Wasser für keine Kühlung sorgen kann, vielmehr durch den heißen Motor noch weiter aufgewärmt wird. Natürlich muß dabei der Ventilator auch laufen; wie man seine Funktion prüft, steht auf Seite 95.
Die Anzeige des Fernthermometers wird vom Thermofühler dirigiert. Näheres darüber siehe Seite 198.
Bei drohender Überhitzung steht ein weiterer »Kühler« durch die Heizung zur Verfügung. Mit ihrer HIlfe kann eine momentane Übertemperatur wieder gesenkt werden. Dazu den rechten Drehgriff am Armaturenbrett ganz nach rechts drehen bzw. den oberen Hebel beim S 75 und S 85 nach links schieben. Dazu eventuell noch das Gebläse einschalten.

Heizung und Lüftung

Der Heizungshahn wird stufenlos mehr geöffnet, je weiter man den rechten Drehgriff im Uhrzeigersinn nach rechts dreht bzw. bei S 75 und S 85 den (oberen) Heizerhebel nach links schiebt. Dabei fließt warmes Kühlwasser durch den Wärmetauscher, die hindurchstreichende Luft nimmt diese Wärme auf und strömt in den Innenraum. Durch die Betätigung anderer Rändelschrauben und Hebel (je nach Modell verschieden, siehe Betriebsanleitung) werden Strömungsrichtung und Menge der Luft bestimmt. Verstärkte Heizwirkung erhält man durch Einschalten des mehrstufigen Gebläseschalters. Das Gebläse vermehrt den Luftdurchsatz durch den Wärmetauscher; falls der Motor seine Betriebstemperatur noch nicht erreicht hat, wird allerdings mehr Luft in das Wageninnere geblasen, als sich erwärmen kann. Andererseits muß man bei langsamer Fahrt zur Heizung ebenfalls das Gebläse einschalten, da sonst die Frischluftzufuhr, die durch den Wärmetauscher zieht, nicht ausreicht.
Zusätzliche Düsen in der Armaturentafel und in der Mitte des Fußraumes sorgen beim Ritmo S für einen besseren Luftdurchsatz. Die Seitenscheiben lassen sich mittels separater Luftdüsen leichter beschlagfrei halten. Außerdem ist die Heizleistung durch einen leistungsstärkeren Gebläsemotor und durch eine verbesserte Zwangslüftung erhöht.

Störungen an der Heizung

Es ist ratsam, den Heizungsdrehgriff bzw. -hebel gelegentlich auch im Sommer kurz zu bedienen. Wenn nämlich das Heizungsventil über längere Zeit hinweg überhaupt nicht bewegt wird, kann es vorkommen, daß es sich durch Rückstände in der Kühlflüssigkeit zusetzt oder aber sich wegen Korrosion der mechanischen Bedienungsübertragung nicht mehr bewegen läßt.
Wenn der Gebläsemotor beim Einschalten nicht läuft, ist zuerst die Sicherung Nr. 1 zu überprüfen. Liegt dort und an den angeschlossenen Kabeln kein Defekt vor, muß man den Gebläsemotor kontrollieren.

Heizgerät ausbauen

Ein defektes Heizgerät muß ersetzt werden. Auch Fiat repariert es nicht. Zunächst das Kühlmittel ablassen und dabei den Heizungsdrehgriff bzw. -hebel ganz öffnen. Vier Schrauben herausdrehen: rechts neben der Konsole und unterhalb der Instrumententafel, zwischen Lenksäulenverkleidung und Konsole hinten sowie vorn. Heizgerät etwas nach unten ziehen und Schlauchanschlüsse lösen, Schläuche abziehen. Auch die Kabel- und Bedienungsanschlüsse lösen und das Heizgerät entnehmen.

Störungsbeistand

Kühlsystem und Heizung

Die Störung	– ihre Ursache	– ihre Abhilfe
A Temperatur-Anzeigenadel steht im roten Bereich	1 Keilriemen zu schwach gespannt oder gerissen	Keilriemenspannung kontrollieren oder Riemen ersetzen
	2 Zu wenig Flüssigkeit im Kühlsystem	Auffüllen
	3 Kabel zur Temperaturanzeige hat Massekontakt	Kabel am Temperaturfühler abziehen, Zeiger muß zurückgehen, sonst Masseschluß; Kabelverlauf kontrollieren
	4 Thermoschalter des Kühlerventilators schaltet nicht ein	Kabel am Thermoschalter abziehen und miteinander verbinden
	5 Kühlerlamellen zugesetzt	Kühler reinigen
	6 Ventilatormotor erhält keinen Strom	Behelfskabel ziehen
	7 Ventilatormotor durchgebrannt	Nach Abkühlen mit mittleren Drehzahlen und zügigem Tempo zur Werkstatt
B Temperaturanzeige spricht sehr langsam an, schwache Heizleistung	Thermostat schließt nicht völlig, aufgeheiztes Kühlwasser strömt zu früh durch den Kühler	Thermostat säubern, ggf. ersetzen
C Heizung wird nicht warm	1 Heizventil öffnet nicht	Heizventil gängig machen oder ersetzen
	2 Heizzug gerissen	Ersetzen. Behelf unterwegs: Heizventilhebel von Hand öffnen
	3 Luft im Heizkörper	Kühlsystem auffüllen

Vom Tank zur Kraftstoffpumpe

Förderung

Zur Kraftstoffanlage im Auto gehören der Tank, die Benzinleitungen und eine Pumpe mit mechanischem Antrieb. Ein wichtiger Teil dieser Anlage ist noch der Vergaser, dem das nächste Kapitel gewidmet ist. Mit den hier beschriebenen Teilen sind keine bestimmten Wartungsarbeiten verbunden, im Fall einer Störung ist jedoch einiges Wissen über sie nützlich.

Der Tank

Im Ritmo ist der Kraftstoffbehälter liegend im Heck unter dem Gepäckraum untergebracht. Sein Einfüllstutzen mündet in der linken hinteren Wagenseite und wird von einem Deckel mit Schraubverschluß abgeschlossen. Anstelle dieses Deckels, der nicht bei allen Wagen völlig dicht abschließt, gibt es auch abschließbare Deckel.

Vor Kraftstoffdiebstahl schützt übrigens ein Sieb im Einfüllstutzen. Das Fassungsvermögen im Tank beträgt 51 Liter.

Das Gewinde des Tankdeckels zwingt dazu, den abgenommenen Verschluß sorgfältig aufzusetzen und festzudrehen. Das fällt anscheinend manchem Tankwart schwer und es lohnt sich, unterwegs selbst den Deckel festzuschrauben. Bei Verlust des Deckels stopft man als Provisorium ein nicht faserndes Stück Tuch in den Einfüllstutzen.

Zur Entlüftung des Tanks dient eine vom Einfüllstutzen abzweigende Leitung. Eine solche Entlüftung ist notwendig, weil der Kraftstoff bei der Tankstelle unterschiedlich kühl gelagert ist und sich im Tank durch eine Außentemperatur erwärmt und mehr oder weniger ausdehnt. Zudem würde in dem fest verschlossenen Tank beim Motorlauf ein Unterdruck entstehen, hervorgerufen durch die Kraftstoffpumpe, deren Tätigkeit dann gehemmt wäre. Die über die Entlüftungsleitung nachströmende Luft füllt das beim Absinken des Benzinspiegels im Tank entstehende Vakuum auf, und beim Betanken wird die Luft wieder verdrängt.

Ein ab Werk oder nach Reparaturen nicht ordentlich befestigter Entlüftungsschlauch kann bei vollem Tank gewisse Mengen Kraftstoff austreten lassen. Erfahrungsgemäß kommen auch Schäden an dem Verteilerstück des Entlüftungssystems vor. Die Tankentlüftung muß dann untersucht werden – Fiat-Händler wissen in einem solchen Fall Bescheid und schaffen Abhilfe.

Reichweite einer Tankfüllung

Mit einer Tankfüllung kommt man je nach Fahrweise und Motortyp zwischen 400 und 500 Kilometer weit. Unterwegs darf man sich durch die unverhältnismäßig früh aufleuchtende Reserveanzeige nicht irritieren lassen. In Kurven kann sie schon aufblinken, wenn der Tank fast noch halbvoll ist, verursacht durch das im Tank hin- und herschwappende Benzin und den zugleich stark pendelnden Kraftstoffstandgeber.

Fingerzeige: *Ein Reservekanister ist in jedem Fall nützlich. Auch die Tankanzeige kann einmal ausfallen. Wenn man auf der Autobahn wegen Benzinmangel lie-*

genbleibt, macht man sich strafbar. Es genügt ein Kanister mit 5 Liter Fassungsvermögen, er muß aber ein Prüfzeichen tragen. Damit der Kanister im Kofferraum nicht herumschleudert, ist er mit Haltegurten zu befestigen.
Im Sommer soll der Wagen mit randvollem Tank nicht in der Sonne abgestellt werden. Wegen der Wärmeausdehnung läuft dann Kraftstoff über die Entlüftungsleitung ab. Wenn man nicht eine sofort anschließende Fahrt von einigen Kilometern vorhat, sollte der Tank nicht ganz gefüllt werden.

Tank ausbauen

Vor dem Ausbau ist das Minuskabel der Batterie abzuklemmen, um eventuelle Funkenentstehung auszuschalten. Selbstverständlich darf bei der Arbeit nicht geraucht werden.
Der Tank hat keine Ablaßschraube, aber man kann ihn auch mit Füllung ausbauen. Dabei muß der Wagen hinten angehoben oder über eine Grube gefahren werden. Genügend großes Gefäß unter den Tank aufstellen, um den darin vorhandenen Kraftstoff aufzufangen. Schlauchanschlüsse durch Lockern der Schlauchklemmen lösen: Kraftstoffleitung zur Benzinpumpe, Rücklaufleitung vom Vergaser und Entlüftungsschlauch. Massekabel abklemmen und die Kabelanschlüsse vom Deckel des Kraftstoffstandgebers abziehen. Schlauchklemme des Einfüllstutzens am Tank lösen. Befestigungsmuttern SW 13 am Rand des Tanks losschrauben, dabei den Tank festhalten. Den Tank vorsichtig ablassen und unter dem Wagen hervornehmen.
Das Tankmeßgerät läßt sich abschrauben und mit dem Schwimmer herausziehen. Bei fehlerhafter Tankanzeige ist das komplette Tankmeßgerät zu ersetzen. Versuche, durch Biegen des Schwimmerarms eine genauere Anzeige zu erreichen, sind äußerst zeitraubend. Beim Einbau muß die Auflagefläche des Deckelrands mit benzinunempfindlicher Dichtungsmasse bestrichen werden.
Zum Zweck der Innenreinigung geht man mit dem Tank zu einer Tankstelle und spritzt mit kräftigem Strahl Benzin hinein, dann wird der Tank gut geschüttelt. Man braucht das Benzin nicht fortzugießen, sondern es kann, durch ein Leinentuch gesiebt, in einem Behälter aufgefangen werden, um es später für den Betrieb zu benutzen. Dieser Vorgang wird mehrmals wiederholt.

Die Kraftstoffpumpe

Bei laufendem Motor drückt die Pumpe den Kraftstoff vom Tank zum Vergaser. Diese mechanische Benzinpumpe sitzt – in Fahrtrichtung gesehen – beim Motor 1050 hinten und bei den anderen Ritmo-Motoren vorn am Kurbelgehäuse.
Die mechanisch arbeitende Pumpe wird über einen Betätigungsstößel von der Nebenwelle angetrieben, die gleichzeitig für den Betrieb von Zündverteiler und Ölpumpe sorgt. Die Bewegung erfolgt stoßweise in einem Rhythmus, der sich nach der Geschwindigkeit der Motordrehzahl richtet, und wird auf die Gummimembrane der Pumpe übertragen. Dadurch wird in der Kammer oberhalb der Membrane mit Hilfe zweier einfacher Ventile Kraftstoff aus der Tankleitung angesaugt und zum Vergaser weitergedrückt.
Um festzustellen, ob die Pumpe überhaupt Benzin fördert, löst man die von der Pumpe zum Vergaser führende Leitung. Dann läßt man von einem Helfer durch Drehen des Zündschlüssels den Anlasser kurz arbeiten und beobachtet, ob aus dem Druckstutzen der Benzinpumpe Kraftstoff hervorsprudelt. Bei nur wenigen Motorumdrehungen soll das Benzin auffällig stoßweise herausgedrückt werden – danach sofort wieder die Zündung aussschalten lassen.
Quillt dabei das Benzin nur zögernd hervor, ist wahrscheinlich die Pumpenmembrane gerissen oder porös. Dann die Membrane auswechseln, dazu ist die Pumpe auszubauen. Eventuell sind auch die Ventile im Oberteil defekt. In diesem Fall das ganze Oberteil ersetzen, da man die Ventile nicht reparieren kann. Soll-

Vor dem Reinigen der mäßig gut zugänglichen Benzinpumpe im vorderen Motorraum sollte zuerst der vom Tank herführende Kraftstoffschlauch von der Pumpe abgezogen und mit einem passenden Kreuzschlitzschraubenzieher oder Dorn verstopft werden. Dann die Deckelschrauben herausdrehen und den Deckel abheben (Bild). Bei anderen Pumpentypen ist der Deckel mit einer zentralen Schraube befestigt.

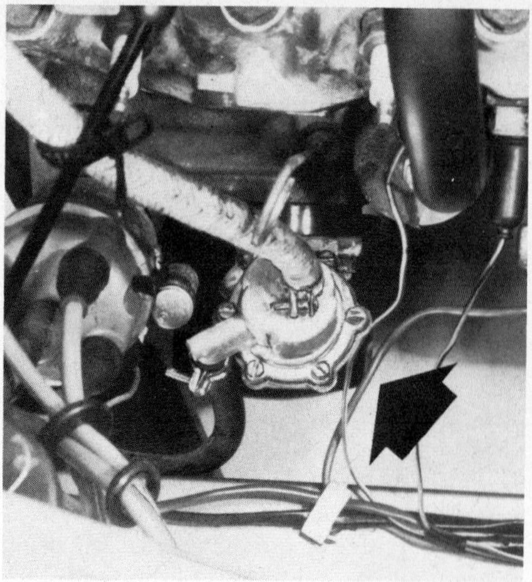

ten die Ventile durch Schmutz ihre Schließfähigkeit verloren haben, kann eine vorsichtige Reinigung ihrer Sitze aus dieser »Verklemmung« helfen.
Startschwierigkeiten oder stotternder Motorlauf treten auf, wenn der Pumpendeckel nicht fest angeschraubt oder die Dichtung unter dem Deckel defekt ist. Dann saugt die Pumpe Luft an. Versuchsweise die Befestigungsschraube für den Deckel fester anziehen. Auch die Schlitzschrauben am Rand der beiden Pumpenteile nachziehen, zwischen denen der Membranrand eingeklemmt ist, denn dort kann ebenfalls Nebenluft eintreten.

Sieb der Kraftstoffpumpe reinigen

Zum Reinigen des Benzinsiebs den Pumpendeckel abschrauben. Je nach Typ der Pumpe wird der Deckel von sechs Schlitzschrauben oder von einer Sechskantschraube SW 8 festgehalten. Das Filtersieb besteht aus Plastik. Die Einbaulage des Siebs beachten und das Sieb herausnehmen. Man bläst es sauber, am besten mit der Fahrradpumpe, oder man wäscht es in Benzin aus. Das freigelegte Pumpenoberteil soll nicht mit Preßluft ausgeblasen werden. Anschließend das Sieb wieder einsetzen. Der Zustand des Dichtrings ist zu kontrollieren, ein verhärteter oder beschädigter Ring muß ersetzt werden. Zum Schluß den Deckel gut – aber nicht zu fest – anschrauben. Der Pfeil auf dem Deckel gibt die Durchflußrichtung an.

Kraftstoffpumpe abbauen und zerlegen

Beim Ritmo kommen Kraftstoffpumpen verschiedener Hersteller zur Verwendung, aber im Aufbau sind sie untereinander ähnlich. Jede Pumpe besteht aus einem Ober- und einem Unterteil.
Zum Ausbau die Schlauchbinder der angeschlossenen Benzinleitungen lockern und beide Schläuche abziehen. Am Flansch der Pumpe zwei Befestigungsmuttern abschrauben und die Pumpe ohne Beschädigung zwischen Flansch und Motor seitlich wegziehen. Eine beschädigte Dichtung muß ersetzt werden. Dabei ist auf die vorhandene Stärke zu achten; Dichtungen mit anderer Stärke verändern den Hub der Pumpe. Das gleiche gilt für das dicke Abstandsstück, das im wesentlichen den Pumpenhub bestimmt. Gehäusedeckel vom Gehäuseoberteil abbauen, wie schon beschrieben, und das Sieb entnehmen.
Damit Gehäuseoberteil und -unterteil später richtig aufeinandergesetzt werden, markiert man beide Teile an den Außenkanten mit einem gemeinsamen Kratzer.

Dann die Schlitzschrauben herausdrehen und das Oberteil abnehmen. In dem Oberteil sitzen die Ventile, die den Benzinfluß freigeben und versperren.
Der Membranzapfen ist im Pumpenunterteil in dem Bügel des Pumpenantriebshebels eingehängt. Zur Entnahme der Membrane ist dieses in der Mitte gegen den Federdruck nach unten zu drücken, dann die Achse des Antriebshebels seitlich aus dem Gehäuse schieben und den Hebel herausziehen. Bei Erneuerung der Membrane muß das Pumpenfabrikat beachtet werden.

Kraftstoffanlage kontrollieren

Pflegearbeit Nr. 26

Der Kraftstoff muß den Weg vom Tank zum Vergaser störungsfrei durchfließen können. Üblicherweise ist dies auch der Fall, aber es schadet nicht, wenn man sich gelegentlich davon überzeugt, daß das teure Naß nicht irgendwo auf die Straße rinnt. Vordringlich sieht man sich dazu den Verlauf der Kraftstoffleitung und die Anschlüsse an der Benzinpumpe an. Bei Feuchtigkeit ermittelt man durch Geruchsprobe, ob es sich um auslaufenden Kraftstoff handelt.
Zu dieser Arbeit gehört es auch noch, die Dienstbereitschaft des Vergasers zu überprüfen. Wie man hierbei vorgeht, ist im Abschnitt »Vergaser reinigen« auf Seite 110 beschrieben.

Mixgerät

Für eine gesicherte Zündfähigkeit müssen Kraftstoff und Luft in das richtige Mischungsverhältnis gebracht werden. Das besorgt der Vergaser. Da es allerdings Motoren mit unterschiedlichem Charakter gibt, kommen auch verschiedene Vergasertypen vor.
Für die in diesem Buch beschriebenen Ritmo-Modelle sind vier voneinander abweichende Vergaser vorgesehen. Von diesen sind jeweils zwei für denselben Motor einsetzbar. Der besseren Übersicht wegen schlagen wir vor, die auf den Vergaser in Ihrem Auto besonders bezogenen Ausführungen auf den folgenden Seiten mit Farbstift zu markieren. So finden Sie sich im Bedarfsfall schnell zurecht.

Welcher Vergaser ist eingebaut?

Bei den Modellen 60, 65 und 75 findet man entweder den Einfach-Fallstromvergaser Weber ICEV oder Solex DISA. Die Modelle S 75 und S 85 sind mit einem Register-Vergaser Weber DMTR oder Solex CIC ausgerüstet. Mit Ausnahme der zuletzt genannten sind diese Vergaser bereits beim Fiat 128 eingesetzt worden.
Die der Buchstabengruppe eines Vergasers vorangestellte Zahl gibt den Innendurchmesser seines Saugrohrs in Millimeter an. Die Buchstaben sind eine interne Typenmarkierung der Hersteller. Mit den nachfolgenden Ziffern wird auf die jeweilige Ausführung des betreffenden Vergasertyps hingewiesen, hervorgerufen durch Konstruktionsänderungen. Die gesamte Vergaser-Typenbezeichnung ist bei Ersatzteilbeschaffung wichtig. An welche Adressen man sich dabei wenden kann, steht auf Seite 24.

Was sich im Vergaser tut

Es ist die Aufgabe des Vergasers, Kraftstoff und Luft in ein entflammbares »Gemisch« zu verwandeln, also eine Flüssigkeit mit einem Gas zu mischen. Dieses Verhältnis darf nicht zu fett (zuviel Benzin) und nicht zu mager sein. Die Menge und die Zusammensetzung des Gemisches müssen sich regulieren lassen, wodurch man Geschwindigkeit und Leistung des Wagens bestimmen kann. Verschiedene gesonderte Einrichtungen im Vergaser verhindern eine Veränderung der Benzin-Luft-Menge durch äußere Einflüsse. Leerlauf und Vollast, plötzlicher Gaswechsel, Steigungen und Gefälle, niedriger Luftdruck (Gebirge) und große Hitze oder Kälte dürfen die Arbeitsweise des Vergasers nicht beeinflussen.

Wichtige Vergaserbegriffe

Schwimmergehäuse: Behälter, in dem die Höhe des Benzinstands reguliert wird, um jederzeit den erforderlichen Vorrat bereitzuhalten. Der darin befindliche Schwimmer betätigt bei wechselndem Niveau ein Nadelventil und regelt dadurch den Zufluß des von der Kraftstoffpumpe geförderten Benzins.
Schwimmernadelventil: Größe und Gewicht sind auf die Förderleistung der Kraftstoffpumpe abgestimmt. Ein größeres Nadelventil als vorgesehen läßt zuviel Kraftstoff hindurch, weil sich der Pumpendruck eher durchsetzen kann. Ein

kleineres Nadelventil ist als Behelf möglich, doch später bleibt die Nadel hängen, da sie sich wegen zu starken Schwimmerauftriebs rasch einschlägt. Die Stärke des Dichtrings vom Schwimmernadelventil bestimmt das Schwimmerniveau – eine stärkere Dichtung senkt es unvorteilhaft.

Innen- und Außenbelüftung der Schwimmerkammer: Die Außenbelüftung ist für den Leerlauf, die Innenbelüftung für den Betrieb bei gestiegener Drehzahl bestimmt.

Hauptdüse: Regelt mit genau bemessener Bohrung den Kraftstoffdurchfluß vor der Gemischbildung aus dem Schwimmergehäuse. Eingeschlagene Nummern geben die Düsengröße an, ihre Durchflußrichtung vom Kopf zum Gewindeteil kennzeichnet sie als sogenannte X-Düse (Null-Düse mit entgegengesetzter Durchflußrichtung). Der Bohrungsdurchmesser sagt nichts über die Durchflußmenge aus.

Luftkorrekturdüse: Sieht ähnlich aus wie Hauptdüse. Dem von der Hauptdüse kommenden Kraftstoff wird durch sie eine bestimmte Menge Luft zugeführt. Die Luftkorrektur soll im oberen Drehzahlbereich (bei hohem Durchsatz) die zwangsläufig eintretende Verfettung des Gemisches wieder abmagern. Sie wirkt zusammen mit dem Mischrohr.

Mischrohr: Nimmt Benzin und Luft entgegen und führt diese vorgemischt in den Austrittsarm im Saugkanal. Bei steigender Drehzahl soll es das Mischungsverhältnis Kraftstoff/Luft nahezu konstant halten. Die Bohrungen im Mischrohr sowie deren Anzahl, Größe und Reihenfolge sind für den Motortyp bedeutungsvoll.

Leerlaufdüse: Liefert dem Leerlaufsystem eine stets gleichbleibende Kraftstoffmenge zur Aufbereitung des Leerlaufgemisches.

Lufttrichter: Sitzt im Saugkanal des Vergasers und beeinflußt durch seine maßlich festgelegte Einschnürung im Zusammenhang mit der Motordrehzahl die Luftgeschwindigkeit und gleichzeitige Luftmenge zur Gemischbildung.

Beschleunigungspumpe: Erhöht zur Erzielung besserer Beschleunigung den Anteil des Kraftstoffs am Gemisch. Das geschieht in einer kleinen Druckpumpe am Vergaser beim Durchtreten des Gaspedals. Ohne die Pumpe würde beim plötzlichen Gasgeben das trägere Benzin nicht schnell genug abgesaugt werden können und der Luftanteil würde sich ungünstig erhöhen.

Drosselklappe: Spricht direkt auf die Betätigung des Gaspedals an und reguliert den Vergaserdurchlaß, also die Gemischmenge. Von der Stellung der Drosselklappe ist die Leistung des Motors direkt abhängig.

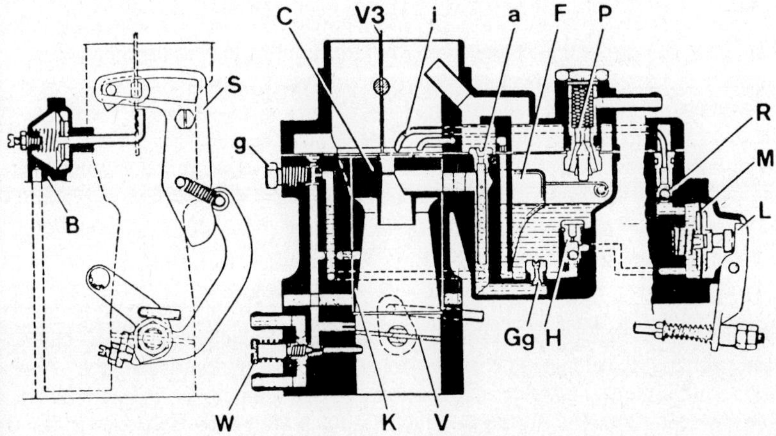

Schnitt durch den Solex-Vergaser:
a = Luftkorrekturdüse,
B = Starter-Bimetallfeder,
C = Gemischaustrittsrohr,
F = Schwimmer,
g = Leerlaufdüse,
Gg = Hauptdüse,
H = Pumpeneinlaßventil,
i = Pumpeneinspritzrohr,
K = Lufttrichter,
L = Pumpenhebel,
M = Pumpenmembrane,
P = Schwimmernadelventil,
R = Pumpenauslaßventil,
S = Starterklappe,
V = Drosselklappe,
V3 = Starterklappe,
W = Leerlauf-Gemischregulierschraube.

Starterklappe: Sitzt ganz oben im Vergaser-Einlaß. Bei kaltem Motor muß sie geschlossen werden. So baut sich bei laufender Maschine im Vergaserdurchlaß ein stärkerer Unterdruck als im normalen Betrieb auf. Deshalb wird auch mehr Benzin aus den Vergaserdüsen gesaugt. Das Gemisch wird also kraftstoffreicher (fetter), und das mag der kalte Motor. Steigt die Betriebstemperatur, muß die Starterklappe wieder geöffnet werden.

Vergaser Weber ICEV und Solex DISA

Beide Vergaser ähneln sich in ihrem Aufbau. Wie jeder Fallstromvergaser verfügen sie über einen senkrechten Saugkanal, in dem der vom Motor eingesogene Luftstrom nach unten fällt. Im oberen Teil (Vergaserdeckel) befindet sich eine aus der Schwimmerkammer kommende Gemischzuführung, die Anreicherungsvorrichtung. Bei erhöhter Motorleistung wird hier ein zusätzliches Kraftstoff-Luft-Gemisch durch die Saugwirkung mitgerissen.
Unterhalb dieser Vorrichtung befindet sich das Austrittsrohr für die dem Betrieb dienende Kraftstoffzufuhr. Am Boden des Schwimmergehäuses sitzt die Hauptdüse, die den Zugang zum Mischrohr herstellt. Hier wird der Kraftstoff mit Luft vermischt. Diese gelangt durch die Luftdüse und durch eine Luftkorrekturdüse (beide nach Abnahme des Vergaserdeckels zugänglich) in das seitlich von mehreren kleinen Bohrungen durchsetzte Mischrohr. Das hier entstandene Kraftstoff-Luft-Gemisch tritt an der engsten Stelle des Saugkanals in diesen ein, weil dort die Geschwindigkeit des Saugstroms am höchsten ist.
Die Drosselklappe im Unterteil (Drosselklappenteil) hat die Aufgabe, die Gemischzufuhr zu begrenzen oder zu vergrößern. Sie sitzt auf der Drosselklappenwelle und ist über das Vergasergestänge mit dem Gaspedal verbunden.
Der Schwimmer hängt an einem Hebelarm und ist beweglich in der Schwimmerachse gelagert. Durch den von der Kraftstoffpumpe geförderten Zufluß steigt das Niveau des Benzins im Schwimmergehäuse, bis der Schwimmerarm das Nadelventil nach oben drückt und dadurch den Kraftstoffzufluß verschließt. Abfließendes Benzin läßt den Schwimmer sinken und das Nadelventil öffnen. So gelangt ständig nur ein für den momentanen Betrieb notwendiger Benzinvorrat in das Schwimmergehäuse.

Vergaser Weber DMTR und Solex CIC

Die Arbeitsweise dieser Zweistufen-Vergaser ist mit der vorangegangenen Beschreibung vergleichbar. Er besitzt jedoch zwei Saugkanäle, und ein Verbindungskanal sorgt für den Gemischausgleich zwischen den beiden »Stufen«. Die Saugkanäle mit dem dazwischen angeordneten Schwimmergehäuse bilden das Vergasergehäuse. Jeder Saugkanal besitzt eine Leerlaufeinrichtung und ein System für Normalbetrieb. Zwei Drosselklappen sitzen auf je einer Drosselklappenwelle, von denen eine zugleich das Abfangventil für die Rückleitung von Abgasen aus dem Kurbelgehäuse trägt. Bei höheren Drehzahlen tritt eine Anreicherungsvorrichtung in Funktion.
Am Drosselklappenteil sind zwei Wasserschläuche angeschlossen, die in Verbindung mit dem Kühlsystem stehen. Hier findet eine Beheizung des Vergasers und besonders des Saugrohrs statt, um eine mögliche Vereisung zu verhindern. Eine derartige Behinderung kann im Winter durch den Unterdruck entstehen, den die ansaugenden Kolben im Motor erzeugen.

Start

In der Normalstellung hält die Starterklappe (auch: Luftklappe) den Luftdurchlaß geöffnet. Sie wird nur zum Anlassen des kalten Motors geschlossen. Bei dieser Betätigung wird gleichzeitig über verschiedene Hebel die Drosselklappe etwas geöffnet. Durch die im Motor ansaugenden Kolben entsteht ein Unterdruck, der aus dem Austrittsarm Kraftstoff saugt. Dabei vollführt die Starterklappe ein

schnelles Spiel zwischen Öffnen und Schließen (sie ist frei beweglich gelagert) und ermöglicht die erforderliche Luftzufuhr.
Bei allen Vergasern wird die Starterklappe von Hand betätigt. Wenn der Motor angesprungen ist, schiebt man den vorher herausgezogenen Starterzug (Choke) so weit ein – und öffnet damit die Starterklappe –, daß der Motor noch sicher durchläuft. Je nach Außentemperatur und mit zunehmender Erwärmung des Motors muß man den Griff ganz zurückschieben. Andernfalls ist das dem Motor zugeführte Gemisch zu »fett«, die Leistung fällt ab und der Benzinverbrauch steigt. Bei warmem Motor darf man die geöffnete Starterklappe nicht betätigen. (Bei den Modellen S 75 und S 85 nennt Fiat diesen Starterzug nicht ganz korrekt »Handgaszug«.)
Die Bedienung dieses Starterzugs verlangt einige Aufmerksamkeit, zumal im Ritmo auch keine Warnlampe zur Anzeige der geschlossenen Starterklappe vorhanden ist. Im Hinblick eines wirtschaftlichen Kraftstoffverbrauchs sind die Vergaser besonders bei den Ritmo 75, S 75 und S 85 relativ mager eingestellt, wodurch das Kaltstartverhalten beeinträchtigt sein kann und auch bei warmer Witterung bisweilen der Starterzug betätigt werden muß.

Leerlauf und Übergang

Bei geschlossener Drosselklappe – wenn das Gaspedal nicht berührt wird – dreht der Motor im Leerlauf. Dabei wird aus dem Mischrohr (Benzin aus den Mischrohren) kein Kraftstoff angesaugt, weil wegen der geschlossenen Drosselklappe im Saugrohr kein Unterdruck herrscht. Das Leerlaufsystem des Vergasers verhindert jedoch, daß der Motor mangels Kraftstoff abstirbt. Diese Leerlaufversorgung geschieht unterhalb der Drosselklappe, wo sich die Auslauföffnung für das Leerlaufgemisch befindet. Die Register-Vergaser haben diese Bohrung nur in der 1. Stufe. Die Leerlaufgemisch-Regulierschraube sitzt bei jedem Vergaser seitlich am Saugkanal etwas unter der Höhe der Drosselklappenwelle. Das Leerlaufgemisch entsteht aus Kraftstoff, der aus der Hauptdüse stammt, und aus der über besondere Bohrungen aufgenommenen Luft. Es wird durch die Leerlaufdüse in vorbestimmter Menge dem Motor zugeführt.
Übergangsbohrungen, die oberhalb der geschlossenen Drosselklappe liegen (Bypass-Bohrungen), beziehen eine Kraftstoff-Luft-Emulsion aus dem Leerlaufsystem. Wird die Drosselklappe etwas geöffnet, verbessern die Bohrungen den Übergang vom Leerlauf auf den Betrieb durch das Hauptdüsensystem.

Beschleunigung

Im Normalbetrieb läuft ein Vorgang ab, wie im Abschnitt über die Vergaser Weber ICEV und Solex DISA dargelegt. Die Zusammensetzung des dabei entstehenden Gemischs entspricht nahezu über den ganzen Drehzahlbereich den Bedürfnissen des Motors. Bei plötzlich geöffneter Drosselklappe soll die Beschleunigungspumpe (außen am Vergaser befestigt) genügend Kraftstoff liefern, um den in diesem Fall zögernden Nachschub aus dem Hauptdüsensystem überbrücken zu können.
Im Arbeitsraum der Beschleunigungspumpe befindet sich aus der Schwimmerkammer angesaugter Kraftstoff. Wird die Drosselklappe geöffnet, überträgt sich diese Bewegung auf den Pumpenhebel, der die Membrane der Pumpe nach innen drückt. Dadurch wird Kraftstoff durch das Einspritzrohr in die Mischkammer gespritzt. Ein Rückschlagventil verhindert, daß beim Einspritzen zugleich Benzin in die Schwimmerkammer zurückfließt. Ein weiteres Ventil am Pumpenauslaß unterbindet beim Saughub das Einströmen von Luft aus der Mischkammer.
Menge und Dauer des Kraftstoffzusatzes sind vom Pumpenhub, von der Kalibrierung des Einspritzrohrs und des Überdruckventils sowie von der Kraft des Druckhubs abhängig.

Die Buchstaben auf dem Gehäusedeckel bedeuten: E – Sommer, I – Winter. Einer der Buchstaben soll in der betreffenden Jahreszeit zu dem nach vorn gerichteten Stutzen eingestellt sein. Deckel und Gehäuse bestehen aus Blech.

Vollast

Bei Vollgas benötigt der Motor eine zusätzliche Kraftstoffversorgung. Sie muß selbsttätig einsetzen, wenn der Unterdruck des Motors den normalen Wert überschreitet. Dann wird unmittelbar von der Schwimmerkammer der Kraftstoff zum Anreicherungskanal bzw. Einspritzrohr geführt, das bei den Vergasern in unterschiedlicher Form in den Ansaugkanal oberhalb des Lufttrichters gerichtet ist.

Damit wird auch bei hohen Drehzahlen ein normales Mischungsverhältnis beibehalten. Bei den Registervergasern ist dann auch die 2. Stufe in voller Tätigkeit.

Bedeutung des Luftfilters

Für die Reinigung der Ansaugluft, die dem Motor zugeführt wird, sorgt bei den Ritmo-Motoren ein Trockenluftfilter. Das Papiermaterial dieses Filtereinsatzes ist innerhalb einer Kreisform in zahlreichen, radial ausgerichteten Falten angeordnet, wodurch sich eine wesentliche Vergrößerung der Filterfläche ergibt. Ohne Filter würden mit der Luft Schmutzteilchen in die Verbrennungsräume gelangen und an den Zylinderwänden wie Schmirgel wirken – frühzeitiger Verschleiß von Kolben und Zylinderlaufbahnen wären die Folge. Außerdem dämpft das Filter die Ansauggeräusche.

Ein verschmutzter Luftfiltereinsatz hindert den Motor, genügend Luft zur Verbrennung anzusaugen, und das Gemisch wird überfettet. Zugleich steigt der Verbrauch und die Leistung sinkt. Deshalb soll man die von Fiat vorgesehenen Spannen von 10 000 km zum Wechseln einhalten. Wer häufig über staubige Straßen fahren muß, tut gut, das Filter schon nach der Hälfte dieser Wegstrecke zu erneuern.

Im Normalfall ist es am vernünftigsten, den Filterwechsel vor der TÜV-Untersuchung vorzunehmen, weil ein verschmutztes Filter die Abgaswerte in die Höhe treibt.

Papierelement des Luftfilters wechseln

Pflegearbeit Nr. 9

Zu den Vergasern gehören ähnlich geformte Luftfiltergehäuse und gleiche Filtereinsätze.

Das Luftfiltergehäuse besteht bei einigen Modellen aus Blech, bei anderen teilweise aus Kunststoff. Je nach Ausführung ist der Gehäusedeckel mit drei oder vier Muttern SW 10 befestigt. Muttern abschrauben, Deckel abnehmen und den alten Filtereinsatz gegen einen neuen austauschen. Das Filter darf nicht mit Öl in Berührung kommen oder mit Benzin ausgewaschen werden, dadurch verstopft es.

Man kann den Filtereinsatz provisorisch reinigen, falls nicht gleich ein neuer zur

Bei der Ausführung des Luftfiltergehäuses mit Kunststoffdeckel sind auf diesem die Symbole »Sonne« und »Schneeflocke« aufgeprägt. Je nach Jahreszeit muß das entsprechende Zeichen zum Pfeil auf dem Ansaugschnorchel ausgerichtet sein.

Hand ist. Dazu den Einsatz leicht auf einer harten Unterlage ausklopfen, um grobe Verschmutzungen zu entfernen. Den feinen Staub mit Preßluft (Tankstelle) oder notfalls mit Fahrradpumpe ausblasen, wobei der Luftstrahl seitlich an den Filterlamellen vorbeistreichen soll.

Sommer- und Winterbetrieb

In der kalten Jahreszeit soll dem Motor vorgewärmte Ansaugluft zugeführt werden. Das ist im Sommer wegen der dann günstigeren Außentemperatur nicht erforderlich.

In den Modellen 60, 65 und 75 sorgt am Gehäuse des Luftfilters wahlweise einer von zwei Luftansaugstutzen für die jahreszeitgemäße Luftzufuhr. Der zum Auspuffkrümmer gebogene Stutzen dient der Zufuhr erwärmter Luft. Der halbwegs in Fahrtrichtung ragende Einlaßschnorchel verschafft dem Motor im Sommer Frischluft.

Welcher Stutzen geöffnet ist, hängt von der Stellung des Deckels ab, an dessen Innenseite ein Sperrblech sitzt. Im Sommerhalbjahr den Deckel so ausrichten, daß der Buchstabe »E« oder bei anderer Ausführung das Symbol Sonne sich in kürzester Entfernung zum Pfeil auf dem nach vorn gerichteten Einlaßschnorchel befindet. Im Winter muß sich dort der Buchstabe »I« bzw. das Symbol Schneeflocke befinden. Zur Einstellung die Deckelmuttern abschrauben, den Deckel entsprechend aufsetzen und wieder festschrauben.

Bei den Modellen S 75 und S 85 sorgt statt dessen eine automatische Umstellung für eine den Bedürfnissen entsprechende Luftzufuhr. Diese Vorrichtung arbeitet in Abhängigkeit von der Außentemperatur.

Es ist darauf zu achten, daß die beiden Stutzen zur Leitung vorgewärmter Ansaugluft (für Winterbetrieb) dicht zusammen stehen. Andernfalls wird dann doch kalte Luft angesaugt. Sollten sich beide Rohrenden nicht genügend aneinanderfügen lassen, ist es ratsam, sie mit einem passenden Schlauchstück zu verbinden.

Luftfiltergehäuse abnehmen

Die Zugänglichkeit des Vergasers wird erleichtert, wenn man das Luftfiltergehäuse abbaut. Das ist auch erforderlich, wenn z. B. die Zylinderkopfhaube abgenommen werden soll.
Nachdem der Gehäusedeckel abgebaut wurde, löst man innen am Gehäuseboden zwei (bei den Modellen S 75 und S 85: vier) selbstsichernde Muttern SW 10. Haltering abnehmen. Außerdem – je nach Ausführung – noch vorn an der Zylinderkopfhaube (in Fahrtrichtung rechts) eine Mutter SW 13 abschrauben. Luftfiltergehäuse etwas anheben und die an der Unterseite angeschlossenen Schläuche abziehen.

Abgas-Gesetzgebung

Die bei der Verbrennung von Kraftstoff und Luft im Motor entstehenden Abgase enthalten hauptsächlich Wasser (H_2O) – bei kühlen Temperaturen als weiße Kondensfahne sichtbar – und Kohlendioxid (CO_2). Bei unvollständiger Verbrennung durch zu fettes Gemisch bildet sich giftiges Kohlenmonoxid (CO), bei unverbranntem Gemisch durch zu fette oder zu magere Einstellung werden mit dem Abgas giftige Kohlenwasserstoff-Verbindungen ausgestoßen.
Seit Oktober 1971 ist in der Bundesrepublik der Giftanteil im Abgas gesetzlich festgelegt und zwischenzeitlich wurden die Anforderungen noch verschärft. Dies erfordert nun eine besonders exakte Vergasereinstellung.
Um eine unsachgemäße Veränderung zu verhindern, sieht das Gesetz zur Absicherung farbige Kunststoffkappen oder -stopfen über den Leerlauf-Regulierschrauben vor, die beim Abnehmen zerbrechen. Ihre Farbe gibt darüber Auskunft, ob sie vom Vergaserhersteller, vom Fahrzeughersteller oder von einer Werkstatt angebracht wurden.

Abgaskontrolle

Pflegearbeit Nr. 24

Nach längerem Betrieb können sich die Abgaswerte trotz korrekt eingestellten Vergasers wegen veränderter anderer Motoreinstellungen verschlechtern.
Nachstehende Faktoren haben auf das Ergebnis beim Abgastest vorrangig Einfluß:

- Ventilspiel,
- Schließwinkel,
- Zündzeitpunkt,
- Elektrodenabstand der Zündkerzen,
- Kraftstoffkondensat in der Motorölwanne.

Wenn die Leerlauf- und Abgasprüfung Schwierigkeiten macht, kann die Ursache in einem der vorstehenden Punkte liegen. »Versuchsweises« Drehen am Vergaser hat keinen Sinn.
Es ist vorgesehen, die Auspuffgase auf ihren CO-Gehalt zu prüfen, wenn man die Leerlaufeinstellung kontrolliert. Die Arbeit wird mit einem CO-Tester vorgenommen. Da man als Privatperson normalerweise nicht über einen CO-Tester verfügt, bleibt es einem nur übrig, deswegen eine Werkstatt aufzusuchen.
Bei der TÜV-Kontrolle, zu der das Auto alle zwei Jahre vorgeführt werden muß, wird der CO-Gehalt amtlicherseits geprüft. Zulässig sind höchstens 4,5 Volumenprozent.

Der Leerlauf

Wenn der betriebswarme Motor ohne Betätigung des Gaspedals läuft, spricht man vom Leerlauf. Dabei sollte sich die Kurbelwelle in Drehzahlen für eine Motorleistung bewegen, die gerade zur Überwindung der inneren Reibung und zum Antrieb der Nebenaggregate ausreicht. Der Leerlauf darf nicht so niedrig sein, daß der Motor nur stotternd läuft, er soll aber auch nicht so schnell sein, daß im Stand das Kühlmittel zu heiß wird.
Beeinflußt wird der Leerlauf von der Einstellung des Vergasers und der Zündung

(siehe auch Kapitel »Die Zündanlage«), aber auch sekundär durch die Außentemperatur.
Mit einem Drehzahlmesser läßt sich die Leerlaufdrehzahl selbst kontrollieren. Ohne dieses Instrument sollte man die Prüfung, die im Inspektionsdienst alle 20 000 km vorgeschrieben ist, in der Werkstatt vornehmen lassen. Diese Überprüfung ist wichtig, denn zu hoher Leerlauf wirkt sich auf den Benzinverbrauch und auf die Abgaszusammensetzung (CO-Messung beim TÜV) ungünstig aus, außerdem wird die Bremswirkung des Motors vermindert. Durch Vibrationen können sich am Vergaser bewegliche Teile einschlagen, und der dadurch veränderte Gasdurchsatz führt zu Abweichungen von der vorgeschriebenen Leerlaufdrehzahl.

Leerlauf überprüfen

Pflegearbeit Nr. 23

Vor der Einstellung des Vergasers muß einwandfrei feststehen, daß sich die Zündanlage in tadellosem Zustand befindet. Außerdem muß das Ventilspiel korrekt sein. Bei der Einstellarbeit muß das Luftfiltergehäuse komplett aufgebaut bleiben, weil sonst die Werte verfälscht werden. Der Motor soll seine Betriebstemperatur (Öltemperatur ca. 80° C) erreicht haben.
Durch die Einstellung werden die Drehzahl und die Menge des Kraftstoffanteils reguliert. Früher konnte ein geübter Praktiker die Leerlaufeinstellung mit dem Schraubenzieher und mit Hilfe seines Gehörs vornehmen. Heute bleibt seine Tätigkeit stets ein Behelf.
Zunächst folgt die Beschreibung des Einstellens mit Drehzahlmesser und CO-Tester, wie sie eigentlich der Werkstatt vorbehalten bleiben soll. Anschließend wird die herkömmliche Methode beschrieben, die nur als unvollkommener Ersatz dafür verstanden werden will. Die genannten Einstellschrauben sind auf den Abbildungen dieser Seiten bezeichnet.

Leerlauf mit Meßgeräten einstellen

Alle Ritmo-Motoren sollen im Leerlauf 800 bis höchstens 850/min (Umdrehungen pro Minute) drehen, bei Wagen mit automatischem Getriebe sollte die Leerlaufdrehzahl bei 900/min liegen.
Drehzahlmesser und CO-Tester anschließen und wie folgt vorgehen: Möglichst nur die Drosselklappen-Anschlagschraube drehen (Drehen im Uhrzeigersinn = Leerlaufanhebung, entgegengesetzt Drehen = Leerlaufabsenkung). Dabei kann aber der CO-Wert das erlaubte Maß übersteigen, womit auch erhöhter Verbrauch verbunden ist.
Deshalb die Leerlaufgemisch-Regulierschraube zunächst hineindrehen (nicht fest anziehen!), bis beinahe der Leerlauf »abstirbt«, und die Schraube um 2 bis 3 Umdrehungen wieder lösen. Bei den Weber-Vergasern läßt sich dieses er-

Ansicht des Vergasers Weber 32 ICEV, in Fahrtrichtung von links gesehen.
1 – Vergaserdeckel,
2 – Schwimmergehäuse,
3 – Vergasergehäuse.

wähnte Drehzahlabsterben nicht exakt ermitteln, wenn das Ventilspiel zu knapp eingestellt ist. Mit der Drosselklappen-Anschlagschraube den Leerlauf auf etwas unter 800/min (Automatik: 850/min) bringen und die Leerlaufgemisch-Regulierschraube etwas drehen, bis Drehzahlmesser und CO-Tester die erlaubten Werte anzeigen. Durch langsames und wechselweises Drehen der Einstellschrauben lassen sich die Werte gewöhnlich erreichen.
Falls der CO-Tester mehr als 4,5 % anzeigt, kontrolliert man die Anzeige bei abgezogenem Schlauch der Kurbelgehäuse-Entlüftung. Wenn dabei das Abgas-Meßgerät einen sinkenden CO-Wert anzeigt, liegt das wahrscheinlich an einer Anfettung aus dem Kurbelgehäuse, verursacht durch Ölverdünnung bei überwiegendem Kurzstreckenverkehr. Eine zügige Überlandfahrt oder ein Ölwechsel schafft hier Abhilfe, und der CO-Gehalt sinkt. In selteneren Fällen kann auch die bei Weber-Vergasern mit der Drosselklappenwelle verbundene Drehvorrichtung für die Absaugung der Abgase verschmutzt sein. Das kann nur eine Werkstatt genau feststellen und beheben.

Behelfsmäßige Einstellung

Die mit Eingriffsicherung – das sind die farbigen Plastikkappen – versehenen Einstellschrauben sollten vom Laien nicht verstellt werden, weil sich danach die Einstellung womöglich auch im Fachbetrieb nicht mehr erreichen läßt.
Zur Einstellung muß der Motor betriebswarm gefahren worden sein, nur Warmlaufenlassen im Stand genügt kaum: Das Luftfilter bleibt aufgebaut. Grundsätzlich soll nur mit der Drosselklappen-Anschlagschraube versucht werden, den Leerlauf zu regulieren. Die Gemischzusammensetzung wird dadurch nicht beeinflußt. Man dreht die Schraube mit einem Schraubenzieher nur so weit links oder rechts herum, bis der Motor gerade einwandfrei »rund« läuft. Dazu die Schraube zuerst herausdrehen, wobei die Drehzahl spürbar abfällt, und dann langsam wieder hineindrehen.

Vergaser reinigen und Choke einstellen

Pflegearbeit Nr. 46

Früher einmal übliche und lästige Korrosionserscheinungen am und im Vergaser sind heutzutage selten geworden, denn moderne Kraftstoffe enthalten Zusätze, die eine bestimmte Menge Feuchtigkeit ohne Wassertropfenbildung »aufsaugen« können. Deshalb wurde die regelmäßige Vergaserreinigung aus den Wartungsplänen gestrichen. Wenn diese Arbeit doch einmal nötig werden sollte, läßt sich generell folgendes sagen:
■ Der Vergaser muß nicht komplett ausgebaut werden, es genügt, wenn Sie das Oberteil (Deckel) abschrauben.
■ Beachten Sie, daß kein Teil verlorengeht oder vertauscht wird, keine Dichtung beschädigt ist und daß bei der ganzen Prozedur nichts in den Vergaser hi-

Vergaser Solex 32 DISA.
1 – Betätigungsstange zwischen Gaspedal und Drosselklappenhebel,
2 – Bowdenzug für Starterklappe,
3 – Leerlaufgemisch-Regulierschraube.

neinfällt, was an der Drosselklappe vorbei im Ansaugkrümmer verschwindet und somit beim Lauf des Motors in den Verbrennungsraum geraten würde.

■ Ausgebaute Vergaserteile in Kraftstoff oder Spiritus reinigen. Die Teile auf sauberes Tuch legen.

■ Filtersieb des Vergasers reinigen. Die am Kraftstoffeinlaß am Vergaserdeckel sitzende Messing-Sechskantschraube SW 14 oder 17 herausdrehen und Dichtring abnehmen. Das in der Bohrung der Schraube untergebrachte walzenförmige Sieb herausziehen, mit Preßluft ausblasen oder in Benzin schwenken. Sieb wieder einsetzen und Verschlußschraube mit Dichtring eindrehen.

■ Düsen, Bohrungen und Schwimmerkammer mit mäßigem Preßluftdruck ausblasen, auch Handluftpumpe ist geeignet. Düsen können notfalls mit dem Mund durchgeblasen werden. Besser eignet sich das Ventil am (sauberen) Reserverad. Drückt man die herausgeschraubte Düse in das Ventil, pustet die aus dem Reifen entweichende Luft alle Fremdkörper weg. Auf keinen Fall mit hartem Draht reinigen, geeignet ist jedoch eine Borste aus einer Bürste. Düsen sind aus weichem Metall (Messing), daher nicht zu fest einschrauben.

■ Drosselklappenwelle auf zu großes Spiel an den Lagerungen untersuchen. Dort könnte Nebenluft eindringen und Start und Leerlauf verschlechtern.

■ Die Spitze der Leerlaufgemisch-Regulierschraube darf keine Druckstellen aufweisen oder gar verbogen sein. Sonst auswechseln.

■ Den Schwimmer kontrolliert man, ob er dicht ist (schütteln und gegen das Ohr halten). Eventuell in heißes Wasser legen und auf Blasen achten. Die Schwimmerachse muß gut gängig sein.

■ Im Vergaserdeckel, von unten eingeschraubt, befindet sich das Schwimmernadelventil. Es ragt in die Schwimmerkammer. Die Ventilnadel muß einwandfrei beweglich sein. Gegen sie drückt von unten der Hebel des Schwimmers. Ein undichtes oder hängendes Schwimmernadelventil liefert dem Vergaser zuviel Kraftstoff: Erhöhter Verbrauch, Vergaser läuft über. Ventil austauschen, neues Ventil mit neuem Dichtring einschrauben.

■ Bewegliche Teile am Vergaser dürfen keinesfalls geschmiert werden. Fett und Öl halten Schmutzteilchen fest, die an den Lagerstellen wie Schmirgel wirken und zu nicht reparierbaren Einstellungsfehlern führen.

Bei dieser Gelegenheit ist die Einstellung des Starterzugs (Choke) zu kontrollieren. Bei völlig eingedrücktem Betätigungshebel am Armaturenbrett muß der Bowdenzug den Hebel für die Starterklappe bis zum Anschlag bringen. Andernfalls die Befestigungsschraube für den Bowdenzug am Vergaser lockern, den Hebel bis zum Anschlag drücken und den Zug in dieser Stellung wieder festschrauben.

Vergaser Weber 32 ICEV.
1 – Anschlußschraube für Kraftstoffleitung, enthält ein Benzinsieb,
2 – Unterdruckdose zur zusätzlichen Betätigung der Luftklappe,
3 – Leerlaufgemisch-Regulierschraube,
4 – Drosselklappenanschlagschraube.

Störungs-
beistand
Vergaser

Für eine gestörte Arbeitsweise des Vergasers kann es eine Reihe von Ursachen geben. Sie sind in der folgenden Tabelle zusammengestellt. Bevor man jedoch eine Fehlfunktion am Vergaser sucht, muß sichergestellt sein, daß die Zündanlage vollkommen in Ordnung ist, denn dort kommen Störungen häufiger vor.

Die Störung	– ihre Ursache	– ihre Abhilfe
A Der Motor springt nicht oder schlecht an	1 Kraftstoffweg im Vergaser nicht in Ordnung	Prüfung: Zuleitung am Vergaser abziehen und bei stromloser Zündung (Hauptzündkabel herausziehen) Motor starten. Tritt kein Kraftstoff aus, siehe unter Kraftstoffpumpe
	a) Schwimmernadelventil klemmt	Gegen Schwimmerkammer klopfen, evtl. Vergaserdeckel abnehmen, Schwimmer und Nadelventil überprüfen
	b) Bohrungen, Düsen oder Kanäle im Vergaser verstopft	Vergaser zerlegen, reinigen
	2 Starterzug falsch eingestellt	Einstellung kontrollieren
B Kraftstoffverbrauch zu hoch	1 Luftfilterdeckel in falscher Stellung (Ritmo 60, 65, 75)	Richtig einstellen (Anleitung Seite XX)
	2 Automatische Ansaugluft-Vorwärmung gestört	Prüfen lassen
	3 Leerlaufdrehzahl zu hoch	Einstellen
	4 Leerlaufgemisch zu fett	Einstellen (CO-Messung)
	5 Starterklappe bei warmem Motor nicht ganz geöffnet	Luftfilterdeckel abnehmen Klappenstellung kontrollieren
	a) Starterklappe klemmt	Gängig machen
	b) Siehe A 2	
	6 Düsen locker oder beschädigt (mit Nadel oder Draht »gereinigt«)	Anziehen oder in Spezialwerkstatt nachmessen lassen, beschädigte Düsen ersetzen lassen
	7 Undichter Schwimmer (Luftblasen nach Eintauchen in Benzin?)	Auswechseln
	8 Schwimmernadelventil schließt nicht (Schmutz im Ventil? Beschädigt?)	Säubern, evtl. auswechseln
C Leerlauf ungleichmäßig, Motor bleibt stehen	1 Leerlauf zu fett oder zu mager	Einstellung (CO-Messung)
	2 Leerlaufsystem verstopft	Vergaser zerlegen, reinigen
	3 Motor erhält «falsche Luft»	
	a) Düsen im Vergaser locker	Anziehen
	b) Starterklappen- oder Drosselklappenlagerung ausgeschlagen, Ansaugflansch undicht oder verzogen	Kontrollieren, beschädigte Teile ersetzen
D Kein Leerlauf	Klemmendes Schwimmernadelventil überschwemmt Vergaser	Vergaseroberteil demontieren und Schwimmernadelventil säubern
E Ungleichmäßiger Lauf und Auspuffrußen bei niedriger Leerlaufdrehzahl, stärkeres Rußen bei höherem Leerlauf, Kerzen verrußen, deswegen Zündaussetzer	1 Schwimmernadelventil schließt nicht	Ventil prüfen, eventuell erneuern
	2 Schwimmer undicht	Auswechseln

Die Störung	– ihre Ursache	– ihre Abhilfe
F Ungleichmäßiger Lauf, bei Vollgas Aussetzer, Patschen, Leistung fällt ab	Nicht ausreichende Kraftstoffzufuhr	Hauptdüse(n) reinigen, Kraftstoffpumpensieb und Schwimmernadelventil reinigen, Druck der Kraftstoffpumpe kontrollieren lassen
G Schlechte Übergänge beim Gasgeben	1 Siehe B 1	
	2 Beschleunigungssystem arbeitet nicht	Luftfilterdeckel abnehmen: prüfen, ob eingespritzt wird, wenn Drosselklappenhebel betätigt wird
	a) Pumpenkanal oder Spritzrohr verstopft	Reinigen; prüfen, ob Kugel hängt
	b) Membrane defekt (Vergaser patscht bei plötzlichem Gasgeben)	Auswechseln
	3 Einspritzmenge falsch	Einstellen lassen
	4 Bypassbohrungen oder -kanäle verstopft	Reinigen
	5 Leerlauf falsch eingestellt	Richtig einstellen (CO-Messung)
H Vergaser patscht	1 Siehe G 2	
	2 Siehe C 3	
	3 Siehe B 4	
	4 Wassertropfen im Kraftstoff	Mit Vollgas versuchen, einzelnen Tropfen durch Düsensystem zu ziehen; Verschlußschraube der Schwimmerkammer herausdrehen, Wasser und Benzin ablaufen lassen, Tank reinigen
	5 Nach Arbeiten am Motor: Zündkabel falsch aufgesteckt	Kabel in richtiger Reihenfolge anschließen
I Motor nimmt aus dem Leerlauf ruckartig Gas an	Drosselklappe klemmt	Grundeinstellung der Drosselklappe kontrollieren

Die Kupplung

Bündnispartner

Beim Tritt auf das Kupplungspedal wird die Verbindung zwischen Motor und Schaltgetriebe und damit auch zum Achsantrieb getrennt. Aus der Getriebe-Leerlaufstellung heraus kann dann ein Gang eingelegt oder während der Fahrt der Gangwechsel vorgenommen werden. Wird das Pedal wieder losgelassen, dann hat man nach dem Start die noch stehenden Teile der Kraftübertragung mit dem drehenden Motor verbunden. Oder beim Fahren werden mit dem Schalten in einen anderen Gang die zwischen Motor und Getriebe vorhandenen Drehzahlunterschiede ausgeglichen. Wagen mit automatischem Getriebe kommen ohne diese Kupplung aus.
Wegen ihres ständigen Einsatzes ist die Kupplung ein besonders beanspruchtes Teil. Wenn man sie richtig behandelt, bleibt ihr Zustand über einen langen Zeitraum einwandfrei.

Einbaulage

Weil der Motor im Ritmo wegen des Vorderradantriebs platzsparend quer zur Fahrtrichtung eingebaut ist, befindet sich die Kupplung in der gleichen Einbaustellung. Wie üblich, sitzt sie an der Rückseite des Motors (in Fahrtrichtung links), und ist direkt mit der Getriebeeingangswelle verbunden.
Wie bei Wagen mit längs eingebautem Motor schließt sich an die Kupplung das Getriebegehäuse an (im Unterschied zu einigen anderen Autos mit Frontantrieb, bei denen das Schaltgetriebe unterhalb des Motors bzw. daneben angeordnet ist). Somit wird beim Ritmo die Kupplung nach Ausbau des Getriebes zugänglich.

Die Arbeitsweise

Das mit der Kurbelwelle des Motors verschraubte Schwungrad trägt auf seiner vom Motor abgekehrten Seite die Kupplungsscheibe. Sie ist längs verschiebbar mit der Ausgangswelle verbunden. Auf diese Kupplungsscheibe ist ein bremsbelagähnliches Material aufgenietet. Sie wird von einer federbelasteten Druckplatte gegen die vom Motor angetriebene Schwungradscheibe gepreßt und von dieser mitgenommen.
Der Tritt auf das Kupplungspedal trennt die Kupplungsscheibe von der Schwungscheibe. Dabei überträgt sich die Pedalkraft auf den Kupplungshebel (auch: Ausrückgabel), der in Fahrtrichtung links oben aus der Kupplungsglocke herausragt. Das andere Hebelende schiebt das Drucklager auf der Welle nach rechts gegen das kugelgelagerte Ausrücklager, das ebenfalls nach rechts gedrückt wird. Dadurch wird das Außenteil der Druckplatte um die Lagerpunkte nach links gezogen. Die Kupplungsscheibe läuft jetzt frei zwischen Druckplatte und dem Schwungrad, und somit ist ausgekuppelt. Beim Loslassen des Pedals wird der Vorgang umgekehrt.
Eine Tellerfeder preßt die Druckplatte gegen die Kupplungsscheibe mit dem Kupplungsbelag. Diese scheibenförmige Feder besitzt in Sektoren unterteilte, radial angeordnete Zungen mit federnder Wirkung. Sie ist gegen Fliehkräfte un-

empfindlich und auch bei stark abgenutzten Kupplungsbelägen bleibt ihr Druck gleich.
Ein in seiner Länge verstellbarer Seilzug überträgt die Bewegung des getretenen Kupplungspedals auf den Ausrückhebel, der in Ruhestellung die Ausrückmuffe mit dem Drucklager gegen die Tellerfeder drückt. Dort übernimmt ein Druckstück diese Federkraft und entlastet die Druckplatte. Das befreit die Mitnehmerscheibe vom Anpreßdruck, es entsteht für sie ein freier Raum und die Motorkraft wird nicht mehr übertragen.
Der Reibungsdruck muß so stark sein, daß die Kraft des Motors stets übertragen wird. Andererseits muß die Mitnehmerscheibe beim Auskuppeln vollkommen von der Kupplungsscheibe getrennt sein. Trifft beides zu und sind auch die Kupplungsbeläge in Ordnung, dann funktioniert die Kupplung einwandfrei.

Rutschende Kupplung

Eine durchrutschende Kupplung kann nicht mehr die volle Motorkraft übertragen – sie verbindet nur noch ungenügend. Die Ursache kann Motor- oder Getriebeöl sein, das auf die Kupplungsflächen geraten ist, oder der Belag ist durch übermäßige Hitzeentwicklung – z. B. häufige Blitzstarts – verbrannt. Dann kann auch erhöhter Anpreßdruck nicht genügend Reibkraft zum Übertragen der Leistung zustande bringen.
Aber auch eine sorgsam behandelte Kupplung magert durch allmählichen Verschleiß so ab, daß die Reibpartner nichts mehr zu fassen bekommen. Es mangelt dann an voller Anpreßkraft. Eine durchrutschende Kupplung macht sich zuerst bei der Fahrt im 4. Gang bemerkbar (wobei die vom Motor geforderte Leistung am größten ist). Bei dieser Belastung dreht der Motor durch, d. h. er läuft auffallend schneller, als es der Fahrgeschwindigkeit entspricht. Beim Anfahren fällt das Nachlassen der Kupplung weniger auf, weil man sich daran gewöhnt.
Durch diese Gewöhnung kann Schaden entstehen: Schwungscheibe und Druckplatte bekommen durch die Hitzeentwicklung Wärmerisse und müssen dann ausgetauscht werden. Deshalb sollte man von Zeit zu Zeit die Kupplung prüfen. Eine tadellose Kupplung übersteht folgende Gewaltprüfung: Handbremse anziehen, 3. Gang einlegen, langsam einkuppeln und Gas geben. Jetzt müßte (bei einwandfreier Handbremse) der Motor abgewürgt werden. Besteht die Kupplung diese Prüfung nicht, sind normalerweise die Kupplungsbeläge verschlissen. Mehr als zweimal hintereinander darf man diesen Test nicht machen, sonst wird die Kupplung heiß und rutscht deswegen durch.

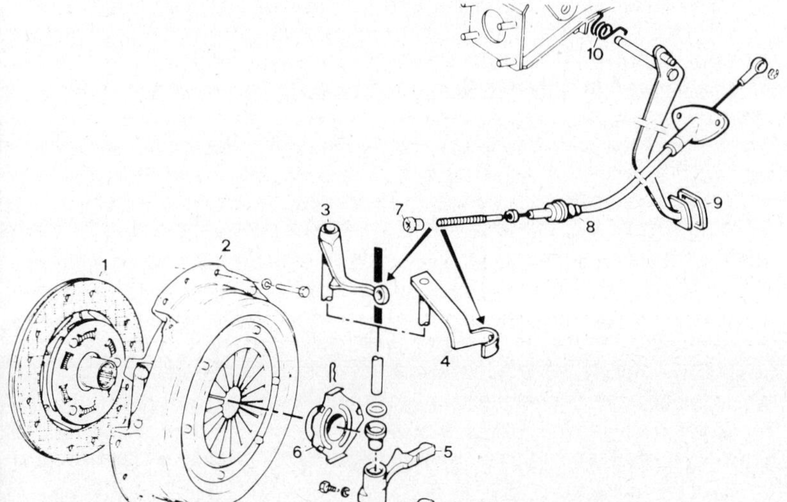

Teile der Kupplung:
1 – Kupplungsscheibe,
2 – Druckplatte,
3 – Kupplungshebel Ritmo 75,
4 – Kupplungshebel Ritmo 60/65,
5 – Ausrückgabel,
6 – Ausrücklager,
7 – Einstellmutter,
8 – Kupplungsseil,
9 – Kupplungspedal,
10 – Feder.

Um die Kupplung nachzustellen, muß die Kontermutter SW 10 gelöst und die Einstellmutter SW 10 auf der Zugstange am Seilzug verstellt werden. Dabei bedeutet Linksdrehen: Spiel vergrößern, Rechtsdrehen: Spiel verkleinern. Die Ausrückgabel wird von der Rückholfeder in ihre Normalstellung gezogen.

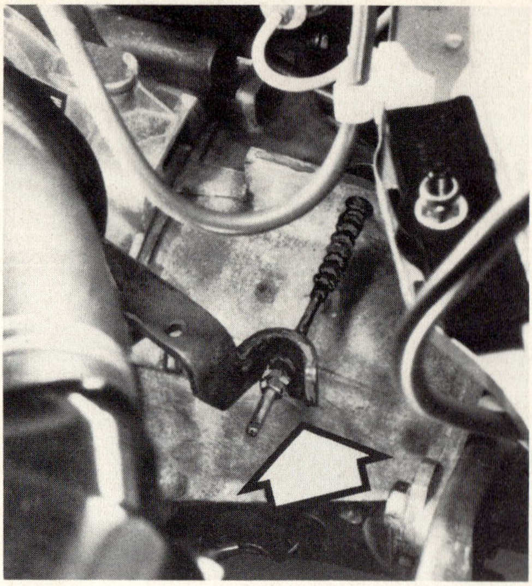

Kupplung trennt nicht

Kratzt oder kracht es beim Schalten, dann trennt die Kupplung nicht mehr richtig. Die Ursache dazu ermittelt man mit dem nicht synchronisierten Rückwärtsgang (es könnte in Ausnahmefällen auch am Getriebe liegen). Lassen Sie den Motor laufen, kuppeln Sie ganz aus, warten Sie etwa eine Sekunde lang und legen Sie dann den Rückwärtsgang ein. Gibt es jetzt kratzende Geräusche, dann trennt die Kupplung nicht sauber und ihr Spiel muß überprüft werden.
Ernstere Gründe wären eine durch Hitze verzogene Mitnehmerscheibe oder ein an Schwungscheibe oder Druckplatte klebender Kupplungsbelag.
Zusätzlich eingelegte Fußmatten, Teppiche oder dergleichen können den Weg des Kupplungspedals verkürzen. Das hat den gleichen Effekt wie ein nicht völlig durchgetretenes Pedal – die Mitnehmerscheibe läuft nicht völlig frei.

Sachgemäße Behandlung

Manchmal läßt es sich nicht umgehen, »mit der Kupplung zu fahren«. Das bedeutet, daß man sie ein wenig schleifen läßt, weil die Fahrgeschwindigkeit noch im unteren Bereich vom 1. Gang liegt. Aber sonst sollte man grundsätzlich darauf bedacht sein, die Kupplung tatsächlich nur kurz zum Ein- und Auskuppeln zu betätigen.
Eine schlechte Angewohnheit ist es ebenfalls, mit durchgetretenem Pedal vor der Ampel auf die Weiterfahrt zu warten. Das beansprucht das Ausrücklager und zieht notwendigerweise Verschleiß und frühe Geldausgaben nach sich.
Anfahren im 2. Gang oder mit hoher Motordrehzahl (»Kavalierstart«) läßt die Kupplungsbeläge vorzeitig verschleißen. Tatsächlich erhält man dadurch vom Halt weg eine größere Anfangsbeschleunigung, aber wegen der bei hoher Drehzahl intensiver schleifenden Beläge ist der Belagabrieb wesentlich größer.

Kupplungspedaleinstellung überprüfen

Pflegearbeit Nr. 31

Mit dem Niedertreten des Kupplungspedals setzt die Betätigung der Kupplung sofort – ohne Spiel – ein. Bei neuen Kupplungsbelägen muß die Trittplatte des Kupplungspedals 30 mm unter der Ebene der Bremspedaltrittplatte eingestellt sein. Bei anderer Pedalstellung trennt die Kupplung schlecht und es entstehen Schaltschwierigkeiten. Mit Abnutzung der Kupplungsbeläge wandert das Pedal aus der eingestellten Grundstellung weiter nach oben zum Fahrer hin.
Voraussetzung für eine richtig arbeitende Kupplung ist die Einstellung des Kupplungsseils. Diese erfolgt am Gewinde des Seilzugendes, das mit dem Aus-

rückhebel verbunden ist. Dazu die Kontermutter lockern und die Einstellmutter entsprechend drehen, wobei der halbmondförmige Einstellkopf auf dem Gewindestück mitwandert (beide Muttern SW 10). Nach richtiger Einstellung die Kontermutter wieder anziehen.

Kupplungsseilzug ersetzen

Am Kupplungspedal die Sicherungsscheibe vom Bolzen abdrücken und das Seilende abnehmen. Am Ausrückhebel die Gewindelänge zwischen Vorderfläche der Einstellmutter und Gewindeende messen und notieren. Konter- und Einstellmutter abschrauben, Einstellkopf abnehmen und das Gewindestück aus der Bohrung des Ausrückhebels herausnehmen. Seilende durch die Trennwand in den Motorraum ziehen und das Kupplungsseil entnehmen.
Das neue Kupplungsseil wird durch die Trennwand hindurchgeführt, Seilzug am Bolzen des Kupplungspedals einhängen und Sicherungsscheibe einsetzen. Ebenso das andere Seilzugende im Ausrückhebel einhängen, Einstellkopf einsetzen und die Einstellmutter bis zum vorhergemessenen Wert auf das Gewinde drehen, mit Kontermutter sichern.

Störungsbeistand

Kupplung

Die Störung	– ihre Ursache	– ihre Abhilfe
A Kupplung rutscht	1 Kupplungsspiel zu klein	Nachstellen
	2 Kupplungsbeläge abgenutzt	Mitnehmerscheibe ersetzen
	3 Anpreßdruck der Kupplung zu gering	Kupplungsdruckplatte ersetzen
	4 Kupplungszug geht nicht zurück	Gängig machen oder Zug austauschen, Rückzugfeder ersetzen
	5 Belag verölt	Mitnehmerscheibe und defekte Getriebe- oder Kurbelwellendichtung ersetzen
	6 Kupplung wurde überhitzt	Defekte Teile ersetzen
B Kupplung trennt nicht	1 Zu großes Kupplungsspiel	Nachstellen
	2 Mitnehmerscheibe hat Schlag	Mitnehmerscheibe richten oder ersetzen
	3 Mitnehmerscheibe verzogen oder Belag gebrochen	Mitnehmerscheibe ersetzen
	4 Mitnehmerscheibe klemmt auf Getriebewelle	Gangbar machen
	5 Nach langer Standzeit: Belag an Schwungscheibe festgerostet	Schwungscheibe säubern, Belag mit Schmirgelpapier aufrauhen
C Kupplung rupft	1 Siehe A 3	
	2 Falsche Beläge	Mitnehmerscheibe ersetzen
	3 Druckplatte drückt schief	Kupplungsdruckplatte ersetzen
D Kupplungsgeräusche	1 Unwucht der Kupplungsdruckplatte bzw. Mitnehmerscheibe	Kupplungsdruckplatte bzw. Mitnehmerscheibe ersetzen
	2 Ausrücklager defekt	Ausrücklager ersetzen
	3 Nietverbindungen in der Kupplung locker	Kupplungsdruckplatte ersetzen

Neue Kupplungsbeläge

Je nach Fahrweise nutzen sich die Beläge schnell oder langsam ab. Häufige Langstreckenfahrten beeinflussen ihre Lebensdauer positiv, während überwiegender Stadtverkehr ihre Einsatzbereitschaft verkürzt. Die Laufzeit läßt sich demnach nicht genau vorherbestimmen, und aus dem ungefähr mit 60 000 km anzusetzenden Durchschnitt sind erhebliche Abweichungen nach oben oder unten möglich.

Die Kupplungsscheibe kann neu belegt werden, wobei man nur die Reibbeläge erneuert. Gewöhnlich tauscht man aber die ganze Mitnehmerscheibe aus, weil die Dämpfungsfedern ermüdet sein können. Diese Federn sollen beim Einkuppeln dämpfend zwischen Motor und Getriebe wirken und Drehschwingungen der Kurbelwelle nicht in das Getriebe weiterleiten. Der Preisunterschied zu einer kompletten neuen Scheibe ist unerheblich. Der eventuell nötige Ausbau der Kupplung ist Werkstattsache, weil dazu das Getriebe ausgebaut werden muß.

Räderwerk

Weil die Durchzugskraft eines Verbrennungsmotors je nach Drehzahl verschieden ist, gibt er auch nur bei einer bestimmten Drehzahl der Kurbelwelle die nötige Leistung ab. Straßenverhältnisse und wechselnde Fahrgeschwindigkeit erfordern ständig eine Anpassung der Drehzahlen von Motor und Antriebsrädern. Deshalb muß der Fahrer schalten, nämlich verschiedene Übersetzungsstufen miteinander in Verbindung bringen.
Vom Schaltgetriebe aus wird die Motorkraft zum Differential übertragen. Das ist ein weiteres Zahnradgetriebe, in dem die aufgenommene Bewegung an die Achswellen und damit zu den getriebenen Vorderrädern weitergeleitet wird.

Das Schaltgetriebe

Die vom Motor ausgehende Drehbewegung wird über die Kupplung auf die Eingangswelle des Schaltgetriebes geleitet und von dieser auf die darunter angeordnete Ausgangswelle für die Vorwärtsfahrt. Für den Rückwärtsgang ist eine besondere Welle vorhanden.
Wie das Getriebe vom Fiat 128 übernommen und modifiziert wurde, so ähnelt es jenem auch in den Getriebeabstufungen – die des 1. und 2. Gangs sowie des Rückwärtsgangs sind sogar identisch. Im Aufbau ist das Ritmo-Getriebe auch mit dem des Fiat 127 vergleichbar.
Ursprünglich hatte dieses Getriebe vier Vorwärtsgänge, und als Viergang-Getriebe ist es auch im Ritmo anzutreffen. Bei den Modellen ab 75 PS gibt es das Getriebe auch mit fünf Gängen, wobei der 5. Gang eine zusätzliche Stufe in dem Viergang-Getriebe darstellt. Die Konstruktion ist einfach: In Verlängerung beider Getriebewellen sitzt jeweils das Zahnrad für den 5. Gang, untergebracht in einem am Getriebekasten angebauten Gehäuse.
Das Schaltgetriebe hat schrägverzahnte Vorwärtsgänge und einen geradverzahnten Rückwärtsgang. Wie bei allen heutigen Getrieben sind die Vorwärtsgänge vollsynchronisiert. Dazu sind die Zahnräder frei drehbar auf der Getriebeausgangswelle, und sie befinden sich im ständigen Eingriff mit den auf der Eingangswelle festsitzenden Gegenrädern. Zum Schalten werden sie über kleine, seitlich an sie angebrachte Kupplungen mit der Welle verbunden oder gelöst. Somit ist die Synchronisation – Angleichung der Drehzahlen zwischen Antriebsrädern und Antriebswelle – mit Reibung verbunden. Da die Synchronisation für diese Drehzahlanpassung einen Sekundenbruchteil braucht, soll man besonders bei kaltem Motor und noch steifem Getriebeöl den Schalthebel nicht gewaltsam »durchreißen«.
Über ein – ebenfalls schrägverzahntes – Stirnband steht die Getriebeausgangswelle mit dem entsprechenden Gegenrad am Ausgleichsgetriebe (Differential) in Verbindung. Schaltgetriebe – und Differentialgehäuse besitzen daher eine gemeinsame Ölfüllung, anders als beim Ritmo mit automatischem Getriebe, das ein Spezialöl zur Schmierung benötigt und im Differential eine separate Ölfüllung besitzt.

Schnitt durch die Getriebe-Differential-Einheit.
1 – Gehäuse 5. Gang,
2 – Getriebegehäuse,
3 – Hauptwelle,
4 – Vorgelegewelle,
5 – Kupplungsgehäuse,
6 – Antriebswelle,
7 – Ausgleichsgetriebe.

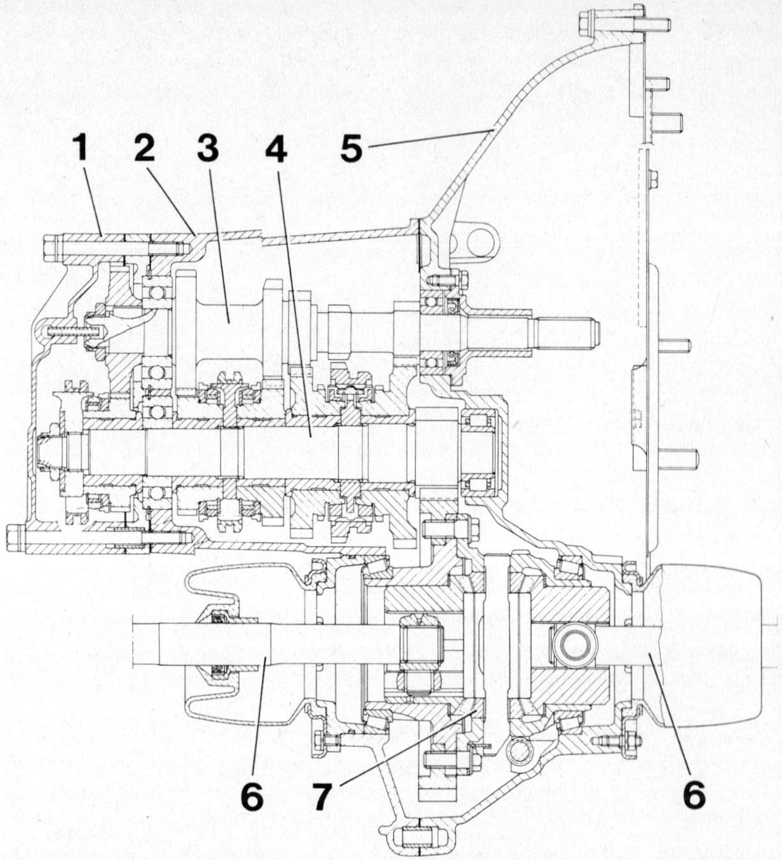

Fingerzeig: *Zwischengas ist beim vollsynchronisierten Getriebe normalerweise nicht notwendig. Nur bei kaltem, sehr steifem Getriebeöl kann Zwischengas beim Herunterschalten nützen und ebenso dann, wenn die Synchronisation eines Gangs im Lauf der Zeit defekt wurde.*

Die Schaltung

Der Schalthebel ist in einem aus mehreren Bauteilen bestehenden Gehäuse gelagert. Zum Getriebe besteht eine direkte Verbindung durch zwei hintereinander angeordnete gerade, mit einem Gelenk verbundene Stangen. Der Anschluß an die äußeren Schaltungselemente des Getriebes erfolgt mit einer Klemmschraube.

Ein Gummilager gleicht die Bewegungen zwischen Getriebe und Karosserie aus, wodurch auch die Übertragung von Vibrationen und Geräuschen vermindert wird.

Zur Übertragung der mit dem Handschalthebel ausgeführten Bewegungen dient der Schaltfinger, der in eine Klaue greift und so drei querliegende Schaltstangen im Getriebe betätigt. Diese Stangen sind bestimmten Gängen zugeordnet, nämlich Gang 1 und 2, Gang 3 und 4 sowie dem Rückwärtsgang (beim Fünfgang-Getriebe: Gang 5 und Rückwärtsgang).

Wenn das äußere Schaltgestänge nicht sorgfältig montiert und eingestellt ist, kommt es zu erschwertem Einlegen der Gänge. Damit wird die nahe Verwandtschaft mit dem 128-Getriebe deutlich, bei dem gleichartige Schwierigkeiten auftreten konnten. Seit 1980 ist das Schaltgestänge jedoch anders geführt, und

mit Erscheinen der Modelle S 75 und S 85 sind die alten Beanstandungen nahezu verschwunden.
Typisch jedoch ist die Temperaturabhängigkeit der Schaltung: Nach kalter Nacht läßt sich besonders der 1. Gang manchmal nur mit Kraftaufwand einlegen. Bei warmem Getriebe ist diese Eigenart verschwunden. Um Schäden an der Synchronisierung zu vermeiden, darf man – wie schon erläutert – die bei Kälte noch starre Schaltung nicht mit Gewalt und Hektik bedienen.

Automatisches Getriebe

Der Ritmo (ausgenommen die Modelle 60 und 65) kann mit einer Getriebeautomatik ausgerüstet sein. Dabei handelt es sich um eine Konstruktion, die in dem VW-Modell Golf erstmals eingesetzt wurde.
Das automatische Getriebe besteht im wesentlichen aus

- Drehmomentwandler,
- Planetengetriebe,
- Getriebesteuerung,
- Achsantrieb.

Die einzelnen Bauteile sind in einem zweiteiligen Aluminium-Druckguß-Gehäuse untergebracht. Der in Fahrtrichtung linke Teil nimmt das Planetengetriebe und den hydraulischen Steuerungsteil auf. Er ist unten durch eine Ölwanne aus Stahlblech verschlossen. Im rechten Teil befindet sich der mit dem Motor verbundene Drehmomentwandler und darunter der Achsantrieb, der mit der Getriebehauptwelle in Verbindung steht.
Zur Versorgung des Planetengetriebes, des Steuerungsteils und des Drehmomentwandlers mit dem für automatische Getriebe bestimmten Schmiermittel

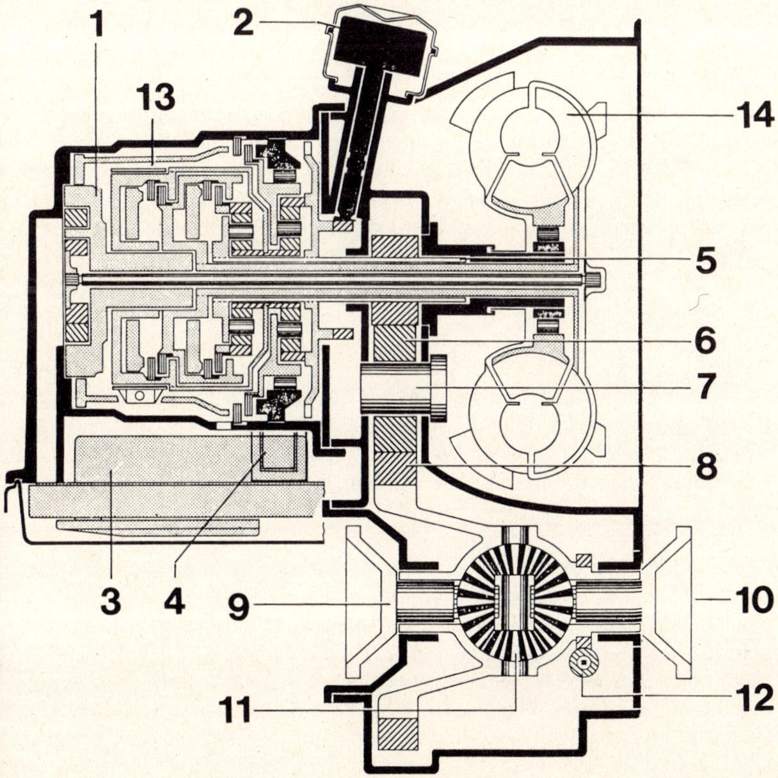

Schnitt durch das automatische Getriebe mit Differential.
Hauptteile der Getriebesteuerung:
1 – Ölpumpe,
2 – Fliehkraftregler,
3 – Schieberkasten,
4 – Akkumulator.
Teile der Kraftübertragung:
5 – Triebwelle mit Stirnrad,
6 – Zwischenrad,
7 – Achse für Zwischenrad,
8 – Stirnrad am Ausgleichsgetriebe.
Außerdem sind bezeichnet:
9 – Gelenkflansch mit Welle,
10 – Achsantrieb,
11 – Ausgleichsgetriebe,
12 – Antrieb für Tachowelle
13 – Planetengetriebe,
14 – Drehmomentwandler.

dient eine Ölpumpe links am Planetengetriebe. Ein Fliehkraftregler liefert den von der Fahrgeschwindigkeit unabhängigen Öldruck. Das Schmiermittel wird auch zur Kühlung herangezogen. Für die Schmierung der Stirnräder wird auch zur Kühlung herangezogen. Für die Schmierung der Stirnräder zwischen Getriebe und Achsantrieb sorgt das im Gehäuse des Achsantriebs befindliche Getriebeöl. Im Unterschied zur Kraftübertragung mit konventionellem Schaltgetriebe sind hier also zwei verschiedene Ölfüllungen vorhanden.

Die Getriebeautomatik funktioniert folgendermaßen: Zwischen das Planetengetriebe und den Motor ist ein hydrodynamischer Drehmomentwandler geschaltet, in dem die Leistung des Motors durch Hydrauliköl über Schaufelräder übertragen wird. Gekoppelt mit dem Motor ist das Pumpenrad, das die Wandlerflüssigkeit bei laufendem Motor in Rotation versetzt und nach außen schleudert. Dabei trifft die Flüssigkeit auf das sogenannte Leitrad, welches für eine Umlenkung in die Drehrichtung der Kurbelwelle sorgt. Dadurch wird auch das Turbinenrad in Drehung versetzt, das mit dem nachgeschalteten Getriebe fest verbunden ist.

Die Einschaltung der Gänge wird durch Antreiben und Festhalten der betreffenden Zahnräder erreicht, wobei letztere in dauerndem Eingriff stehen. Zugleich sind Innen- und Außenlamellen im Spiel, die von einem Ringkolben betätigt werden. Zum Festhalten von 1. Gang und Rückwärtsgang dient eine Lamellenbremse, den 2. Gang arretiert ein Kolben mit angeschlossenem Bremsband.

Wegen des ständigen Eingriffs der Zahnräder und weil die Wandlerflüssigkeit bei laufendem Motor immer versucht, das Getriebe und damit auch die Antriebsräder zu bewegen, »kriecht« der Wagen bei Leerlauf im Stand. Man muß ihn dann mit der Fuß- oder Handbremse festhalten.

Die Bedienung

Die Verbindung zwischen Wählhebel und Automatik ist durch einen Seilzug hergestellt.

Die Bewegung des Gaspedals wird – ebenfalls über einen Zug – zunächst auf einen Hebel am automatischen Getriebe übertragen, wobei in dem Getriebe bestimmte Abläufe aktiviert werden. Mit diesem Hebel steht ein zweiter in Verbindung, der die Gaspedalbewegung über einen weiteren Zug an den Vergaser weitergibt. Beim Durchtreten des Gaspedals – über die Vollgasstellung hinaus – werden die an bestimmte Fahrgeschwindigkeiten ausgelegten Schaltpunkte nach oben verlagert. Unterhalb dieser Geschwindigkeiten läßt sich ein zwangsweises Zurückschalten durch »Kickdown« in einen nächstniederen Gang erreichen.

Die drei genannten Züge müssen genau eingestellt sein. Dafür ist die Werkstatt zuständig. Bei falscher Einstellung können sich Leistungsminderung und Schwierigkeiten beim Wählen der Fahrstufen ergeben; es ist sogar möglich, daß trotz laufenden Motors der Wagen nicht vom Fleck zu bewegen ist.

Anschieben und Anschleppen des Wagens ist nicht möglich – siehe Seite 37.
Was beim Abschleppen zu beachten ist, steht auf Seite 159.

Störungsbeistand

Automatisches Getriebe

Trotz der aufwendigen Mechanik des automatischen Getriebes sind Störungen äußerst selten. Im Selbstverfahren wäre aber ohnehin nichts zu reparieren. Immerhin kann man einige Prüfungen vornehmen, z. B. ob bei stehendem Motor und voll durchgetretenem Gaspedal die Drosselklappe (bei Modell S 75 und S 85: der ersten Vergaserstufe) voll geöffnet hat. Dann gibt es eine Geruchsprobe: Verbrannte Kupplungslamellen oder Bremsbänder rufen eine Art Brandgeruch hervor. Dazu Peilstab ziehen und am daran haftenden Öl riechen.

Die Ölstandskontrolle muß die vordringlichste Maßnahme vor jeder weiteren

Untersuchung sein. Was dabei beachtet werden soll, kommt auf Seite 70 zur Sprache. Wird keine Motorkraft auf die Antriebsräder übertragen, kann die Ursache folgende sein:

- Ölstand zu niedrig,
- Ölsieb verschmutzt,
- Ölpumpe schadhaft,
- Fliehkraftregler verschmutzt,
- Drehmomentwandler defekt,
- Antriebswelle gebrochen.

Der Achsantrieb

Der quer zur Fahrtrichtung eingebaute Frontantriebsblock macht es möglich, die Drehung der Antriebswelle direkt an die Vorderräder weiterzuleiten.
Ein aufwendiger Hypoidantrieb wie bei Wagen mit angetriebener Hinterachse entfällt. Vielmehr genügt zwischen Schalt- und Ausgleichsgetriebe eine Zahnradverbindung: Ein breites, schrägverzahntes Stirnrad auf der Getriebeausgangswelle überträgt die Drehbewegung auf das große Stirnrad im Ausgleichsgetriebe. Beim automatischen Getriebe ist zwischen dem entsprechenden Zahnrad der Getriebewelle und dem Ausgleichsgetriebe noch ein Zwischenrad angeordnet.
Das Ausgleichsgetriebe (Differential) mit seinen Ausgleichszahnrädern dient der Anpassung unterschiedlicher Wege von kurveninnerem und -äußerem Rad. In dem Differential sind die Lager hoher Belastung ausgesetzt. Es besteht aus einem korbähnlichen Bauteil. Dieses enthält die Ausgleichskegelräder und ist an dem Tellerrad – das eben erwähnte Stirnrad – festgeschraubt. Das Ausgleichsgehäuse läuft in zwei Schrägrollenlagern, die mit dem Lagerring im Ausgleichsgetriebe vorgespannt werden.

Schalt- und Ausgleichsgetriebe aus- und einbauen

Diese Arbeit setzt erweiterte Montagekenntnisse und besondere Werkzeuge voraus. Da die Montage selten erforderlich ist, soll hier nicht dazu geraten werden. Im Verlauf müssen die Führungsgelenke an beiden Achsschenkeln herausgedrückt werden, die Achswellen sind aus dem Getriebegehäuse herauszutreiben, der Stabilisator ist auszubauen und Teile der Motoraufhängung müssen gelöst werden.

Die Achswellen

Die Vorderräder sind mit dem Differential durch Achswellen verbunden. Damit die Lenkausschläge ausgeglichen werden können, aber auch, um sich den Bewegungen der Räder anzupassen, die sich durch die Unebenheiten der Straße ergeben, verfügen die Achswellen an ihren beiden Enden über Gelenke. An solche Gelenke – »Gleichlaufgelenke« – werden hohe Ansprüche gestellt.
Wegen der außermittigen Lage des Differentials sind die Achswellen unterschiedlich lang.
Die Lebensdauer der Antriebswellen (besser: ihrer Gelenke) hängt letztlich von der Fahrweise ab. Vollgasstarts bei eingeschlagenen Vorderrädern und Anfahren mit durchdrehenden Antriebsrädern lassen die Gelenke früh ausschlagen.
Verschlissene Gelenke knacken beim Hin- und Herschieben des Wagens. Bei abruptem Gasgeben oder -wegnehmen (Lastwechsel) werden Schlaggeräusche hörbar, und bei schnellerem Tempo spürt man Vibrationen.
Ausbau und Montage der Gelenkwellen erfordern Spezialwerkzeuge. Somit ist die Werkstatt zuständig.

Die Gelenke der Achswellen

Gleichlaufgelenke (homokinetische Gelenke) übertragen Drehmoment und Drehzahl ohne Schwankungen von der Eingangs- und Ausgangswelle. Die beiden Gelenke einer Achswelle (auch: Gelenkwelle) sind unterschiedlich beschaffen: Auf der Getriebeseite hat das Innengelenk die Abstandsänderungen

zwischen Differential und Rad auszugleichen, die sich beim Ein- und Ausfedern ergeben. Das Außengelenk – radseitig – muß die Lenkeinschläge aufnehmen können, wobei Betriebswinkel bis zu 45° erwartet werden.
Die Ritmo-Modelle 60 und 65 besitzen verschiebbare Innengelenke vom Typ Tripode mit drei kugelförmigen, rollengelagerten Körpern. Bei den anderen Modellen handelt es sich statt dessen um Schiebe-Gleichlaufgelenke, die mit einem Gehäuse ausgestattet sind, in dem sich mehrere Kugeln auf bestimmten Bahnen bewegen. Derartige Gelenke können Winkeländerungen bis rund 20° hinnehmen.
Außen haben die Achswellen aller Ritmo-Versionen ein nach ihrem Erfinder benanntes Rzeppa-Gelenk. In diesem übertragen sechs Kugeln das Drehmoment vom Gehäuse auf die Nabe.
Die Gelenke sind mit Fett gefüllt, von Manschetten ummantelt und praktisch wartungsfrei.

Gummibälge der Vorderachsgelenke überprüfen

Teil der Pflegearbeit Nr. 17

Die Schutzmanschetten werden durch Spritzwasser, Schmutz und hochgeschleuderte Steine strapaziert. Deshalb ist die 10 000-km-Kontrolle, bei der man sich vom Zustand der Manschetten und ihrer Haltebänder überzeugen muß, mit Sorgfalt vorzunehmen.
Zur Sichtkontrolle fährt man über eine Grube oder hebt den Ritmo vorn an. Um die Manschetten ringsum sorgfältig untersuchen zu können, muß man dann den Wagen entweder um eine halbe Radumdrehung weiterschieben oder bei freihängenden Rädern diese drehen.
Die Manschetten und Schlauchbinder müssen auf guten Sitz und selbst feinste Stich- und Schnittverletzungen oder Versprödungen des Manschettengummis überprüft werden. Ausschleudern der Fettfüllung durch Manschettenschäden und eindringendes Wasser führen zu schweren Schäden der empfindlichen Gelenke.

Marschordnung

Bauart von Vorder- und Hinterachse bestimmen die Fahreigenschaften eines Autos. Beim Ritmo griff man im wesentlichen auf die bewährte Radaufhängung des Fiat 128 zurück und gab den anfangs gebauten Modellen durch weichere Federn und längere Federwege höheren Komfort. Mit dem stärkeren Ritmo S 85 kam es durch die Verwendung härterer Federn und Aufhängungsgummis wieder zu einer strafferen Fahrwerksabstimmung.
Die auf Fahrwerk und Lenkung bezogenen Wartungsarbeiten beschränken sich bei der Eigenpflege auf Sichtprüfungen. Aus Gründen der Sicherheit sollten Reparaturen der Werkstatt überlassen werden. Das gilt besonders für die Lenkanlage.

Die Vorderachse

Jedes Vorderrad wird am Achsschenkel oben an einem etwas nach innen geneigten Federbein geführt, das durch ein Stützlager mit dem Aufbau verbunden ist. Ein solches Federbein besteht aus einer Schraubenfeder und einem langhubigen Stoßdämpfer, der in der Längsachse der Feder untergebracht ist. Der Stoßdämpfer sitzt in einem drehbaren, mit dem Achsschenkel verbundenen Rohr, um die Lenkbewegungen zu ermöglichen. Die Lagerstellen des Federbeins und die Gleitstellen im Stoßdämpfer sind mit Teflon beschichtet, ein die Reibung vermeidendes Kunststoffmaterial. Mit Erscheinen des Modells 75 CL wurden die Dämpfungseigenschaften mit einem zusätzlichen Gummipuffer verbessert.
Ein derartiges Federbein heißt »McPherson-Achse«. Bei ihr kann auf einen sonst notwendigen oberen Querlenker verzichtet werden, außerdem spricht die Federung besser an. Allgemein ergibt sich dadurch ein verbesserter Fahrkomfort. Diese Konstruktion ist wartungsfrei.
Unten stützt sich jedes Vorderrad auf einen Querlenker, der mit dem Unterbau über zwei Dämpfungsbuchsen verbunden ist. Auf diese Weise werden vertikale Radbewegungen ermöglicht. Ein Kugelgelenk zwischen Querlenker und Achsschenkel übernimmt die untere Radführung und gestattet zugleich – ähnlich dem Federbein – die Radeinschläge beim Lenken. Es ist hohen Belastungen ausgesetzt.
Bei den Modellen 60 (anfangs auch beim 65) ist jeder Lenker mit einer Schubstrebe verbunden, beim Modell 85 mit einer ähnlich gearteten Längsstrebe, die jedoch eine verbesserte stabilisierende Wirkung aufweist. Die anderen Modelle besitzen statt der Streben einen mit dem Aufbau verbundenen Drehstab (Stabilisator). Der wird bei ungleichmäßigem Einfedern der Räder auf Verdrehen (Torsion) beansprucht und drückt das abhebende Rad auf den Boden. Auch bei Kurvenfahrt kommt es durch diesen Stabilisator zu besserem Fahrbahnkontakt des kurvenäußeren Rades, und zugleich wirkt er der Seitenneigung des Aufbaus entgegen. Die beiden Lagerstellen des Stabilisators vorn bestehen aus Haltern mit angeschraubten Bügeln und Gummilagern.

Teile einer Vorderradaufhängung:
1 – Schraubenfeder,
2 – Unterer Federsitz,
3 – Gummischutz,
4 – Stoßdämpfer,
5 – Achsschenkel,
6 – Querlenker,
7 – Schubstrebe (beim Fiat Ritmo 75 sitzt an dieser Stelle eine Stabilisatorstange).

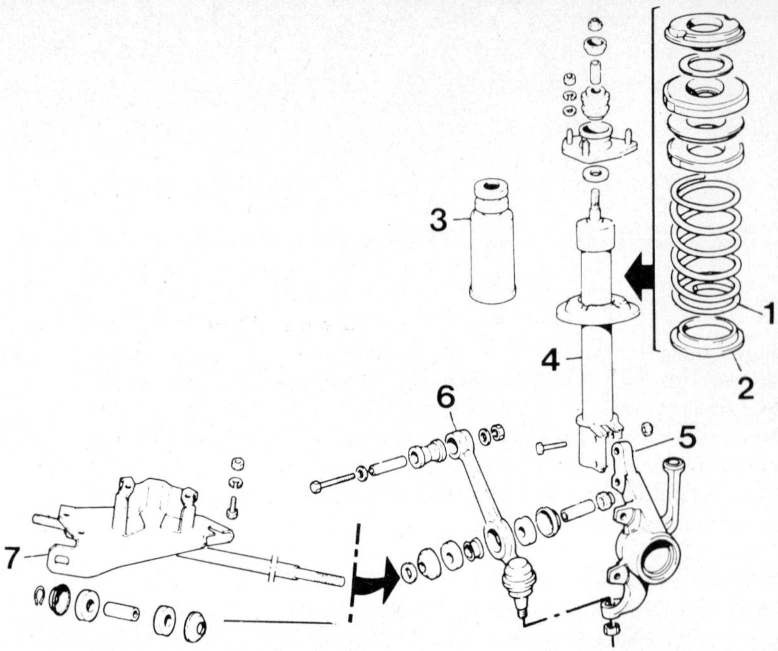

Die Achswellen des Vorderantriebs haben bei der Radaufhängung weder Führungsaufgaben noch eine tragende Funktion.

Fingerzeig: *An der Verbindung von Schubstrebe und Querlenker kann es vorkommen, daß sich die selbstsichernde Schraube löst. Der Sitz dieser Mutter ist regelmäßig zu kontrollieren.*

Federbeine

Die obere Lagerung für die Schraubenfeder besteht aus einem Dämpfungsring und dem Stützlager, das jedoch nicht zur Sturz- oder Nachlaufkorrektur nachgestellt werden kann. Unten stützt sich die Feder auf einen mit dem äußeren Rohr des Federbeins verbundenen Teller, wo sich ebenfalls ein Dämpfungsring befindet. Die elastischen Teile des Federbeins dürfen nicht eingerissen oder anderweitig beschädigt sein, andernfalls muß man sie ersetzen.
Die Funktionsfähigkeit der Stoßdämpfer läßt sich analog der Hinweise vornehmen, die in diesem Kapitel auf Seite 129 beschrieben sind. Ihr Ausbau allerdings ist dem Heimwerker nicht möglich (im Gegensatz zu den hinteren Stoßdämpfern), weil dazu auch die Schraubenfeder abgebaut werden muß. Dazu bedarf es jedoch eines besonderen Federspanners und der Einhaltung besonderer Arbeitsvorschriften, deshalb ist hierzu die Werkstatt zuständig.
Das komplette Federbein kann man mit etwas praktischer Veranlagung jedoch selbst ausbauen. Dazu hebt man den Wagen an der betreffenden Seite an und sichert die Räder der gegenüberliegenden Seite. Das Vorderrad wird abmontiert. Im Motorraum ist die Mutter der oberen Stoßdämpferbefestigung abzuschrauben. Unten ist das Federbein mit zwei Schrauben am Achsschenkel befestigt, Muttern abschrauben und die Schrauben herausschlagen. Dann winkelt man das Federbein seitlich ab und zieht es nach unten weg.
Beim Einbau wird das Federbein oben zunächst provisorisch befestigt. Um die beiden Schrauben zur Befestigung am Achsschenkel einsetzen zu können, ist

dieser mit einem Wagenheber entsprechend hochzudrücken. Nachdem beide Muttern festgezogen sind, wird die Mutter der oberen Befestigung mit 30 Nm angezogen.

Vorderradlager prüfen

Pflegearbeit Nr. 47

Die Achswellen stehen mit ihrer Radnabe über eine Keilverzahnung in Verbindung. Zwischen Radnabe und Achsschenkel sorgt ein wartungsfreies Doppelkugellager für ungehinderte Drehbeweglichkeit der Nabe. Das Lager ist mit Radlagerfett gefüllt und wird durch einen Gewindering fixiert.
Diese Lager dürfen kein zu großes Spiel haben. Man kann das auf grobe Art prüfen, indem man bei auf dem Boden stehenden Wagen versucht, das Rad oben hin- und herzukippen. Das Spiel läßt sich lokalisieren, wenn das Radlager durch Treten der Fußbremse gehemmt wird. Ist jetzt auch noch Spiel vorhanden, stammt es vorwiegend von den Kugelgelenken der Lenkung und von dem äußeren Gleichlaufgelenk der Achswelle. Beim Festhalten des Lenkrades läßt sich auch dieses Spiel noch einkreisen.
Beim Drehen des Rades dürfen keine Geräusche an dem Radlager zu hören sein. Wegen der Verbindung zum Ausgleichsgetriebe läßt sich das sonst bei Wagen mit Hinterradantrieb ruckfreie Drehen der Vorderräder nicht absolut sicher ermitteln. Zu stramm anliegende Bremsklötze können die Beobachtung überdies beeinträchtigen. Wenn das Radnabenlager ausgelaufen ist, so läßt sich das durch aufmerksames Beobachten während der Fahrt feststellen: Die Lenkung wird unruhig, besonders in Kurven. Ein Werkstattbesuch ist überfällig.
Die Radlager können in einer Werkstatt ausgetauscht werden, eine Wartung ist nicht vorgesehen. Das Lager wird mittels Schlagdorn (Spezialwerkzeug) eingepreßt. Bei der Montage wird besonders ein Drehmomentschlüssel benötigt, da die Mutter für die Vorderradnabe mit 215 Nm angezogen werden muß. Das Axialspiel kann nur mit Hilfe einer Meßuhr genau gemessen und muß nach den ermittelten Werten eingestellt werden.

Fingerzeig: *Ein ausgeschlagenes Teil der Vorderachse bürdet seine Last den mit ihm verbundenen Partnern auf, die dadurch mehr als üblich beansprucht werden und ebenfalls verschleißen. Besonders Lenkungsteile sind davon betroffen.*

Die Hinterachse

Auch die Hinterräder sind einzeln aufgehängt. Sie werden an unteren Querlenkern (Dreieckslenkern) geführt. Die Federung erfolgt durch eine quer angeordnete Blattfeder, deren Enden sich auf beide Querlenker stützen. Die aus zwei übereinander liegenden Blättern bestehende Querfeder ist am Unterboden in zwei Gummilagern befestigt.

Eine einmal gelöste Radnabenmutter muß in jedem Fall erneuert werden. Nachdem die neue Mutter vorschriftsmäßig angezogen wurde, muß sie verstemmt werden (Pfeil). Dazu besitzt die Fiat-Werkstatt ein besonderes Werkzeug.

Die Querfeder übernimmt zugleich die Aufgabe eines Stabilisators. Dabei braucht sie keine Querbelastung aufzunehmen, diese Funktion erfüllen die Dreiecklenker. Die von den Querlenkern und der Feder übertragenen Belastungen wirken nur auf einen begrenzten Bereich des Wagenbodens und werden von dem kräftigen Querrahmen aufgenommen. Außerdem können sich die Querlenker noch an kugelförmigen Gummipuffern am Wagenboden abstützen.
In Radnähe stehen jeweils mit dem Aufbau oben verbundene Teleskop-Stoßdämpfer. Unten sind diese mit dem Achsschenkel und dem Querlenker verschraubt.

Hinterradlager

Die Radnabe läuft auf zwei wartungsfreien Schrägrollenlagern. Sie sind in die Nabe eingepreßt und dürfen zum Radzapfen kein zu großes Spiel haben. Man prüft das auf grobe Weise, indem bei auf dem Boden stehenden Wagen versucht wird, das Rad oben hin- und herzukippen. Wenn man dabei das Radlager durch Treten der Fußbremse hemmt, läßt sich vorhandenes Spiel besser ermitteln. Siehe auch den vorausgegangenen Abschnitt »Vorderradlager prüfen«.
Die Werkstatt ersetzt das Radlager so: Nachdem Rad und Bremstrommel abgebaut sind, wird die Nabenkappe mit einem besonderen Schlagabzieher aus ihrem Sitz geschlagen. Die Verstemmung der Lagermutter wird entfernt und die Mutter abgeschraubt. Auch den Nabenflansch entfernt man mit einem Schlagabzieher. Dann läßt sich das Lager herausnehmen.
Das neue Lager muß absolut sauber sein und wird mit Radlagerfett eingesetzt, dazu benutzt man einen besonderen rohrförmigen Dorn. Die neue Nabe steckt man auf den Achsstumpf und schlägt sie mit einem Dorn aus Weichmetall auf. Neue Lagermutter (mit Scheibe) verwenden, sie ist mit 215 Nm anzuziehen. Dann wird die Mutter mit einem Dorn in der Nut des Achsstumpfs verstemmt. Für die Radnabenkappe gibt es ebenfalls ein spezielles Montagewerkzeug.

Die Stoßdämpfer

Stoßdämpfer müßten eigentlich »Schwingungsdämpfer« heißen, denn sie sollen die nach der Einfederung eines Rades entstehenden Schwingungen dämpfen. Ohne sie würden die Räder während der Fahrt häufig den Fahrbahnkontakt verlieren und der Wagen könnte unter bestimmten Umständen unkontrollierbare Eigenbewegungen vollführen. Federfunktion haben Stoßdämpfer nicht.
Anders als bei den Federbeinen vorn ist es für handwerklich Begabte ohne größere Probleme möglich, die Stoßdämpfer an der Hinterachse in Eigenarbeit zu ersetzen.

Stoßdämpfer der Hinterräder ersetzen

Gewöhnlich müssen beide Stoßdämpfer ersetzt werden, man sollte sie aber besser nacheinander aus- und einbauen, weil die Arbeitsfolge dann einheitlicher ist.
Im Gepäckraum wird die Sechskantmutter der oberen Stoßdämpferbefestigung abgeschraubt. Dann hebt man den Wagen hinten an, stellt ihn auf Böcke und nimmt das betreffende Rad ab. Die Vorderräder müssen gesichert werden. Mit einem Wagenheber stützt man den Querlenker, ohne ihn hochzudrehen (in Ermangelung eines geeigneten Wagenhebers kann der Querlenker auch mit Ziegelsteinen und einem Brett unterbaut werden).
Zum Ausbau des linken Stoßdämpfers muß die Verbindungslasche zwischen Drehstab des Bremskraftreglers und Querlenker gelöst werden. Dann können die beiden Muttern zur Befestigung der Schrauben für den Stoßdämpfer am Radträger und an der Querlenker-Achsschenkel-Verbindung abgeschraubt werden, die Schrauben werden herausgedrückt. Wenn man den Wagenheber abläßt (oder die ersatzweise angeordnete Unterbauung entfernt), läßt sich da-

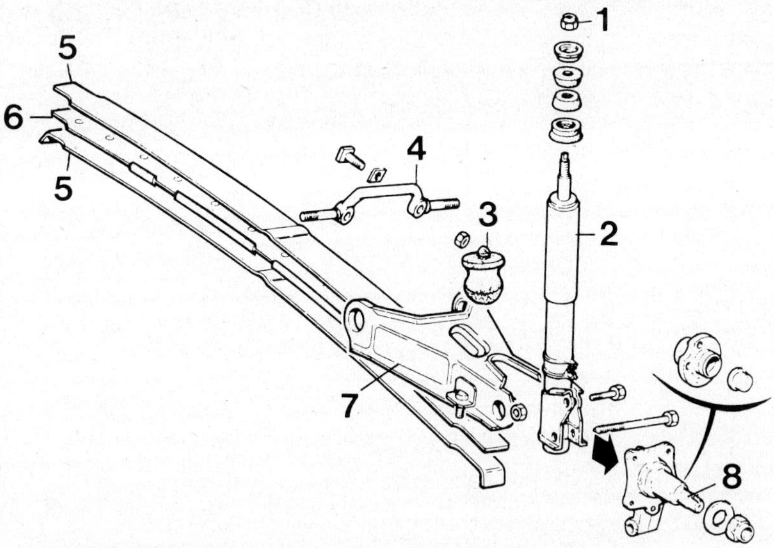

Hinterradaufhängung:
1 – Selbstsichernde Mutter,
2 – Stoßdämpfer,
3 – Anschlaggummi,
4 – Lagerbolzen,
5 – Blattfeder,
6 – Einlage für Federblätter,
7 – Aufhängungsarm, Querlenker,
8 – Radnabe.

nach der Stoßdämpfer nach unten entnehmen. Der Einbau wird in umgekehrter Reihenfolge ausgeführt.

Stoßdämpfer prüfen

Stoßdämpfer gehören zu den Verschleißteilen des Autos. Bei durchschnittlicher Beanspruchung kann man etwa mit einer Lebensdauer von bis zu 60 000 km rechnen. Da die Dämpferwirkung nur allmählich nachläßt, gewöhnt man sich unbewußt an das dadurch verursachte verschlechterte Fahrverhalten.
Einige untrügliche Anzeichen für die nachlassende Wirkung der Stoßdämpfer bieten sich sowohl bei aufmerksamer Beobachtung während der Fahrt als auch durch einige Sichtkontrollen. Wenig Aufschluß erhält man durch die bekannte Schaukelmethode im Stand, bei der man den Wagen am betreffenden Kotflügel aufschaukelt und plötzlich losläßt. Die Federbewegung müßte sofort gedämpft werden.
Folgende Abweichungen von der Norm lassen auf defekte Stoßdämpfer schließen und gelten als Warnsignal:

- Flatternde Lenkung, weil den Rädern der ständige Fahrbahnkontakt fehlt. Ergibt Schäden an den Übertragungsorganen der Lenkung und des Antriebs.
- Nach Unebenheiten schwingt der Aufbau nach.
- Verlust der Stabilität in Kurven, wobei die kurveninneren Räder nicht mehr auf den Boden gedrückt und die äußeren nicht genügend entlastet werden.
- Anstieg der Seitenwindempfindlichkeit.
- Springendes Rad, das freilich nur von einem neben- oder hinterherfahrenden Beobachter ausgemacht werden kann.
- Vielfach unterbrochene Bremsspur bei harter Bremsung und unberechenbare Bremswirkung in der Kurve.
- Ungleichmäßige Abnutzung der Reifen und erhöhter Reifenverschleiß.
- Undichter Stoßdämpfer mit auffällig erkennbarem Ölverlust. Geringe Ölspuren sind normal, bis zu 10 Prozent der Dämpferfüllung kann ein Stoßdämpfer folgenlos verlieren.

Zuverlässig diagnostizieren Shocktester den Zustand der Stoßdämpfer, wie sie von einigen Stoßdämpferherstellern und vom ADAC zur Verfügung stehen. Sie ersparen umständliche Montagearbeiten, weil die im Wagen eingebauten Stoßdämpfer kontrolliert werden. Wenn ein Stoßdämpfer ausgebaut ist, läßt sich recht einfach prüfen, ob er sich für eine weitere Verwendung eignet. Man faßt ihn an seinen beiden Enden an und drückt in schnell zusammen bzw. zieht ihn auseinander. Sollte bei dieser Hin- und Herbewegung ruckartig Spiel (»Luft«) feststellbar sein und gibt es dabei klackende Geräusche, dann ist er nichts mehr wert.

Die Lenkung

Die Drehung des Lenkrads wird im Lenkgetriebe in die zum Einschlag der Vorderräder führende hin- und hergehende Bewegung umgewandelt. Wie bei fast allen Wagen dieser Größenklasse handelt es sich auch beim Ritmo dabei um eine Zahnstangenlenkung. Die Lenksäule ist zweigeteilt und verfügt über zwei Kreuzgelenke, wodurch eine absichtlich abgewinkelte Anordnung zum Schutz bei Unfall ermöglicht wird (bei einem Aufprall knickt die Lenksäule an den Gelenken ein).

Das Modell S 85 verfügt darüber hinaus über ein in der Höhe verstellbares Lenkrad, wobei das obere Kreuzgelenk gewissermaßen als Scharnier wirkt. Die obere Lenksäulenhälfte sitzt in einem Mantelrohr und wird durch die Lenksäulenstütze am Aufbau festgehalten.

Dem unteren Kreuzgelenk schließt sich die Ritzelwelle an, die aus dem Lenkgehäuse herausragt. Gelenk und verzahntes Ende der Welle sind durch eine Klemmschraube verbunden. Das Ritzel dieser Welle sitzt im Lenkgehäuse und greift von oben in eine Zahnstange. Im Kreuzungspunkt unterhalb von Ritzel und Zahnstange sorgt das unter Federdruck stehende Ritzellager für geringstmögliches Spiel, das noch durch Ausgleichscheiben korrigiert werden kann.

Durch die Lenkradbewegung läuft das Ritzel auf der Verzahnung der verschiebbaren Zahnstange ab. Diese Hin- und Herbewegung überträgt sich auf die in Verlängerung der Zahnstange angebrachten Spurstangen, die jeweils über ein Kugelgelenk mit der Zahnstange verbunden sind. Die Zahnstange ist mit Öl eingesetzt und die seitlich sich anschließenden harmonikaförmig faltbaren Manschetten sind mit Fett gefüllt, um den inneren Kugelgelenken die nötige Schmierung zu verleihen. Damit die Spurstangen das von den Rädern verursachte Mitschwingen aufnehmen können, befinden sich auch an ihren äußeren Enden (wartungsfreie) Kugelgelenke, die zugleich die Lenkbewegungen auf die Lenkhebel der Achsschenkel übertragen.

Das Lenkgetriebe kann nur in ausgebautem Zustand (ohne Spurstangen) eingestellt werden. Wie alle Arbeiten an der Lenkung ist auch die – selten nötige – Nachstellung in der Fiat-Werkstatt erledigen zu lassen.

Lenkung prüfen

Das Prüfen des korrekten Lenkverhaltens ist eigentlich Bestandteil der Probefahrt. Verschleißerscheinungen lassen sich besser aber im Stand feststellen. Man muß prüfen, ob im Lenkrad Spiel bemerkbar ist. Dabei sollen sich die Vorderräder in Geradeausfahrt und die Lenkradspeichen in waagerechter Stellung befinden. Bei heruntergekurbelter Scheibe greift man von außen durch das Fenster. Während man das Lenkrad dreht, wird das linke Vorderrad und besonders die Felge beobachtet. Denn die Reifen sind elastisch und können beim Drehen im Stand zunächst einen Teil des Einschlags »schlucken«, ehe sie sich bewegen. In der Mittelstellung soll überhaupt kein Spiel vorhanden sein. Bei stärkerem Einschlag der Räder kann ein geringes Lenkradspiel (etwa bis 20 mm) auftreten. Man fühlt es am Lenkrad, wenn sich ein gewisser Widerstand bemerkbar macht. Wenn das Spiel zu groß ist, sind alle Gelenke der Lenkung zu prüfen.

Zusätzlich kann man auf ebener Straße bei langsamer und dann bei schneller Fahrt die Geradeauslauf-Eigenschaften überwachen, vorausgesetzt gleichmä-

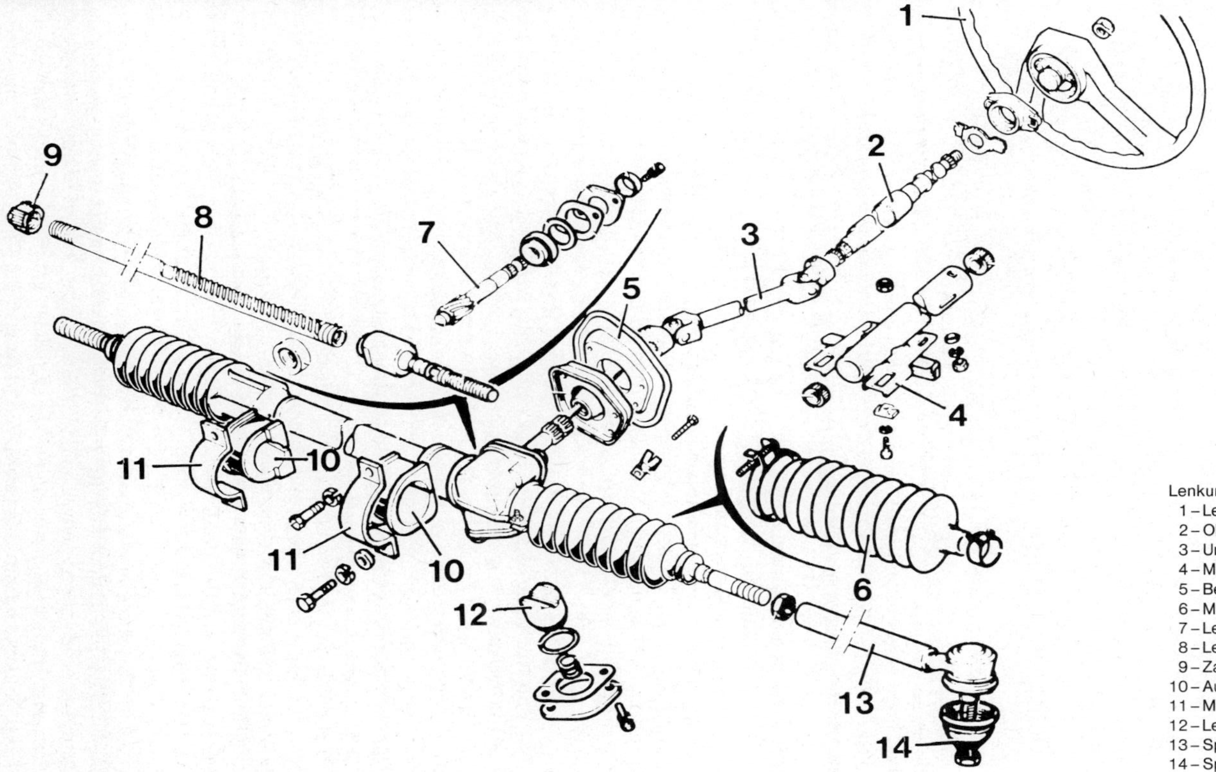

Lenkung:
1 – Lenkrad,
2 – Obere Lenksäulenhälfte,
3 – Untere Lenksäulenhälfte,
4 – Mantelrohr,
5 – Befestigungsflansch,
6 – Manschette,
7 – Lenkritzel,
8 – Lenkzahnstange,
9 – Zahnstangenbüchse,
10 – Aufhängungsgummi,
11 – Montageschelle,
12 – Lenkungsdämpfer,
13 – Spurstange,
14 – Spurstangenkopf.

Die mit Fett gefüllten Manschetten der Spurstangengelenke (oben) und der Achsschenkel (unten) sind regelmäßig auf ihren Zustand zu kontrollieren. Die Schutzmanschetten der Achswellengelenke sind mit Spannbändern befestigt (Mitte). Diese Spannbänder müssen fest sitzen und die Manschetten dürfen keinerlei Beschädigung aufweisen.

ßiger Reifendruck. Bei losgelassenem Lenkrad darf der Wagen weder zu der einen noch zur anderen Seite ziehen, sondern er muß schnurgerade in der Spur bleiben. Zugleich kann man den Rückstelleffekt prüfen. Nach einer Kurve müssen sich die Vorderräder selbständig geradeaus zurückstellen. Diese selbsttätige Rückstellung ist im Vergleich zu anderen Autos beim Ritmo besonders ausgeprägt. Ist der Geradeauslauf gestört, muß die Werkstatt dem abhelfen.

Gummibälge des Lenkgetriebes prüfen

Teil der Pflegearbeit Nr. 17

Die freiliegenden Gummiteile der Vorderradaufhängung und des Lenkgetriebes sind den Einflüssen des Fahrbetriebs ausgesetzt. Sie sollten sich elastisch den Bewegungen der Bauteile anpassen können und die enthaltene Fettfüllung schützen. Die Schutzmanschetten werden durch Spritzwasser, Schmutz und hochgeschleuderte Steine strapaziert. Deshalb ist die 10 000-km-Kontrolle, bei der man sich vom Zustand der Manschetten überzeugen muß, wichtig. Beschädigungen des elastischen Materials lassen die schmierende Füllung entweichen und Fremdkörper sowie Nässe eindringen, wovon die Gelenke bald angegriffen werden.

Zur Sichtkontrolle fährt man das Auto über eine Grube oder hebt es vorne an. Schwärzliche Verfärbung des sonst grauen Straßenschutzes deutet auf undichte Stellen. Wenn man mit dem Finger gegen die Manschetten drückt, kann man feststellen, ob sie noch elastisch oder schon verhärtet sind. In diesem Fall sollten in der Werkstatt die Manschetten umgehend ausgewechselt werden.

Die Radeinstellung

Eine Kontrolle der Radeinstellung wird erforderlich, wenn etwa die Reifen ein ungleichmäßiges Abnutzungsbild zeigen, wenn die Lenkung flattert und überhaupt natürlich nach einem Unfall, der die Radaufhängung in Mitleidenschaft gezogen hat. Für die Überprüfung braucht man besondere Meßeinrichtungen, über die nur die Werkstatt verfügt.

Die festgelegten Werte der in diesem und im nächsten Abschnitt einzeln genannten Begriffe sind auf Seite 204 zu finden. Dabei wird unterschieden zwischen belastetem und unbelastetem Wagen. »Unbelastet« heißt bei Fiat ein fahrbereiter Wagen mit etwa halbgefülltem Tank und ohne Fahrer. Der Begriff »belastet« bezieht sich auf ein Fahrzeug, das mit vier Personen besetzt ist und 40 kg Gepäck an Bord hat. Der Reifendruck muß der Vorschrift bei voller Bela-

Zur Einstellung der Vorspur löst man in der Werkstatt die Kontermutter SW 22 an beiden Spurstangen. Dann wird jede Spurstange gleichermaßen entsprechend der vorzunehmenden Einstellung verdreht. Dazu setzt man auf die Ausfräsung der Spurstange einen Gabelschlüssel SW 11 und dreht die Spurstange mit diesem Schlüssel. Nach erfolgter Einstellung wird die Kontermutter wieder festgezogen.

stung entsprechen, alle Gelenke der Radaufhängung müssen spielfrei arbeiten und die Stoßdämpfer einwandfrei funktionieren.
Unter »Sturz« versteht man die leichte Schrägstellung der Räder, die sich in der Neigung der Radebene zu der auf der Standebene errichteten Senkrechten darstellt. Er bewirkt, daß die Räder stets am Radlager anlaufen, wodurch das Lagerspiel vermindert wird. Durch den »Nachlauf« werden die Räder sozusagen gezogen und haben das Bestreben, die gerade Fahrtrichtung von selbst einzuhalten.
Die »Vorspur« dient dazu, die Vorderräder in eine Stellung zueinander zu bringen, bei der sie nicht in Versuchung kommen, nach außen wegzulaufen. Andernfalls würden sie, unterstützt durch ihren Sturz und durch Fahrwiderstände, den Wagen in eine Kurve hineinziehen. Deshalb stellt man sie vorne näher zusammen als hinten – sie laufen in einem spitzen Winkel aufeinander zu. Falsche Vorspur verschleißt die Reifen schneller und wirkt sich ungünstig auf das Lenkverhalten aus (Radflattern).
Vorn und hinten ist der Sturz nicht nachstellbar, ebenso nicht der konstruktiv bedingte Nachlauf der Vorderräder und die Vorspur der Hinterräder.

Vorspur nachmessen

Pflegearbeit Nr. 34

Das Vermessen und Einstellen ist Sache der Werkstatt. Dort besitzt man ein optisches Schnellmeßgerät, mit dessen Hilfe die Vorspur bei unbelastetem Wagen geprüft wird. Außerdem müssen dabei die Luftdrücke für beide Vorderreifen exakt eingehalten werden.
Abstände der Felgenhörner beider Vorderräder in Achshöhe hinten und dann vorn feststellen. Das Maß soll z. B. bei belastetem Wagen vorn und hinten etwa gleich groß sein (siehe Seite 204).
Stimmt die Spur nicht, sind an den Kugelköpfen für beide Spurstangen die Kontermuttern (SW 22) zu lockern, dann dreht man die Spurstangen mit einem Gabelschlüssel SW 11. An jeder Spurstange ist in Fahrtrichtung links Rechtsgewinde und rechts Linksgewinde. Beide Spurstangen gleichmäßig drehen, um die Abweichung richtig auszugleichen. Nach Festziehen der Kontermuttern die Messung wiederholen.

Risiko ausschließen

Die Bremsanlage – das versteht sich wohl von selbst – muß sich immer in einwandfreiem Zustand befinden. Sie dient der eigenen Sicherheit und soll auch andere vor Schaden bewahren. Jeder Autofahrer kann ohne weiteres kontrollieren, ob mit den Bremsen alles in Ordnung ist.
Neben solchen Sicht- und Funktionskontrollen sollen Wartungsarbeiten und Reparaturen Aufgabe der Werkstatt bleiben. Denn es kommt dabei auf bestimmte Arbeitsmethoden, Sauberkeit und Gewissenhaftigkeit an, außerdem auf die Verwendung vorgeschriebener Materialien (z. B. Bremsklötze, Bremsflüssigkeit).

Die Funktion der Bremsanlage

Der Tritt auf das Bremspedal löst im Hauptbremszylinder die Betätigung eines Doppelkolbens aus, dessen Bewegung die Bremsflüssigkeit in den Bremsleitungen zu den Radbremsen drückt. Bei dieser hydraulischen Übertragung erfolgt die nötige Ergänzung der Flüssigkeit selbsttätig aus dem Vorratsbehälter.
In den Scheibenbremsen (vorn) und an den Trommelbremsen (hinten) überträgt sich der Druck der Bremsflüssigkeit auf Kolben, welche die Bremsbeläge gegen die Scheiben bzw. Trommeln pressen. Um zu verhindern, daß bei scharfem Bremsen die dann entlasteten Hinterräder blockieren, ist in die Leitung ein Bremskraftregler eingesetzt. Die von dieser Anlage getrennte Handbremse wirkt über einen Seilzug – mechanisch – auf die Hinterräder.

Bremsen prüfen

Pflegearbeit Nr. 15

Bremsproben soll man nicht auf belebten Straßen vornehmen. Aber an Wochenenden eignen sich dazu Industrieparkplätze oder die unbenutzten Plätze von Einkaufszentren.
Man verzögert den Wagen zunächst einmal aus mäßiger Geschwindigkeit und beobachtet sein Verhalten. Dann kann man aus höherem Tempo abbremsen. Das gleiche wiederholt man mit losgelassenem Lenkrad. Daraus ergibt sich – auf ebener, nicht gewölbter Fahrbahn-, ob der Wagen beim Bremsen einseitig zieht. Bremspedal sowohl mit weichem Druck wie auch plötzlich und hart betätigen. Außer den Erkenntnissen über die Einsatzbereitschaft der Bremsen bemerkt man zugleich, daß maßvoll eingesetzte Bremskraft eine bessere Verzögerung schafft als das in Panik niedergepreßte Pedal. Bei blockierenden Rädern rutscht das Auto unlenkbar ins Unheil.
Ungleichmäßig ziehende Bremsen deuten auf abgenutzte Beläge, undichte Bremsleitungen, auf klemmenden Bremskolben und oder stark verschmutzten Bremssattel hin, aber auch ungleicher Reifendruck oder ungleichmäßig abgefahrene Reifen wirken sich derartig aus. Zieht das Auto beim Bremsen nach einer Seite, sind die Radbremsen (oder Reifen) der anderen Wagenseite nicht intakt.
Die Wirkung der Handbremse prüft man, wenn möglich, auf einer abschüssigen Straße im Stand. Bei angezogenem Handbremshebel darf sich der Wagen nicht

Der Bremsflüssigkeitsbehälter (1) sitzt im Motorraum links hinten. Das durchscheinende Material des Behälters läßt den Stand der Flüssigkeit erkennen. Bevor der Deckel mit Schwimmer (2) abgeschraubt wird, zieht man die beiden Kabelanschlüsse vom Deckel ab (nicht bei Ritmo 60 und Ritmo 65).

vom Fleck rühren. In der Ebene sollte der Wagen zu einem vergleichbaren Versuch nicht wesentlich schneller als in Schrittgeschwindigkeit ohne Motorkraft, also mit herausgenommenem Gang, rollen und zugleich zum Stehen gebracht werden.
Zum Abbremsen aus höherem Tempo ist die Handbremse – wie bei allen Autos – nahezu wertlos.

Fingerzeig: *Bremsen müssen eingefahren sein. Mit neuen Bremsbelägen sollte man scharfes Bremsen während der ersten 200 km möglichst vermeiden. Die Beläge müssen sich an Bremsscheibe bzw. Bremstrommel anpassen, und ihre gemeinsame Oberfläche, auf der sie sich berühren, muß möglichst groß sein.*

Bremsflüssigkeitsstand kontrollieren

Pflegearbeit Nr. 5

Das Bremssystem wird aus den beiden miteinander verbundenen Bremsflüssigkeitsbehältern gespeist. Aus Sicherheitsgründen ist der eine Behälter für den vorderen Bremskreis und der andere für den hinteren Bremskreis zuständig. Der darin gemeinsam enthaltene Vorrat an Bremsflüssigkeit muß immer in ausreichender Menge zur Verfügung stehen. Davon kann man sich mit einem Blick immer dann überzeugen, wenn man die Motorhaube öffnet.
Die Behälter sitzen auf dem Hauptbremszylinder links hinten im Motorraum. Das durchscheinende Material dieser Behälter läßt den Flüssigkeitsstand von außen erkennen. Das Niveau darf nicht unter die Gehäusenaht abgesunken sein, mit der die oberen und unteren Gehäusehälften verbunden sind und die als Markierungslinie angesehen sein soll. Beim Auffüllen von Bremsflüssigkeit soll die Gehäuselinie allenfalls um nur 5 mm überschritten werden.
Im Ritmo S 75 und S 85 brennen bei unzureichendem Bremsflüssigkeitsstand entsprechende Leuchten der Check-Kontrolle. Das bewirkt ein Schwimmer im Bremsflüssigkeitsbehälter, dessen Kontakte den Stromkreis zu der Anzeige schließen. Bei ordnungsgemäßer Befüllung kommt der Schwimmer nicht mit den Kontakten in Berührung. Trotz dieser Anlage ist die Sichtkontrolle des Bremsflüssigkeitsstands ratsam.
Bei dichter Bremsanlage wird die Flüssigkeit im Betrieb nicht weniger. Doch ihr Spiegel sinkt im Laufe der Zeit entsprechend dem Belagverschleiß etwas ab. Auffallenden Bremsflüssigkeitsverlust aber sofort untersuchen! Mit Nachfüllen ist es dann nicht getan, weil irgendwo in der Anlage (Leitungen, Manschetten usw.) eine undichte Stelle aufgetreten sein muß. Findet man den Schaden nicht gleich selbst, muß umgehend eine Werkstatt konsultiert werden.
Zum Auffüllen von Bremsflüssigkeit, etwa nach Entlüften der Bremsen oder nach Reparaturen, darf nur – möglichst hochsiedende – Original-Brems-

Bremsen entlüften: Hier wird an der vorderen Scheibenbremse die Entlüftungsschraube mit einem Schraubenschlüssel SW 8 geöffnet. Auf das Entlüftungsventil wird dann der Entlüftungsschlauch geschoben. Mit seinem anderen Ende liegt dieser in einem mit Bremsflüssigkeit teilweise gefüllten Glasgefäß, so daß man das Aufsteigen herausgepreßter Luftblasen beobachten kann. Steigen keine Blasen mehr auf, ist diese Bremse entlüftet, und das Entlüfterventil wird geschlossen.

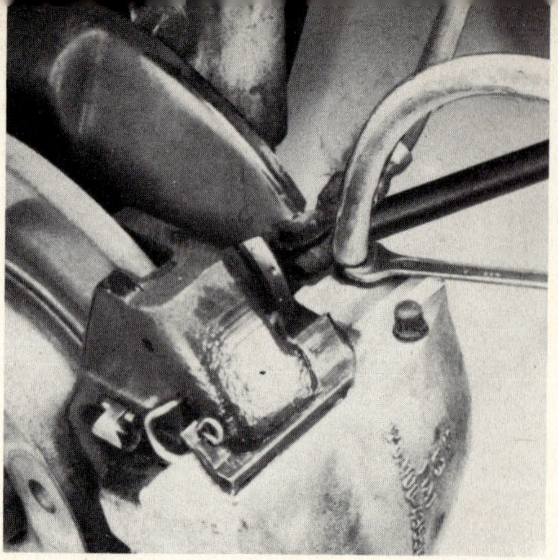

flüssigkeit verwendet werden. Das ist z. B. Liquido Fiat Etichetta Azzurra DOT 3, Lockheed 55 oder ATE. Niemals irgend etwas anderes, gar Motoröl, einfüllen! Bremsflüssigkeit hat einen hohen Siedepunkt, ist nicht kälteempfindlich und enthält Substanzen gegen Korrosion sowie gegen Zersetzung von Gummi. Allerdings ist sie wasseranziehend, giftig und wirkt ätzend auf Lack. Sie ist hell bis bernsteinfarbig und nicht mehr blau gefärbt wie früher. Außerdem muß eine der Spezifikationen DOT 3 oder DOT 4 auf die Dose aufgedruckt sein.

Bremsflüssigkeit wechseln

Einmal jährlich sollte die Bremsflüssigkeit erneuert werden. Bremsflüssigkeit altert nämlich und hat die Eigenschaft, Wasser anzuziehen. Letzteres führt dazu, daß der Wasseranteil beim Bremsen zu sieden beginnt, wobei in krassen Fällen das Bremspedal ohne Wirkung ganz durchgetreten werden kann.
Das Wechseln der Bremsflüssigkeit geschieht am einfachsten in der Werkstatt, denn die Arbeit wird dort mit Hilfe eines Entlüftungsgerätes schnell und sauber erledigt. In diesem Gerät ist die Bremsflüssigkeit auch luftdicht eingefüllt und sicher vor schädlicher Feuchtigkeitsaufnahme.

Bremsanlage entlüften

Wenn das Bremspedal federnd durchgetreten werden kann und wenn sich der sonst normale Pedalweg erst nach mehrmaligem »Pumpen« einstellt, ist Luft in die Bremsanlage eingedrungen. Schuld daran kann eine undichte Leitung sein, eine defekte Manschette in einem Bremssattel bzw. Radbremszylinder oder eine unsachgemäße Reparatur an der Bremshydraulik. Es ist auch möglich, daß die Bremsflüssigkeit im Vorratsbehälter völlig abgesunken ist.
Beim Entlüften benützt die Werkstatt ein Entlüftungsgerät. Die althergebrachte Methode geht folgendermaßen: Ein Helfer drückt mit dem Bremspedal pumpenderweise die Luft aus den Leitungen, und zwar so lange, bis sie keine Luftbläschen mehr mit sich bringt. Die Reihenfolge beim Entlüften lautet: Rechtes Hinterrad, linkes Hinterrad, rechtes Vorderrad, linkes Vorderrad. Nähere Einzelheiten sind dem Bild oben zu entnehmen.

Bremsleitungen und -schläuche prüfen

Pflegearbeit Nr. 13

Alle 10 000 km ist der Zustand der im Motorraum und am Wagenboden verlegten Bremsleitungen zu überprüfen. Bremsschläuche mit Scheuerspuren müssen in ihrer Lage verändert und womöglich sogar ausgetauscht werden. Ebenso sind eventuelle Beschädigungen durch Steinschlag und Korrosion zu beachten. Irgendwie beschädigte Leitungen oder Schläuche sind in der Werkstatt umgehend erneuern zu lassen.
Benzin, Dieselkraftstoff, Petroleum, Fett, Lack und Absprühöl müssen von

Im Motorraum links hinten sind wesentliche Teile der Bremsanlage untergebracht:
1 – Bremsflüssigkeitsbehälter,
2 – Hauptbremszylinder, von dem die Bremsleitungen abzweigen,
3 – Bremskraftverstärker (Unterdruck-Servobremse), der über einen Schlauch mit dem Saugrohr unterhalb des Vergasers in Verbindung steht.

Bremsschläuchen ferngehalten werden. Am besten also überhaupt nicht einsprühen lassen (auch der serienmäßige Unterbodenschutz leidet dadurch) oder sorgfältig abdecken.

Bremsanlage auf Dichtheit prüfen

Pflegearbeit Nr. 12

Die eben angeführte Zustandskontrolle geht Hand in Hand mit der Überprüfung auf Dichtheit der Anlage. Hüten Sie sich davor, an den Bremsleitungen oder -schläuchen irgend etwas selbst zu korrigieren zu wollen. Das ist Werkstattsache! Ob aber an den Bremsleitungen alles in Ordnung ist, das können Sie selbst kontrollieren.
Wenn die Wagenunterseite sauber und trocken ist, läßt sich der Verlauf der Bremsleitungen und -schläuche am besten verfolgen. Letztere dürfen nicht aufgequollen sein. Anschluß- und Verbindungsstellen beachten, sie müssen trokken sein. Bremsflüssigkeit kriecht durch Schmutz, und wo dieser schwarz ist, muß eine undichte Stelle vermutet weden. Auch Radbremszylinder können undicht werden. Im Motorraum überprüft man die Bremsleitungen und ihre Anschlüsse am Hauptbremszylinder nach den gleichen Gesichtspunkten.

Zwei Bremskreise

Die Kraftübertragung in der Bremsanlage erfolgt hydraulisch. Anstelle nur eines Leitungskreises werden aus Sicherheitsgründen zwei von einander getrennte hydraulische Kreise eingesetzt. Bei Ausfall des einen Kreises kann der Wagen mit Hilfe des anderen Leitungssystems abgebremst werden. Allerdings ist dann der Pedalweg länger und die Bremswirkung geringer: Der Bremsweg wird größer.

Der Hauptbremszylinder

Der Tritt auf das Bremspedal wird über eine Druckstange auf den Hauptbremszylinder (im Motorraum hinten links) übertragen. Im Hauptbremszylinder versorgt ein sogenannter Tandemkolben zwei Bremskreise, die mit den beiden Bremsflüssigkeitsbehältern in Verbindung stehen. Im Zweikreis-Bremssystem des Ritmo werden die Vorderradbremsen vom hinteren Teil des Kolbens und die Hinterradbremsen von dem vorderen Teil bedient.
Die Präzisionsteile im Hauptbremszylinder erfordern eine Reparatur in der Werkstatt, wo er zerlegt, überholt oder gegebenenfalls ersetzt wird. Beim Einbau muß er dann wieder mit dem eventuell vorhandenen Bremskraftverstärker verbunden werden.

Der Bremskraftregler

Beim Verzögern verlagert sich das Wagengewicht nach vorn. Deshalb müssen die Vorderradbremsen grundsätzlich wirksamer zugreifen als die Bremsen hin-

ten, was man zunächst durch entsprechend dimensionierte Radbremszylinder erreicht. Bedingt durch das Frontantriebskonzept und die daraus resultierende, noch unterschiedlichere Achslastverteilung ist beim Ritmo eine Bremskraftverteilung erforderlich, die den Vorderachsanteil noch zusätzlich vergrößert. Diese Bremskraftverteilung wird von dem Bremskraftregler garantiert.
Der Bremskraftregler drosselt den Druck der Bremsflüssigkeit zu den Hinterrädern, damit die beim Bremsen entlastete Hinterachse nicht überbremst wird und den Wagen schleudern läßt. Er sitzt am Unterbau in Höhe der Hinterachse und wird von den vertikalen Bewegungen des linken Querlenkers dirigiert, mit dem er durch einen Drehstab verbunden ist.
Bei einem Defekt muß der komplette Regler ersetzt werden. Das geschieht in der Werkstatt, wo man auch mit einem besonderen Werkzeug die Einstellung vornimmt.

Der Bremskraftverstärker

Scheibenbremsen wirken nicht, wie Trommelbremsen, selbstverstärkend, so daß eine wesentlich höhere Fußkraft vonnöten ist. Die beiden kleinsten Ritmo-Modelle mit 60-PS-Motor kommen allerdings ohne einen Bremskraftverstärker aus. Eine solche Hilfseinrichtung unterstützt den Druck des Fahrerfußes, sie sitzt hinter dem Hauptbremszylinder. Das Bremspedal ist jedoch weiterhin starr mit den Bremskolben im Hauptbremszylinder verbunden, so daß man auch bei ausgefallenem Hilfsgerät noch bremsen kann. Der notwendige Pedaldruck muß dann allerdings mehr als verdoppelt werden.
Die Hilfskraft wird von dem Unterdruck aus dem Ansaugrohr des Motors geliefert; der Bremskraftverstärker ist über einen Schlauch mit dem Saugrohr verbunden. Beim Bremsen verschiebt der Druckunterschied zwischen dem äußeren Luftdruck und dem Unterdruck im Ansaugrohr eine große elastische Membrane und drückt zusätzlich auf die Kolben im Hauptbremszylinder. Bei stehendem Motor liefert der Servo natürlich keine (zusätzliche) Bremskraft. Deshalb muß man z. B. wesentlich kräftiger auf das Pedal treten, wenn man abgeschleppt wird.

Bremskraftverstärker prüfen

Bei abgestelltem Motor wird das Bremspedal mehrmals durchgetreten und in seiner tiefsten Stellung gehalten. Nach Starten des Motors muß bei einwandfrei funktionierendem Verstärker das Bremspedal noch ein Stück nachgeben. Senkt sich das Pedal nicht, können der Unterdruckschlauch vom Ansaugkrümmer zum Bremskraftverstärker, das Rückschlagventil im Unterdruckschlauch oder der Gummiring zwischen Hauptbremszylinder und dem Servogerät defekt sein. Zur Prüfung des Ventils am Bremsservo den Unterdruckschlauch abnehmen, Durchblasen darf nicht, Ansaugen muß möglich sein. Beim Einbau eines neuen Ventils muß der Pfeil auf dem Ventilgehäuse zum Ansaugkrümmer zeigen. Ein schadhafter Schlauch läßt sich ohne Schwierigkeiten ersetzen. Andere Schäden, wie schadhafte Membrane im Servogerät oder defekter Ring zwischen Hauptbremszylinder und Verstärker, müssen von der Werkstatt behoben werden; der Bremskraftverstärker wird nicht repariert, sondern komplett ausgetauscht.

Die Scheibenbremsen

Parallel mit dem Vorderrad dreht sich eine Stahlscheibe, gegen die von beiden Seiten Reibklötze gepreßt werden. Speziell an den Vorderrädern übertreffen Scheibenbremsen die althergebrachten Trommelbremsen: Wegen ihrer offenen Bauart lassen sie sich besser kühlen und dadurch sind sie standfester. Mehrmalige Vollbremsungen oder ständiges Bremsen (Bergabfahrt) läßt ihre Bremswirkung nicht verringern, zudem ist die Wirkung auf einer Achse gleichmäßiger.

Ferner stellen sich Scheibenbremsen selbst nach und der Belagabrieb wird sofort weggeblasen.
Ihre negativen Eigenheiten muß man aber kennen. Die Bremsbeläge sind für Scheibenbremsen wesentlich kleiner als für die Trommelbremsen. Daher nutzen sie sich schneller ab und müssen eher ausgetauscht werden. Weil die Beläge nicht völlig abzuschirmen sind, können zwischen diese und die Scheibe Fremdkörper eindringen. Das führt manchmal zu lästiger Quietscherei, was man durch Säubern oder Auswechseln des Belags beseitigen kann. Bisweilen hilft es, mit leicht getretenen Bremsen rückwärts zu fahren, wobei die Quietschgeister wieder ins Freie befördert werden. Bei Dauerregen wird die offen liegende Bremsscheibe kräftig geduscht, weshalb die Bremswirkung einen Sekundenbruchteil verspätet einsetzt – die Feuchtigkeit zwischen Bremsklötzen und Scheiben muß erst zum Verdampfen gebracht werden. In streusalzreichen Wintern tritt diese Erscheinung verstärkt auf, wenn die auf Belägen und Scheiben sitzende Salzschicht beim Bremsen erst abgeschliffen werden muß.
Beim Ritmo sind Schwimmsattelbremsen eingebaut, deren Bremssattel – er umfaßt sattelförmig die bei Fahrt drehende Bremsscheibe – beweglich oder »schwimmend« gelagert ist. Der Bremskolben im Zylindergehäuse drückt den inneren Belag gegen die Bremsscheibe, wodurch der Schwimmrahmen Bremssattelgehäuse in seiner Führung herübergezogen und der Bremsklotz auf der anderen Seite ebenfalls gegen die Scheibe gepreßt wird.
Beim Loslassen des Bremspedals wird der Belag mit dem Kolben vor allem durch den Bremsscheibenschlag (= ganz leichte Unebenheit) zurückgedrückt. Deshalb rollen die scheibengebremsten Vorderräder erst nach einigen Metern Fahrt wieder ganz frei. Den verschleißenden Bremsbelag schiebt der Kolben jeweils so weit nach, daß er nur Bruchteile von Millimetern von der Bremsscheibe entfernt ist.
Der beim Bremsen abgeschliffene Belag findet sich als schwarzes Pulver an den Rädern wieder. Da dieser Abrieb mit der Zeit festbackt, sollte man die Felgen (vor allem Leichtmetallräder) regelmäßig mit einer kräftigen Bürste und evtl. Haushaltsreiniger abwaschen.

Belagstärke der Scheibenbremsen prüfen

Pflegearbeit Nr. 14

Die Stärke des Bremsbelags (des abnutzbaren Teils der Bremsklötze) soll jeweils nach 10 000 km kontrolliert werden. Bei ständig scharfer Fahrweise kann der Belag an den Vorderrädern schon nach dieser zurückgelegten Strecke verschlissen sein, deshalb lohnt sich auch eine Zwischenkontrolle. Behutsame Fahrer können auf die doppelte oder gar dreifache Wegstrecke kommen.
Zur Kontrolle muß man den Wagen an der betreffenden Seite hochbocken und

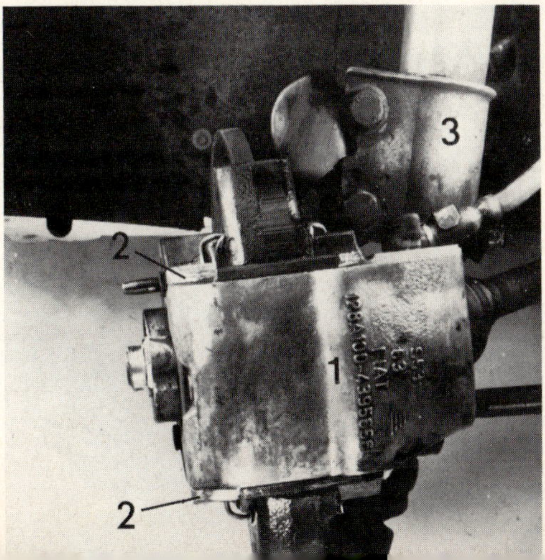

Vorderradbremse, direkt von vorn gesehen.
1 – Bremszange,
2 – Gleitsteine,
3 – Federbein.

das Rad abnehmen. Lenkung entsprechend einschlagen, damit der Bremssattel gut zugänglich ist.

Von wellenförmigen Druckfedern gehalten, sitzen beiderseits der Bremsscheibe die zwei Bremsklötze, die sich gegen die Bremsscheibe lehnen. Ohne irgend etwas zu lösen, läßt sich schräg von oben die Belagstärke feststellen. Sie soll nicht geringer sein als 1,5 mm. Dabei darf natürlich die Platte des Belagträgers nicht mitgemessen werden.

Bremsklötze wechseln

Es müssen immer alle vier Bremsklötze an der Vorderachse gewechselt werden, auch wenn nur bei einem das Mindestmaß erreicht ist und die anderen noch ausreichend stark erscheinen.

Es sollen nur Bremsklötze aus der Fiat-Werkstatt oder von namhaften Herstellern (z. B. Jurid, Textar) verwendet werden. Versuche mit anderen Belägen sind nicht ratsam, da deren Eigenschaften andersartig oder ihre Qualität schlecht sein kann. Die Beschaffenheit des Materials von Bremsbelägen richtet sich nach der Leistungsfähigkeit des Autos, bei dem sie eingesetzt werden. Beim Ritmo 60, der keinen Bremskraftverstärker besitzt, werden ab Werk weichere Bremsbeläge verwendet. Es schadet aber nicht, wenn auch bei diesem Wagen die für die anderen Ritmo-Versionen gebräuchlichen Beläge eingebaut sind, weil sie allgemein besseres Bremsgefühl vermitteln.

Der Austausch in eigener Regie ist möglich, Voraussetzung ist aber eine verantwortungsbewußte Arbeit.

- Hinterräder sichern, zusätzlich Handbremse anziehen.
- Wagen vorn hochbocken, Rad abnehmen.
- Lenkung entsprechend einschlagen, um die Zugänglichkeit zu erleichtern.
- Aus oberen und unteren Gleitstein je zwei Splinte herausziehen.
- Oberen Gleitstein mit Hammerstiel lockerschlagen und mit einer Zange nach außen herausziehen.
- Aus dem so gelockerten Bremssattelbügel auch den unteren Gleitstein herausziehen.
- Bremssattelgehäuse seitlich abheben und am Bremsschlauch hängen lassen.
- Mit einem sauberen Holzbrettchen oder Schraubenziehergriff vorsichtig den Bremskolben im Bremssattelgehäuse bis zur Flucht mit dem Gehäuserand zurückdrücken.
- Stand der Bremsflüssigkeit im Bremsflüssigkeitsbehälter kontrollieren. Zu hohen Stand mittels Saugheber absaugen (Vorsicht: Bremsflüssigkeit ist hochgiftig und ätzt).

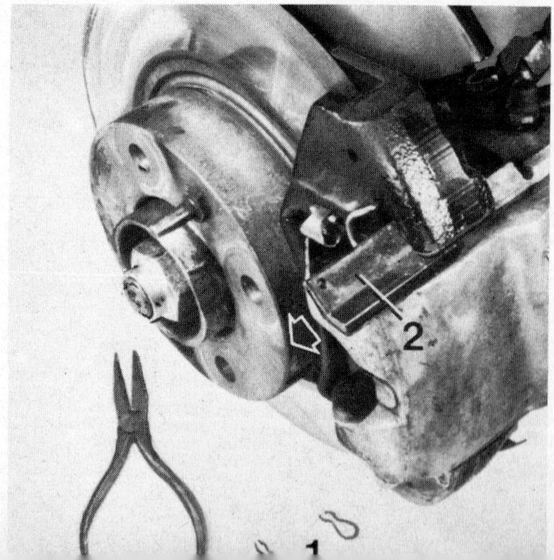

Um den Bremssattel lösen zu können, sind zuerst die Haltesplinte (1) am oberen (2) und unteren Gleitstein mittels Spitzzange herauszuziehen. Danach lassen sich die Gleitsteine herausziehen. Der erste sitzt gewöhnlich stramm und muß mittels Dorn und Hammer aus seinem Sitz geschlagen werden, der zweite läßt sich wegen des danach gelockerten Bremssattels leicht entnehmen. Beim Zusammensetzen muß man für den zweiten Gleitstein zwischen Bremszangenträger und Bremssattel Platz schaffen, indem man beide Teile mittels Schraubenzieher auseinanderhebelt.

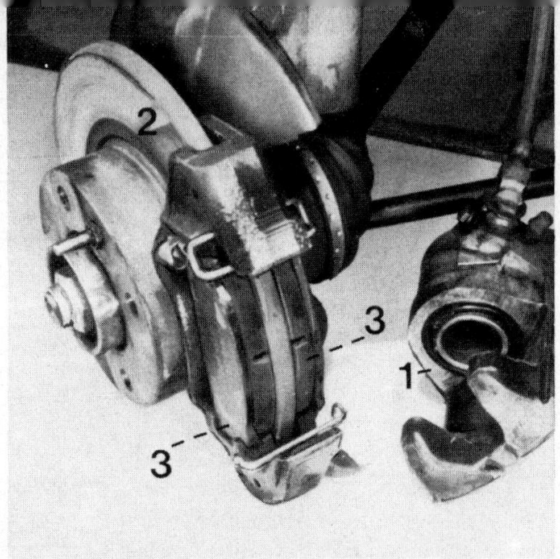

Nach Entfernen der Gleitsteine läßt sich die Bremszange (1) abnehmen; sie kann am Bremsschlauch hängen bleiben.
2 – Bremsscheibe, 3 – innerer und äußerer Bremsklotz.

- Beide Bremsklötze und die Druckfedern entnehmen (seitlich herausziehen).
- Auf jeder Seite des Bremssattelbügels den oberen und unteren Sitz für den Bremsklotz trocken reinigen. Dazu nur Pinsel oder weiche Drahtbürste benutzen, losen Schmutz mit Luftpumpe wegblasen.
- Neue Bremsklötze mit Druckfedern einsetzen, Bremssattelgehäuse anbringen, beide Gleitsteine in die Führung einschieben (zuerst den unteren, den oberen mit leichten Hammerschlägen in seine Stellung bringen) und die Gleitsteine mit den Splinten sichern.
- Rad montieren und Wagen ablassen.

Auf der anderen Wagenseite wird der gleiche Vorgang wiederholt. Abschließend ist die Bremsflüssigkeit im Ausgleichsbehälter bei Bedarf zu ergänzen. Außerdem ist das Bremspedal mehrmals vollständig durchzutreten, damit sich die Kolben in den Bremssätteln auf ein kleinstes Lüftspiel, einstellen, sonst fällt bei der ersten Bremsung das Pedal ins Leere!

Zustand der Bremsscheiben kontrollieren

Während der oben beschriebenen Arbeit läßt sich der Zustand der Bremsscheiben kontrollieren. Ihre Originalstärke: 10,9 mm. Durch einmaliges Feinstdrehen (je Scheibenseite maximal 0,7 mm) darf dieses Maß bis auf 9,35 mm reduziert werden. Danach darf die Scheibe nochmals Rillen bis zu 0,4 mm Tiefe bekommen, dann ist sie auszuwechseln. Die Bremsscheibe darf höchstens einen Schlag von 0,02 mm hinsichtlich ihrer Drehachse aufweisen. In der Werkstatt kann das mit einer Meßuhr festgestellt werden, indem der Meßuhrstift etwa 10 mm entfernt vom Außendurchmesser angesetzt wird.

Zum Ersetzen der Bremsklötze werden – in dieser Reihenfolge – die hier gezeigten Teile entnommen:
1 – Splinte und Gleitsteine,
2 – Druckfeder und
3 – einer der beiden Bremsklötze.

Überhaupt soll die Bremsscheibe keine zu tiefen Rillen aufweisen. Gewöhnlich rühren diese von den durch die Beläge aufgefangenen Fremdkörpern, seltener von zu weit abgenutzten Belägen her. Bläuliche Verfärbung der Bremsscheibe ist ohne Belang.

Die Trommelbremse

In den Trommelbremsen für die Hinterräder werden zwei Bremsbacken von den Kolben des Radzylinders (zwischen ihren oberen Enden an der Bremsträgerplatte) gegen die Bremsfläche der Trommel gedrückt. Die Aufhängung der Bremsbacken bewirkt eine Verstärkung der Bremskraft beim Bremsen und zentrischen Druck gegen die Bremstrommel. Daraus ergibt sich eine gleichmäßige Abnutzung beider Beläge.

Fiat-Trommelbremsen sind selbstnachstellend. Jede Bremsbacke ist in einem Langloch zwischen zwei unter Federdruck stehenden Reibscheiben aufgehängt. Dem Verschleiß entsprechend wandern die Bremsbacken nach außen. Je nach Abnutzungsgrad sind die Bewegungen der Bremsbacken begrenzt, und sie werden von den Zugfedern nur so weit zurückgeholt, daß ihr Belag nicht bremst. Von außen ist diese Einrichtung nicht zu beeinflussen, man kann die Bremse nicht nachstellen.

Trommelbremsen sind keinesfalls veraltete Einrichtungen, unbestreitbar hat diese Bremsenart Vorzüge. Der nötige Pedaldruck ist kleiner, sie ist unempfindlich gegen Nässe und die Bremsbeläge haben eine längere Lebensdauer.

Belagstärke der Trommelbremsen prüfen

Pflegearbeit
Nr. 32

Weil sich während des normalen Betriebs die Wirkung der Trommelbremse wegen der Selbstnachstellung nicht vermindert, soll spätestens nach 20 000 km die Belagstärke überprüft werden. Die Belagfläche ist bei Trommelbremsen größer als bei Scheibenbremsen, bei Hinterradbremsen ist außerdem der Anpreßdruck geringer. Aus diesen Gründen kann man mit einer Haltbarkeit von 40 000 bis 50 000 km rechnen.

■ Vorderräder sichern, zusätzlich Rückwärtsgang einlegen, Handbremse aber nicht anziehen.

■ Wagen hinten hochbocken, Rad abnehmen.

■ Schraube und Führungszapfen für die Bremstrommel an der Radnabe herausdrehen (Ringschlüssel SW 12).

■ Bremstrommel abziehen. Sollte das nicht möglich sein, mit leichten Hammerschlägen die Trommel ringsum lockern (Holzbrett dazwischen halten und auf das Holz schlagen), Bremstrommel dabei drehen.

Ein Bremsbelag darf nicht weiter als bis auf 1,5 mm Stärke abgenutzt sein. Ebenso müssen verölte oder gebrochene Beläge ausgewechselt werden. Reini-

Hier die Teile der Hinterradbremse bei abgenommener Bremstrommel:
1 – Radbremszylinder,
2 – Spreizgestänge für die Handbremsbetätigung,
3 – obere Rückzugfeder für die Bremsbacken,
4 – selbsttätig wirkende Nachstellvorrichtung für die Bremsbacke,
5 – hintere Bremsbacke mit Bremsbelag,
6 – Bremsbackenlagerung,
7 – Radträger.

Um die Bremsbacken zu lösen, bedient man sich in der Werkstatt einer speziellen Zange, womit man die Rückzugfedern aus den Backen klinken kann. Die gekrümmten Federenden kann man aber auch aus den Löchern einer Bremsbacke hebeln, indem man mit einem Schraubenzieher zwischen Feder und Bremsbackenplatte fährt. Wie auf dem Bild gezeigt, kann man die Federspannung durch Abwinkeln des Schraubenziehers überbrücken und das Federende seitlich aus dem Loch ziehen.

gen mit Benzin und Abschleifen ist wirkungslos. Glatte, auch schwärzlich glänzende Oberflächen zeigen, daß die Beläge gut »tragen«.
Nachdem die Belagstärke an der einen Wagenseite kontrolliert ist, Bremstrommel wieder aufsetzen. Schraube und Führungszapfen eindrehen, Rad montieren. Danach den Vorgang an der anderen Seite wiederholen.

Bremsbacken wechseln

Bei Fiat sind die Bremsbeläge auf den Bremsbacken aufgeklebt und nicht – wie bei verschiedenen anderen Fabrikaten – aufgenietet. Das Klebeverfahren läßt sich in Heimarbeit nicht nachvollziehen, und auch in der Werkstatt werden gewöhnlich neue Bremsbacken mit bereits befestigten Belägen eingebaut.
Man kann aber die Bremsbacken selbst auswechseln. Dazu die Bremstrommeln abbauen, wie im vorangegangenen Abschnitt beschrieben. Der weitere Arbeitsablauf:

- Obere Rückzugfeder zwischen den Bremsbacken aushängen. Wenn dafür keine Bremsbackenzange zur Verfügung steht, kann man ein Federende auch mittels Rohrzange oder Schraubenzieher aushängen (siehe Bild oben).
- Bei jeder Bremsbacke die Langlochscheibe auf dem Ankerstift verdrehen und mit Schraubenfeder und Federsitz abnehmen.
- Untere Rückzugfeder aushängen.
- Bei einer Bremsbacke den Sprengring vom Einsteller abheben, Unterlegscheibe und erste Reibscheibe entnehmen. Bremsbacke abnehmen, zweite Reibscheibe und Druckfeder entnehmen.
- Bei der anderen Bremsbacke den Vorgang wiederholen.
- Die Kolben dürfen danach nicht aus dem Radbremszylinder heraustreten, eventuell beide mit einer Zwinge festhalten.

Neue Bremsbacken in umgekehrter Reihenfolge einbauen, nachdem die Teile der Trommelbremse trocken gereinigt wurden. Auch die Bremstrommel innen säubern. Nichts mit Öl oder Fett in Berührung bringen, die beweglichen Teile dürfen nicht geschmiert werden.
Die Arbeit ist an der anderen Hinterradbremse gleichermaßen auszuführen, denn es müssen immer alle vier Bremsbacken erneuert werden. Nach beendigter Arbeit ist die Einstellung der Handbremse zu überprüfen. Bei einer kurzen Probefahrt überzeugt man sich schließlich von der Funktion der Bremsen.

Bremstrommeln kontrollieren

Der Innendurchmesser einer neuen Trommel beträgt 185,2 – 185,5 mm. Wenn die Bremsfläche der Trommel Rillen aufweist, muß sie ausgedreht werden. Auch unrunde Trommeln (machen sich durch »Rubbeln« bemerkbar) kann man ausdrehen (zentrieren) lassen, sofern die Materialstärke das zuläßt.
Nach dem Ausdrehen darf das höchstzulässige Durchmesser-Übermaß 1,0 mm ausmachen, das höchstzulässige Maß nach weiterem Verschleiß beträgt 186,6 mm. Bremstrommeln müssen innen sauber und trocken sein. Dazu wischt man sie mit einem nicht fettigen Lappen aus. Rost wird mit der Drahtbürste entfernt.

Die Handbremse

Die mechanisch auf die Hinterräder wirkende Seilzugbremse ist eine Feststellbremse, die in der Lage sein soll, den Wagen auch im Gefälle festzuhalten. Eine »Betriebsbremse« ist sie nicht, da ein aus schneller Fahrt nur hinten gebremstes Auto nur schwer kontrollierbar reagiert.
Die Modelle S 75 und S 85 besitzen in der Check-Kontrolle eine Anzeige, die bei angezogener Handbremse aufleuchtet. Der dazugehörende Schalter sitzt unterhalb des Handbremshebels. Bei gelöstem Handbremshebel wird der Schalterstift niedergedrückt und der Stromkreis zur Anzeige unterbrochen, die Leuchte verlöscht.

Fingerzeige: *Weil sich das Seil der Handbremse in angezogenem Zustand dehnt, sollte man die Handbremse nicht bei jedem Abstellen des Wagens anziehen. Am Berg legt man zum Festhalten einen kleinen Gang ein (als doppelte Sicherheit noch die Vorderräder zum Straßenrand einschlagen). In der Ebene braucht man das Auto überhaupt nicht zu blockieren.*
Herrscht feuchtkaltes Winterwetter, soll der Wagen überhaupt nicht mit angezogener Handbremse abgestellt werden. Die Nässe kann am Seil gefrieren und später läßt sich die Handbremse nicht mehr lösen, ohne aufgetaut zu werden.

Handbremseinstellung prüfen

Pflegearbeit Nr. 33

Gut gewartete Hinterradbremsen sind Voraussetzung für die einwandfreie Funktion der Handbremse.
Auf einer leicht abschüssigen Straße kann man sich von der Wirksamkeit der Handbremse überzeugen: Wagen etwa in Schrittgeschwindigkeit rollen lassen

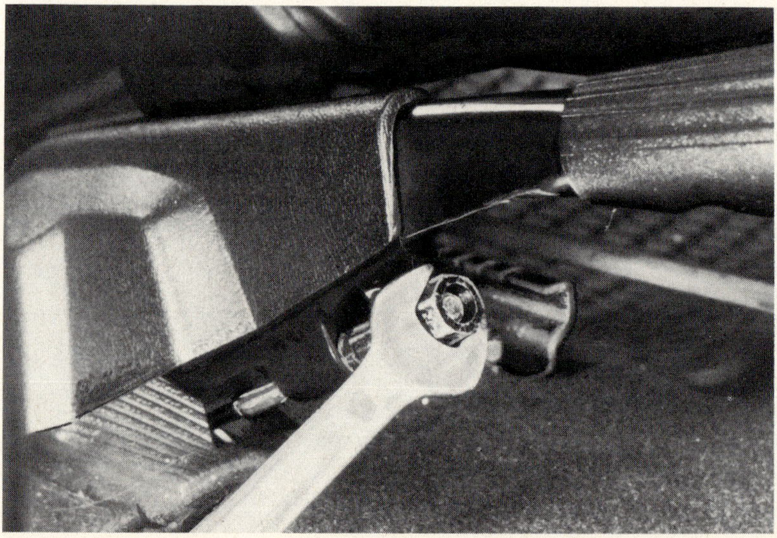

Mit dem Handbremshebel ist die Vorrichtung zur Einstellung der Handbremse verbunden. Das ist sehr praktisch, denn bei etwas Übung kann man die Handbremse auch einstellen, ohne die Hinterachse anzuheben. Man zieht dazu die Einstellmutter so weit an, bis der Wagen sich nicht mehr schieben läßt, dann dreht man die Mutter wieder gerade so weit zurück, daß der Wagen leicht rollt.

und den Handbremshebel bis zur dritten Raste anziehen – dabei soll er sofort zum Stillstand kommen. Ist das nicht der Fall, muß die Einstellmutter unterhalb des Handbremshebels (im Innenraum) entsprechend nachgestellt werden. Dadurch wird das Handbremsseil gespannt.
Eine genaue Einstellung ist jedoch nur bei angehobener Hinterachse möglich; die Mithilfe einer zweiten Person erleichtert die Arbeit.

- Vorderräder sichern, kleinen Gang einlegen.
- Wagen hinten so anheben, bis beide Hinterräder frei hängen.
- Unter dem Wagen die Gängigkeit des Seils kontrollieren, dazu beide Seilteile einzeln in Richtung Wagenfront schräg nach unten ziehen.
- Mit der Hand je ein Rad drehen und das Seil erneut mit der anderen Hand spannen: Das Rad muß zum Stillstand gebracht werden.
- Im Wagen den Handbremshebel bis zur 3. Raste anziehen und kontrollieren, ob die Räder blockiert sind.
- Ist das nicht der Fall, die mit dem Handbremshebel verbundene Einstellmutter entsprechend anziehen.

Zustand des Handbremsseils kontrollieren

Man sollte diese Kontrolle nach jeder Winterperiode vornehmen. Ein womöglich verrostetes Bremsseil wird mit Rostlösungsmittel eingesprüht und mehrmals hin- und hergezogen. Schmutzkrusten am Seil entfernt man mit der Drahtbürste, und dann wird das Seil so weit wie möglich, besonders am Anfangs- und Endstück der Führungen, mit Fett eingeschmiert. Durch Hin- und Herziehen des Seils verschiebt sich das Fett in das Innere der Führung. Auch die Seilrolle, die mit der Zugstange vom Handbremshebel in Verbindung steht, soll gut beweglich sein.

Störungsbeistand
Bremsanlage

Die Störung	– ihre Ursache	– ihre Abhilfe
A Wagen zieht nach rechts oder links beim Bremsen	1 Reifendruck ungleich	Korrigieren
	2 Bereifung ungleichmäßig abgenutzt	Auswechseln, daß auf jede Achse gleichmäßig abgenutzte Reifen kommen
	3 Verschmierte oder verschlissene Beläge	Alle Beläge der betr. Achse erneuern
	4 Bremssattel oder Bremstrommel verschmutzt oder verrostet	Säubern und gängig machen
	5 Unrunde Bremstrommeln	Trommeln ausdrehen
	6 Kolben im Bremssattelzylinder verdreht	Kolbenstellung berichtigen
B Bremsen quietschen oder »rubbeln«	1 Schmutz an oder in den Bremsen	Mit Preßluft ausblasen und mit Bürste säubern
	2 Federn der Bremsbacken gebrochen	Federn ersetzen
	3 Bremsscheibe hat Schlag	Erneuern
	4 Falsche Beläge	Original-Beläge einbauen
	5 Beläge verhärtet (»verglast«)	Beläge erneuern
	6 siehe A 5	
	7 Neue Trommelbremsbeläge liegen nicht plan an	Außenkanten der Beläge mit Feile brechen
C Pedalweg zu groß	1 Beläge abgenutzt	Beläge erneuern
	2 Bremsscheibe hat Schlag	Auswechseln
	3 Luft in der Anlage	Entlüften

Die Störung	– ihre Ursache	– ihre Abhilfe
D Pedalweg zu groß und federndes Durchtreten	1 Luft in Bremsanlage, evtl. Bremsflüssigkeit zu tief abgesunken	Bremsen entlüften, evtl. Vorratsbehälter auffüllen
	2 Überhitzte Bremsflüssigkeit – Dampfblasenbildung durch zu hohen Wassergehalt der Bremsflüssigkeit oder Überbeanspruchung der Bremsen	Bremsflüssigkeit wechseln lassen
	3 Beschädigte Manschette im Trommelbremszylinder	Auswechseln
	4 Undichtigkeit	Anlage kontrollieren
E Pedalweg zu groß, trotz Lüftung	1 Bremsklötze (-beläge) abgenutzt	Erneuern
	2 Dichtungen oder Bremsschläuche schadhaft	Beides auswechseln
F Pedal läßt sich ganz durchtreten, Bremswirkung läßt nach	1 Undichtigkeit in der Leitung	Anschlüsse kontrollieren, evtl. Leitung auswechseln
	2 Haupt- oder Radzylinder-Manschette beschädigt	Manschette auswechseln (Werkstatt)
G Schlechte Bremswirkung bei hohem Fußdruck	1 Gummidichtungen verquollen	Gummiteile und Bremsflüssigkeit erneuern
	2 Beläge in Trommelbremse verölt	Radlagerdichtung und Beläge erneuern
	3 Unterdruck in der Servo-Anlage zu gering	Werkstatt aufsuchen
H Bremse zieht von selbst	1 Ausgleichsbohrung im Hauptzylinder verstopft	Hauptbremszylinder überholen (Werkstatt)
	2 Gequollene Manschetten	Bremsanlage spülen, Manschetten auswechseln
	3 Bremsscheibe hat Schlag	Bremsscheibe zentrieren
	4 Rückzugfedern in Trommelbremsen erlahmt	Federn erneuern
I Langer und zu hoher Pedaldruck erforderlich	1 Ausfall eines Bremskreises	Sofort Werkstatt aufsuchen
	2 Ausfall der Servobremse	Werkstatt aufsuchen
K Bremsen schütteln	Trommelbremsbeläge unrund	Abschleifen lassen

Laufburschen

Reifen- und Felgendimensionen werden vom Fahrzeughersteller bestimmt und lassen sich deshalb nicht wahllos verändern. Welche Pneus man anschaffen soll, diese Frage ergibt sich spätestens beim nächsten Reifenkauf. Der Zeitpunkt dazu läßt sich allerdings durch überlegte Fahrweise und durch Befolgen einiger Ratschläge hinausschieben.

Reifengrößen ab Werk

Nur die in der nachfolgenden Tabelle genannten Reifengrößen sind auch in den Fahrzeugpapieren vermerkt. Andere als die dort aufgeführten dürfen nur mit Zustimmung des TÜV und nach entsprechender Änderung der Wagenpapiere montiert werden.

Modell	Serienausrüstung	Sonderausrüstung
60 L	145 SR 13	–
60 CL	145 SR 13	165/70 SR 13
65 CL	145 SR 13	165/70 SR 13
75 CL	165/70 SR 13	165/65 SR 14
S 75	165/70 SR 13	165/65 SR 14
S 85	165/70 SR 13	165/65 SR 14

Die Reifengröße

Nach international gültigen Regeln wird die Reifengröße in Millimetern oder, wie in unserem Fall, gemischt in Millimetern und englischen Zoll angegeben. Die erste Zahl in der Größenangabe nennt die Reifenbreite; entsprechend ist der Reifen 145 SR 13 in unbelastetem Zustand 145 mm breit.
Bei den sogenannten 70er-Reifen – genaue Bezeichnung 165/70 SR 13 – besagt die Zahl 70, daß das Verhältnis von Reifenhöhe zu Breite 70:100 beträgt. Im Gegensatz dazu haben normale Gürtelreifen ein Höhen/Breiten-Verhältnis von 80:100. Diese 70er-Reifen haben eine größere »Aufstandsfläche«, sie stehen mit mehr Gummi auf der Straße, was die Straßenlage etwas verbessert. Noch ausgeprägter ist dies bei den Reifen 165/65 SR 14.
Die letzte Zahl in der Größenangabe nennt den Innendurchmesser des Reifens und zugleich den Durchmesser der dazu passenden Felge. Demnach hat der Reifen 145 SR 13 einen Innendurchmesser von 13 Zoll oder 330,2 mm, und die dazugehörige Felge hat an der Auflage für den Reifenwulst ebenfalls 330,2 mm Durchmesser.

Die Reifenbauart

Früher einmal übliche Diagonalreifen sind für den Ritmo nicht zugelassen (zwischen den beiden Größenangaben stand ein Bindestrich).
Die Gürtel- oder Radialreifen erkennt man am »R« (= Radial) zwischen den Größenbezeichnungen. Bei diesen Reifen verlaufen gummierte Cordgewebeeinla-

Die Erklärung der Reifenbeschriftung, in Ergänzung der Erläuterungen auf diesen Seiten.

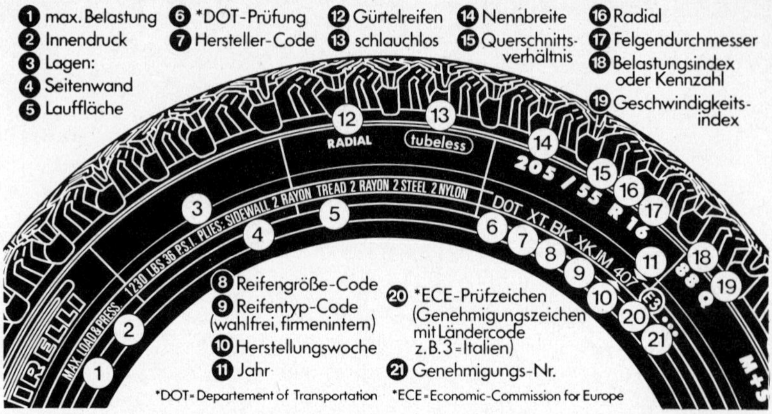

gen quer zur Laufrichtung. Die Gewebefäden sind an zwei Stahlringen verankert und bilden das Kernstück des Reifens, die sogenannte Karkasse. Durch diese Bauweise erhält man eine hohe Flexibilität der Reifenflanken, was für die Eigenfederung des Reifens von Bedeutung ist. Die Lauffläche muß dagegen steif und formbeständig sein. Um den Reifen wird daher ein starker Gürtel aus schräg verlaufenden Gewebefäden gelegt. Die Gewebefäden bestehen entweder aus Textil- oder Stahlcord, man unterscheidet daher Textil- und Stahlgürtelreifen. Stahlgürtelreifen sind bekannt für hohe Laufleistungen; die durch den Stahlcordgürtel versteifte Lauffläche walkt und arbeitet nur wenig, wodurch sich der Reifen nicht stark erwärmt, und die Abnutzung bleibt gering.
Auf einer Achse sollen Reifen gleicher Bauart laufen. Bei gemischter Ausrüstung müssen Textilgürtelreifen vorn und Stahlgürtelreifen auf der Hinterachse montiert werden.

Die zulässige Geschwindigkeit

In den bisher gebräuchlichen Reifenbezeichnungen, wie etwa 145 SR 13, 165/70 HR 13 oder auch 205/60 VR 13 (die beiden letzteren sind beim Ritmo nicht anzutreffen), kennzeichnen die Buchstaben S, H und V die zulässige Höchstgeschwindigkeit für den entsprechenden Reifen. Mit der Regelung Nr. 30 des E. C. E. (Economic Commission for Europe) wurde die Reifenbeschriftung geändert. Der Geschwindigkeitsbereich steht jetzt nach der neu eingeführten Kennzahl für die Reifentragkraft (siehe nächsten Absatz), z. B. 145 R 13 74 S. Außerdem wurden zusätzliche Kennbuchstaben festgelegt für weitere Geschwindigkeitsbereiche. Neben den schon bekannten Kennbuchstaben S = bis 180 km/h, H = bis 210 km/h und V = über 210 km/h kommen neu hinzu Q = bis 160 km/h (vorwiegend M + S-Reifen), R = bis 170 km/h, T = bis 190 km/h und U = bis 200 km/h.

Die Reifentragfähigkeit

Die Tragfähigkeit eines Reifens hängt von den Reifenabmessungen und vom Luftdruck ab. Je nach Fahrzeuggewicht ist eine bestimmte Reifentragfähigkeit erforderlich. Diese war früher durch die sogenannte Ply-Rating-Zahl angegeben (z. B. 5.95/145 – 13 4 PR für Personenwagen und 6 PR oder 8 PR für Kombiwagen). Bei Gürtelreifen ist die Ply-Rating-Zahl allenfalls noch bei verstärkten Reifen für Kombifahrzeuge zu finden. Mit der E. C. E.-Regelung Nr. 30 wird grundsätzlich für alle Gürtelreifen die Angabe der höchstzulässigen Tragfähigkeit gefordert. In der Reifenbezeichnung 145 R 13 74 S besagt die Kennziffer 74, daß dieser Reifen bei vorgeschriebenem Luftdruck eine maximale Tragfähigkeit von 375 kg besitzt.

Die Reifenprüfnummer

Im Anschluß an die neue E. C. E.-Reifenbezeichnung befindet sich z. B. noch E 3 und eine nachfolgende vierstellige Nummer. Sechzehn europäische Länder sind gleichermaßen berechtigt, Fahrzeugreifen zu prüfen und nach positiver Beurteilung ein Prüfzeichen und eine Prüfnummer zu vergeben. So steht der Buchstabe »E« für »Europa« und eine Zahl von 1 bis 16 für das entsprechende Land, in dem die Reifenzulassung erteilt wurde.

Das Herstellungsdatum

Das Produktionsdatum eines Reifens interessiert vor allem dann, wenn eine Serie Reifen wegen eines Fabrikationsfehlers vom betreffenden Hersteller »zurückgerufen« wird, also gegen einwandfreie getauscht werden soll. An der Reifenflanke finden Sie irgendwo eine dreistellige Zahlenkombination. Sie kann z. B. 120 lauten – dies ist das verschlüsselte Herstellungsdatum und besagt, daß der Reifen in der 12. Produktionswoche 1980 hergestellt wurde.

Schlauchlose Reifen

Fiat rüstet den Ritmo mit schlauchlosen Reifen aus. Der Einbau eines nicht notwendigen Schlauches birgt Gefahren, weil Luft, die bei der Montage zwischen Schlauch und Decke eingeschlossen wird, nicht entweichen kann. Das könnte zum Platzen des Reifens führen.
Muß wegen undichter Decke ausnahmsweise ein Schlauch eingelegt werden, ist vorher das »schlauchlose» Ventil aus der Hump-Felge (siehe nächsten Abschnitt) auszubauen. Beim Aufpumpen ist dann das Schlauchventil öfter in die Felge zu drücken, damit die eingeschlossene Luft entweicht.

Die Felgen

Die Ritmo-Modelle besitzen serienmäßig Felgen der Größe 4½ B × 13 (Fiat bezeichnet sie auch: 4,5 B × 13) oder 5½ J × 14. Diese Zahlen-Buchstabenkombinationen bedeuten:

4½, 5½	=	Felgenmaulweite in Zoll, an der Felgenhornbasis quer zur Laufrichtung des Rads gemessen;
B, J	=	Kennbuchstabe für die Felgenhorn-Höhe;
X	=	Zeichen für Tiefbettfelge;
13, 14	=	Felgendurchmesser von Wulst zu Wulst, in Zoll gemessen.

Diese Norm-Bezeichnungen geben nur die Hauptabmessungen der Felgen an, nicht aber die Anzahl der Radbefestigungslöcher oder deren Lochkreisdurchmesser. Zusätzlich ist noch die Einpreßtiefe (ET) von Bedeutung, die bei allen genannten Felgen 49 mm beträgt.
In Verbindung mit den schlauchlosen Reifen dürfen nur Doppel-Hump-Felgen verwendet werden. »Hump« nennt man eine ringförmige Erhebung auf der Felgenschulter, die den Reifenwulst gegen Abgleiten in das Felgenbett sichert.

Jeder Reifen trägt eine Aufschrift, aus der neben dem Hersteller und der Reifenbezeichnung auch die Reifengröße hervorgeht. Außerdem erhält man noch einen Hinweis auf die Bauart des Reifens. Die Fiat Ritmo dürfen nur mit Gürtelreifen (»SR« bzw. »R«) ausgerüstet werden.

Leichtmetallfelgen

Alle in diesem Buch beschriebenen Ritmo-Modelle werden ab Werk mit Stahlscheibenrädern geliefert. Das Modell S 85 besitzt Räder aus poliertem Edelstahl. Leichtmetallräder dürfen ohne TÜV-Abnahme und ohne besonderen Eintrag in die Fahrzeugpapiere nicht montiert werden, wenn keine allgemeine Betriebserlaubnis (ABE) dafür vorliegt.

Reifenluftdruck messen

Pflegearbeit
Nr. 2

Völlig luftdichte Reifen gibt es nicht. Auch neuwertige schlauchlose Reifen verlieren durch die Porosität der Gummimischung allmählich Luft. Weil der vorgeschriebene Luftdruck wesentlichen Einfluß auf die Lebensdauer der Reifen, aber auch auf das Fahrverhalten hat, ist die regelmäßige Kontrolle wichtig.
Fiat empfiehlt für die einzelnen Reifengrößen bei der Ritmo-Modellreihe unterschiedliche Reifendrücke. Sie sind auf Seite 204 angeführt. Unter die genannten Druckwerte sollte der Reifendruck keinesfalls absinken. Die übliche Druckangabe wird in »bar« angegeben; sie entspricht nahezu der früher üblichen Angabe in »atü«, eine Bezeichnung für den atmosphärischen Überdruck.
Bei flotter, sportlicher Fahrweise wie auch bei Verwendung von Winterreifen sollte man den Reifendruck jeweils um 0,2 bar erhöhen, bei Haftreifen sogar um 0,3 bar. Der höhere Druck vermindert überdies den Rollwiderstand der Reifen und trägt zur Kraftstoffersparnis bei. Auch dem Reserverad immer 0,2 bar mehr geben, überschüssiger Druck kann bei Bedarf abgelassen werden.

Luftdruck bei kalten Reifen messen

Nur am kalten Reifen darf der Reifendruck gemessen werden. Schon nach wenigen Kilometern zügiger Fahrt kann der Druck um 0,2 oder sogar 0,4 bar angestiegen sein. Dann wäre es falsch, beim nächsten Halt an einer Tankstelle den Luftdruck entsprechend zu reduzieren. Dieser Druckanstieg durch Erwärmung ist bereits einkalkuliert.
Wenn man bei der regelmäßigen Prüfung (etwa alle zwei Wochen) Druckverlust an einem Reifen feststellt, muß er etwas genauer angesehen werden. Entweder kann das Ventil undicht geworden sein oder in der Reifendecke des schlauchlosen Reifens sitzt eine Glasscherbe bzw. ein Nagel, wodurch ein kleines Loch entstanden ist. Jedenfalls muß der Ursache des Druckverlusts nachgespürt werden, einfach Luft nachzupumpen ist nutzlos. Wenn nämlich darauf nicht geachtet wird, kann die Instandsetzung nach einer Dauerschädigung unmöglich werden. Das kostet dann einen neuen Reifen.

Reifenzustand prüfen

Pflegearbeit
Nr. 16

Die vorgeschriebenen 10 000-km-Intervalle zur Kontrolle des äußeren Zustandes der Reifen sind ein fast zu langer Zeitraum. Die beste Möglichkeit zur Prüfung ergibt sich in der Tankstelle, wenn der Wagen zum Ölwechsel hochgebockt wird. Bei dieser Gelegenheit hebelt man mit einem kleinen Schraubenzieher Fremdkörper aus der Reifendecke und prüft nach, ob bereits ernsthafter Schaden aufgetreten ist. Vordergründig überzeugt man sich natürlich von der Reifenabnutzung. Entdeckt man einseitige Abnutzung oder hat das Profil wellige Vertiefungen in regelmäßigen Abständen, dann ist an der Radaufhängung oder am Rad selbst etwas nicht in Ordnung.
In diesem Fall sollte man einen wirklichen Fachmann zu Rate ziehen. Nur er kann durch die Art der ungleichen Reifenabnutzung erkennen, ob die Ursache bei falschem Luftdruck, bei unausgewuchteten Rädern, bei unwirksamen Stoßdämpfern, bei ausgeschlagenen Gelenken oder bei Fehlern in der Radeinstellung zu suchen ist. Diese Fehlerquellen hinterlassen nämlich ihre charakteristischen Spuren auf dem Reifenprofil. Unter Umständen müssen dann die Räder ausgewuchtet werden, und die betreffende Achse ist zu vermessen. Die Werkstattkosten gleichen sich mit der gewonnenen Reifenersparnis in Kürze aus.

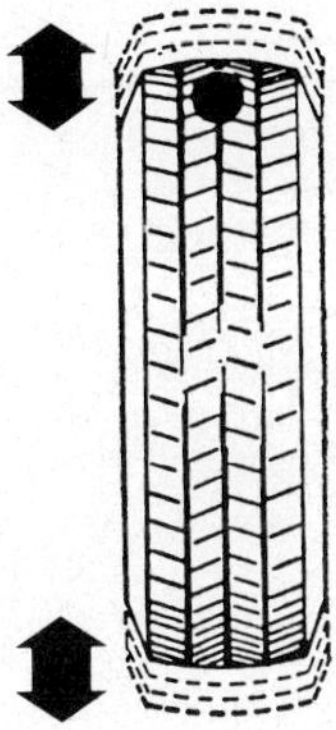

Unsere Skizze erläutert die Auswirkungen der Unwucht:

Die **statische** Unwucht erkennt man, wenn ein freihängendes, drehendes Rad immer mit der gleichen Stelle zu Boden sinkt und sich allmählich auspendelt. Folge: Das Rad hüpft während der Fahrt.

Die **dynamische** Unwucht ist durch Auspendeln des Rades nicht zu erkennen, denn sie liegt irgendwie schräg zur Radachse, so daß das schnellaufende Rad flattert und wackelt. Unausgewuchtete Räder führen zu schnellem Reifenverschleiß, unruhiger Lenkung und vorzeitiger Abnutzung der Radlager.

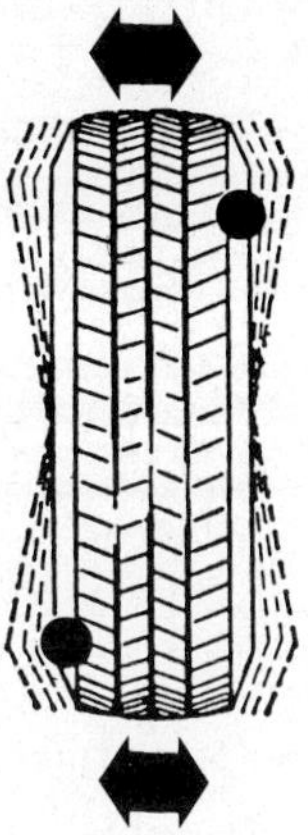

Unwucht der Räder

Unausgewuchtete Räder entwickeln beachtliche Kräfte. Die Fahreigenschaften verschlechtern sich, Radaufhängung und Teile der Lenkung leiden. Die Ursache kann ein defekter Stoßdämpfer sein, meist aber die ungleiche Gewichtsverteilung des betreffenden Rades, wobei es eine statische und eine dynamische Unwucht gibt (siehe Abbildung).
Zum Auswuchten der Räder gibt es zwei Methoden. Entweder auf der Auswuchtmaschine, an der das Rad anmontiert wird, oder mit einem elektronischen Auswuchtgerät, wobei das am Fahrzeug montierte Rad auf Unwucht kontrolliert wird. Um wirkliches Feinauswuchten der Vorderräder zu erreichen, ist die zweite Methode besser, da auch eine mögliche Unwucht der Radnabe oder der Bremsscheibe ausgeglichen wird. Beim elektronischen Auswuchten werden normalerweise die Räder durch einen Elektromotor mit Reibrad in die notwendige schnelle Drehung gebracht. Aber an den Vorderrädern ist dies nicht angebracht, da das Ausgleichsgetriebe eine derartige einseitige Beschleunigung nicht verträgt. Zum elektronischen Auswuchten der Vorderräder muß deshalb der Wagen vorn angehoben werden, und der Motor muß die Vorderräder im vierten Gang auf etwa 90 km/h beschleunigen.

Der Reifenverschleiß

Verschiedene Einflüsse bestimmen die Lebensdauer eines Reifens, als da sind Wagenbelastung, Geschwindigkeit, Fahrstil, Luftdruck und – in unseren Breiten weniger gravierend – der Straßenzustand. Man kann aber etwa folgende Angaben zugrunde legen:

Reifen	60 L, 60 CL, 65 CL	60 CL, 65 CL	75 CL, S 75	75 CL, S 75, S 85
145 SR 13	40 000 km	–	–	–
165/70 SR 13	–	40 000 km	37 000 km	–
165/65 SR 14	–	–	–	32 000 km

Da die Vorderräder antreiben, lenken und zudem die Hauptbelastung beim Bremsen aushalten müssen, sind sie auch früher verschlissen. In der Betriebsanleitung wird deshalb empfohlen, die Räder jeweils einer Achse auszutauschen, also die Vorderräder gegen die Hinterräder und nicht über Kreuz, um die Laufrichtung beizubehalten. Das sollte jedoch frühestens nach einer Laufstrecke von 10 000 km bis 15 000 km erfolgen. Ein kreuzweiser Wechsel (z. B. linkes Vorderrad gegen rechtes Hinterrad) würde den Verschleiß erhöhen.

So wird der Wagenheber exakt angesetzt, damit er beim Hochkurbeln nicht so leicht umkippt: Schräg nach außen stehend, von der Seite gesehen, jedoch senkrecht, den Tragebolzen bis zum Anschlag in die Hülse der Quertraverse geschoben und bei lockerem Boden auf dem Boden ein Unterlegbrettchen gelegt, damit sich der Wagenheberfuß nicht in den Boden drückt (anstatt den Wagen hochzuheben). Der schräg nach außen stehende Wagenheber kommt beim Hochkurbeln immer mehr in die Senkrechte.

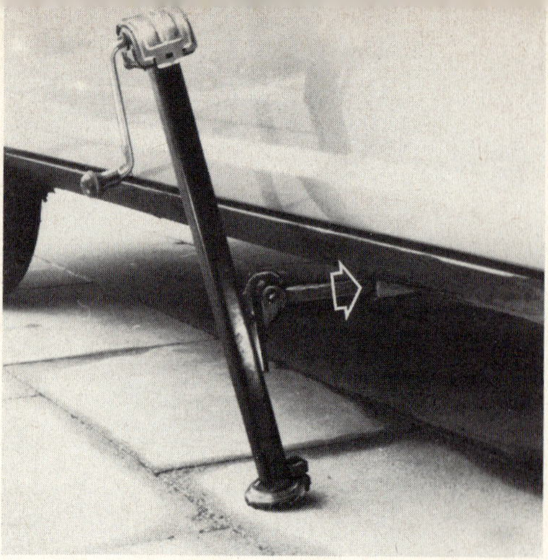

Der Radwechsel

Unterwegs bietet ein Radwechsel manchmal Probleme. Die Radschrauben können festgerostet sein oder sie wurden beim letzten Radwechsel an der Tankstelle oder in der Werkstatt mit einem Schlagschrauber »angeknallt«, statt mit den vorgeschriebenen 86 Nm festgezogen. Dann hilft das Bordwerkzeug nicht weiter, sondern nur ein kräftiger Radschlüssel oder ein Radkreuz mit aufgestecktem Rohrstück zur Vergrößerung der Hebelkraft. Auf keinen Fall darf auf dem platten Reifen weitergefahren werden, sonst wird das Gewebe so verwalkt, daß der Reifen nicht mehr reparierbar ist.

Zum Radwechsel Handbremse anziehen und 1. Gang oder Rückwärtsgang einlegen, Warndreieck aufstellen. Räder auf der anderen Wagenseite mit Steinen oder Holz blockieren. Radschrauben jeweils knapp eine Umdrehung lockern. Erst jetzt das Auto mit dem Wagenheber anheben. Schrauben herausdrehen und an sauberer Stelle ablegen, Rad abnehmen. Ersatzrad aufstecken (der in die Radnabe eingeschraubte Führungsdorn erleichtert das), Radschrauben eindrehen. Schrauben über Kreuz gleichmäßig so stark als möglich anziehen. Dabei das Rad hin- und herbewegen, damit es sich einwandfrei auf der Radnabe zentriert. Wagen ablassen und die Schrauben nachziehen. Defektes Rad, Wagenheber, Werkzeug und Warndreieck wieder verstauen.

Radschrauben auf festen Sitz prüfen

Pflegearbeit Nr. 35

Die Radschrauben sollen mit knapp 90 Nm angezogen werden. Das erreicht man ohne weiteres mit einem normalen Radschlüssel, ohne viel Kraft anzuwenden. Zu starkes und ungleichmäßiges Festschrauben kann dazu führen, daß sich die Bremsscheiben oder -trommeln verziehen. Das ergibt ungleichmäßige Bremswirkung, Bremsenschütteln und punkt- oder flächenförmigen Reifenverschleiß.

Die Kontrolle auf richtig festgedrehte Radschrauben ist vor allem kurz nach einem Radwechsel wichtig, auch wenn er von einer Werkstatt durchgeführt wurde. Sie wird automatisch nach Wartungsarbeiten an den Bremsen fällig und damit ist die von Fiat für alle 20 000 km gegebene Vorschrift erfüllt.

Runderneuerte Reifen

Neu besohlte Reifen stehen bei vielen Autofahrern in schlechtem Ansehen, obwohl sie bei fabrikmäßiger Herstellung den Beweis ihrer Tüchtigkeit in verschiedenen Tests erbracht haben. Vertrauenswürdige Runderneuerer geben auf ihre Produkte Garantie, das RAL-Gütezeichen weist auf bestandene Schnellauftests hin.

Dem erheblich niedrigeren Anschaffungspreis stehen gegenüber: Kürzere Lebensdauer, größere Unwuchten, bisweilen mangelhafter Rundlauf bei höheren

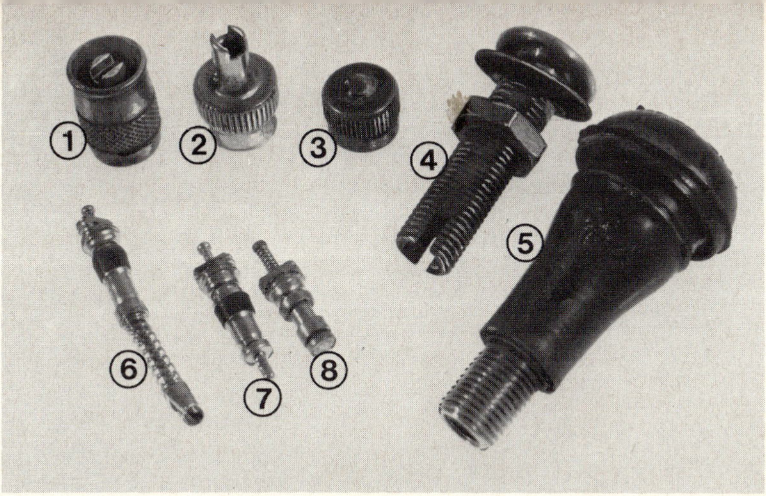

Es gibt unterschiedliches Reifenzubehör:
1 bis 3 – Ventilkappen, von denen man mit den ersten beiden auch das Ventil herausdrehen kann. Beim Wagenwaschen allerdings bleibt der Schwamm an Nr. 2 hängen, solche Kappen führt man besser im Handschuhfach mit.
4 – Ventil für Luftschlauch und 5 – Ventil für schlauchlose Reifen. 6 bis 8 – Ventileinsätze, wobei Nr. 6 die konventionelle Art darstellt. Die kleineren französischen Einsätze, z. B. von Michelin, sind besser, da sie keine Feder haben, die sich verbiegen kann.

Laufleistungen und unterschiedliches Fahrverhalten im Vergleich zum Neureifen mit gleicher Profilgestaltung. Runderneuerte Reifen würden wir lediglich dann nehmen, wenn der Wagen überwiegend im Kurzstreckenverkehr, auf der Autobahn eher gemächlich und nur selten voll beladen wird. Regelmäßige Luftdruckkontrolle ist bei diesen Reifen besonders wichtig, damit keine vorzeitigen Defekte eintreten.

Winterreifen

Ausführliche Hinweise zu den Reifen, die bei Glätte und Schnee ausreichende Qualitäten besitzen, finden Sie im Kapitel »Winterschutz« auf Seite 52. Die gegenwärtig vom Handel angebotenen Winterreifen sind keine Alleskönner, und man darf sich trotz teils großartiger Werbung für einzelne Fabrikate nicht darüber hinwegtäuschen lassen, daß sie immer nur relativ gute Eigenschaften für spezielle Straßenzustände besitzen und daß diese Eignungen wegen der unterschiedlichen Fahrwerkskonstruktion der einzelnen Automobile bei jedem Wagentyp anders zur Geltung kommen. Die teuren Haftreifen haben auf trockener Fahrbahn einen stärkeren Abrieb als »Sommerreifen« und sollen deshalb nicht gleich aufgezogen werden, wenn der Kalender »Winter« anzeigt.

Energiespeicher

Auf irgendeine Art sind alle elektrischen Leitungen im Auto mit der Batterie verbunden. Als Stromspeicher dient sie zunächst zum Starten des Motors und zur Stromversorgung im Stand. Da sie aber selbst keinen Strom erzeugt, muß sie den abgegebenen Strom immer wieder sammeln. Sie erhält ihn von der Lichtmaschine, mit der sie in enger Verbindung steht.

Elektrik ohne Geheimnisse

Vergleichsweise läßt sich sagen, daß elektrischer Strom wie in einer Wasserleitung fließt. In ihr strömt unter einem bestimmten Druck eine gewisse Menge Wasser. Den Wasserdruck kann man mit der Spannung vergleichen, die in Volt (abgekürzt V) gemessen wird (der Elektriker spricht nicht vom fließenden Strom, sondern von Spannung, die »anliegt«), während die in bestimmter Zeit durchfließende Wassermenge den Strom ausmacht, gemessen in Ampère (A). Spannung und Strom multipliziert ergibt die elektrische Leistung mit der Maßeinheit Watt (W).
Jede Batteriezelle liefert etwa 2 V Spannung, demnach handelt es sich im Ritmo um eine 12-V-Batterie. Beim Betrieb einer Glühbirne mit 5 Watt, wie sie z. B. als Standlicht Verwendung findet, muß die Batterie also (5: 12 = 0,426) 0,426 Ampère Strom liefern.

Batteriedaten

Auf dem Batteriegehäuse befindet sich neben dem Markennamen und der entsprechenden Typnummer bei den 60-PS-Modellen noch die Angabe 12 V/34 Ah, bei den anderen 12 V/45 Ah. Die vorangestellte Zahl 12 gibt die bereits erwähnte Spannung an. Hinter dem Schrägstrich ist die Stromstärke in ihrer »zeitlich lieferbaren Menge« angegeben. Ah bedeutet Ampere je Stunde. Das ist die Nenn-Batteriekapazität, die nach Norm-Bedingungen bei einer 20stündigen Entladung gemessen wird. In der Praxis rechnet man allerdings besser nur mit ⅔ der angegebenen Kapazität und bei älteren Batterien nur etwa mit der Hälfte.
Noch wichtiger als die Kapazität ist die Angabe der Leistungsfähigkeit der Batterie bei Kälte, wobei es der Anlasser besonders schwer hat, den Motor durchzudrehen. Der entsprechende Meßwert lautet 120 A bzw. 175 A. Das ist der sogenannte Kälteprüfstrom, der bei – 18° C gemessen wird.

Die Leistung der Batterie

Etwa 20 Watt werden verbraucht, wenn man den Wagen mit eingeschaltetem Standlicht abstellt. Bei 12 Volt Spannung fließen dazu (nach der Formel Leistung: Spannung = Strom) 1,66 A, die von der 34-Ah-Batterie theoretisch etwa 20 Stunden geliefert werden können. In der Praxis (bei ½ bis ⅔ der Nennkapazität) sind es bei dieser Batterie aber nur knapp 15 Stunden, dann ist das Licht aus und die Batterie leer. Bei eingeschalteten Warnblinkern versagt die Stromlieferung nach rund 3 Stunden. Die 45-Ah-Batterie hält entsprechend länger durch.
Vor allem bei ausgefallener Lichtmaschine ist es gut zu wissen, wie lange die

Batterie durchhalten wird. Denn man kann allein mit Batteriestrom fahren, solange der Strom für die Zündanlage reicht. Näheres dazu siehe unter »Fahren ohne Lichtmaschine« auf Seite 163.
Der Anlasser verlangt von der Batterie die größte Leistung. Deshalb heißt sie auch Starterbatterie. Je nach Ritmo-Modell leistet der Anlasser 0,8 oder 0,9 kW, also mehr als 1 PS. Durch Reibungsverluste verschlingt er zwischen 700 Watt beim Durchdrehen des warmen Motors und dem etwa Fünffachen im Augenblick des Einschaltens, durch das sogenannte Losbrechmoment. Je tiefer die Temperatur sinkt und je zäher dadurch die Schmierstoffe werden, um so höher wird der Strombedarf des Anlassers. Zudem ist bei niedrigen Temperaturen die Leistungskraft der Batterie an sich schon geringer.
Wenn im Winter die Kontrolleuchten beim Betätigen des Anlassers nur noch glimmen oder der Anlasser den Motor lediglich müde durchdreht, sollte auf weitere Versuche verzichtet werden, weil die Spannung dann unter dem von der Zündspule benötigten Mindestwert liegt. In diesem Fall helfen nur Starthilfekabel (siehe Seite 158) oder Anschleppen weiter.

Temperatureinfluß auf die Batterie

Kälte verlangsamt die elektrochemischen Vorgänge in der Batterie, und die für den Start verfügbare Kapazität nimmt ab. Bei tiefem Frost von – 25° C reicht es selbst bei einer tadellos geladenen Batterie kaum noch für die halbe Leistung. Eine schlecht geladene oder alte Batterie kann kaum mehr den kältesteifen Motor durchdrehen.
In extrem kalten Nächten lohnt es sich deshalb, eine schwache oder alte Batterie auszubauen, um sie in der Wohnung in Heizungsnähe aufzustellen. Am nächsten Morgen springt der Motor mit der warmen Batterie überraschend schnell an. Aus- und Einbau siehe Seite 156.
Der Batterieausbau bei arktischen Temperaturen hat einen weiteren Grund: Eine tief entladene Batterie (etwa durch versehentlich eingeschaltete Scheinwerfer beim Parken) kann schon bei – 10° C gefrieren, eine aufgeladene Batterie hält bis mindestens 30° C Frost durch. Eine gefrorene Batterie nimmt normalerweise noch keinen Schaden, denn die Säure gefriert nicht zu Eis, sondern zu einer geleeartigen Masse.
Gefährlich wird es aber, wenn die Batteriesäure verdünnt wurde (z. B. durch mehrfaches Absaugen, weil zu viel destilliertes Wasser nachgefüllt wurde), oder die Batterie völlig entladen ist, dann kann unter Umständen das Batteriegehäuse platzen.

Säurestand der Batterie kontrollieren

Pflegearbeit Nr. 3

Alle 1000 km nach dem Säurestand der Batterie zu sehen mag als etwas pedantische Empfehlung erscheinen. Sie zu befolgen ist jedoch nicht mit Arbeit verbunden und man soll das besonders im Sommer tun, wenn die Temperaturen für rascheres Verdunsten sorgen. Aber es liegt auch an den Betriebsverhältnissen, wie schnell der flüssige Inhalt »vergast«. Außerdem trägt die unvermeidliche Selbstentladung durch Antimonwanderung von den Plus- zu den Minusplatten das ihre bei, während der das Wasser sich zersetzt.
Fiat liefert ab Werk die Wagen mit einer Batterie, die ein durchscheinendes Gehäuse hat. Mit einem Blick läßt sich von außen erkennen, ob der Säurestand stimmt. Unter dem breiten Rand der Batterieoberseite ist eine Markierungslinie angebracht, unter die der Flüssigkeitsspiegel in den sechs einzelnen Zellen nicht absinken darf.
Zum erforderlichen Nachfüllen werden die beiden Verschlußleisten von je drei Zellenöffnungen abgezogen. In die dabei frei gewordene Schale neben den Zellenöffnungen ist destilliertes Wasser zu gießen, bis es aus den Bohrungen in

der Schale überläuft. Niemals Batteriesäure einfüllen. Auf völlige Reinheit der Nachfüllung achten.
Es gibt auch Batterien mit einzelnen Schraubverschlüssen auf den Zellenöffnungen und ferner Batterien mit undurchsichtigem Gehäuse. Zur Kontrolle schraubt man die sechs Verschlüsse ab. In den Batteriezellen muß der Säurestand etwa 1 cm über den Batterieplatten sichtbar sein. Man kann den Säurestand auch mit einem Streifen Pappe nachmessen (kein Metall verwenden). Das destillierte Wasser ist bei diesen Batterien direkt in die Zellenöffnungen zu gießen.

Fingerzeige: *Destilliertes Wasser bekommt man höchstens noch an der Stamm-Tankstelle umsonst. Die sonst an Tankstellen oder in Kaufhäusern angebotenen Gebinde mit destilliertem Wasser sind unverhältnismäßig teuer. Dagegen erhält man es billig – literweise – in der Drogerie oder Apotheke.*
Batteriesäure und auch die Oxidationskristalle zerfressen alle Textilien. Nur sofortiges Auswaschen der Spritzer mit Sodalösung rettet dann den Anzug. Noch besser ist dafür das Spezialmittel »Neutralon« von Varta, das es als Spraydose im Zubehörhandel gibt.

Ladezustand prüfen

Macht die Batterie trotz richtigem Säurestand einen müden Eindruck – die Scheinwerfer strahlen etwa bei plötzlichem Gasgeben wesentlich heller auf – und will sie sich gar nicht mehr erholen, muß die Säuredichte jeder einzelnen Batteriezelle zur Kontrolle des Ladezustands gemessen werden. Denn die Säuredichte zeigt an, ob die Zellen Strom abgeben können oder nicht; siehe Bild und Text Seite 158.

Batterie aus- und einbauen

Zunächst wird – wie vor allen Arbeiten an der elektrischen Anlage – das Minuskabel abgenommen, damit keine Kurzschlüsse auftreten können. Das Minuskabel ist an der gewirkten Kupferlitze zu erkennen und an dem mit »–« bezeichneten Polkopf angeklemmt. Danach das Pluskabel (Zeichen auf oder an dem Polkopf: »+«) lösen. Die Muttern beider Batterieklemmen mit Schraubenschlüssel SW 10 lockern. Schließlich wird am Fuß der Batterie die Mutter SW 13 abgeschraubt, am besten mit einem Rohrschlüssel. Die herausgenommene Batterie nicht hart auf den Boden aufsetzen.
Beim Wiedereinbau der Batterie zuerst die Plusklemme anschließen, danach die Minusklemme. Ein Vertauschen der Kabelklemmen ist nicht möglich, wenn man nicht gerade Gewalt anwendet, denn der Plus-Polkopf ist dicker als der Minus-Polkopf.

Bei allen Arbeiten an der elektrischen Anlage ist das Massekabel, das von der Batterie zur Karosserie führt, zu lösen und nur zu Kontrollzwecken zwischendurch aufzustecken. Auch bei Kurzschlüssen und eventuellen Kabelbränden soll man mit ruhiger Überlegung zuerst dieses Kabel abschrauben. Deshalb: Griffbereit einen Schraubenschlüssel SW 10 im Handschuhfach oder an einer anderen sofort zugänglichen Stelle halten!
M = Minuspol (Masse),
P = Pluspol.

Batterie sauber halten

Wenn die Batterie verschmutzt ist, wird sie mit warmem Wasser und einer kräftigen Bürste gesäubert. Aber man muß verhindern, daß Wasser und Schmutz in die Durchlaßbohrungen in der Einfüllschale und weiter in die Batterieflüssigkeit gelangt und Schaden anrichtet. Bei anderen Batterien darf das Wasser nicht in die Entlüftungsbohrungen der Zellenstopfen dringen. Diese Bohrungen dürfen aber auch nicht verstopft sein, sonst ebenfalls reinigen.
Die hellen Kunststoffgehäuse der modernen Batterien lassen kaum Säuredämpfe austreten, deshalb setzen die Batterieklemmen nur noch selten Oxidkristalle an. Falls doch, werden sie mit einer weichen Drahtbürste gesäubert oder mit warmem Sodawasser abgewaschen. Zum Schutz vor Korrosion sollen die Batteriepolköpfe und die Kabelklemmen mit einem Säureschutzfett, wie etwa »Bosch Ft 40 v 1«, eingestrichen werden. Kein Fett erhalten die Polkopfseiten und die Innenseiten der Klemmen, sonst kann es Kontaktschwierigkeiten geben.

Batterie laden

Auch in der unbenutzten Batterie findet eine allmähliche Entladung statt – im Winter etwas langsamer als im Sommer. Nach etwa hundert Tagen ist eine vorher vollgeladene Batterie leer. Wenn man sie nicht zu anderweitigem Verbrauch verleihen kann, lohnt es sich, sie einem Elektrodienst in Pension zu geben und dort an ein Frischhaltegerät mit schwachem Ladestrom anschließen zu lassen. Bei tiefer Entladung ist sie an ein leistungsstarkes Ladegerät anzuschließen, wie es Werkstätten besitzen. Aber auch die kleinen handelsüblichen Ladegeräte sind zum Laden geeignet. Etwa eine Stunde genügt, um die entladene, aber sonst gesunde Batterie mit dem Heimlader wieder startklar zu machen.
Vor dem Laden darf nur so viel destilliertes Wasser eingefüllt werden, daß die Platten gerade bedeckt sind, damit die Säure beim Aufladen nicht »überkocht«. Der Anfangs-Ladestrom soll nicht mehr als 10 Prozent der Ah-Kapazität einer Batterie betragen, bei der 34-Ah-Batterie demnach 3,4 Ampere. Mit zunehmender Batteriespannung muß man die Ladestromstärke verringern, was automatische Ladegeräte gewöhnlich selbst regulieren, sonst wird die Batterie überladen und geschädigt. Der Gesamtvorgang dauert 10–15 Stunden.
Das beim Laden sich bildende Gas muß entweichen können, deshalb sind die Verschlüsse der Batteriezellen zu öffnen. Es handelt sich dabei um Wasserstoff und Sauerstoff, und in der Nähe dieses gefährlichen Knallgases darf man nicht mit Feuer hantieren. Der von den Gasblasen verursachte Sprühnebel kann sich um die Batterie herum niederschlagen. Beim Laden der eingebauten Batterie muß man deren Umgebung mit Plastikfolie oder alten Zeitungen abdecken. Diese Maßnahmen sind aber bei Verwendung eines Heimladers nicht erforderlich;

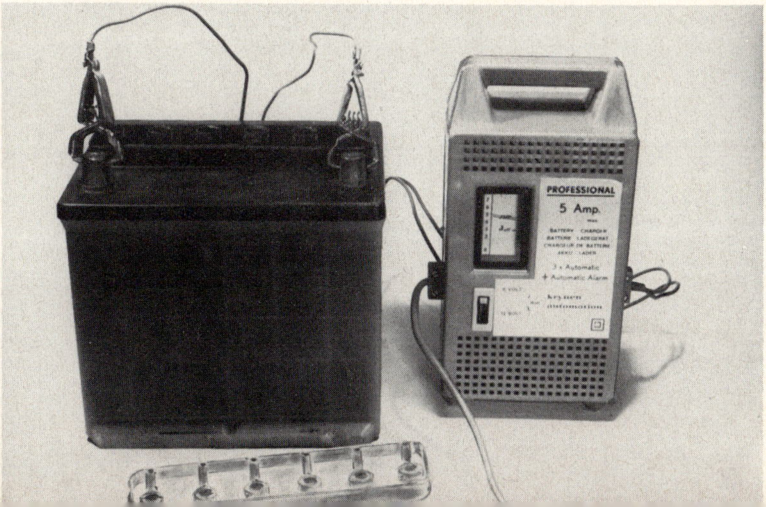

Zum Aufladen der Batterie gibt es einfache Heimladegeräte, die etwa ab 60 Mark kosten. Beim Laden damit, das mehrere Stunden in Anspruch nimmt, brauchen die Verschlußstopfen der Batteriezellen nicht abgenommen zu werden.

man zieht dann nur die Verschlußstopfen ab, läßt sie aber auf den Zellenöffnungen liegen.
Die Batterie ist aufgeladen, wenn innerhalb von zwei Stunden die Säuredichte nicht mehr ansteigt. Abschließend muß noch einmal der Säurestand geprüft werden.
Mit einem Transformator für Modelleisenbahnen läßt sich die Batterie gleichfalls aufladen, aber es muß sich um einen wenigstens 1 Ampère liefernden Gleichstrom-Transformator handeln. Die rote Transformatorklemme wird mit dem Pluspol der Batterie und die blaue mit dem Minuspol durch üblichen isolierten Draht verbunden. Für die 12-Volt-Batterie ist der Reglerknopf bis zur höchsten Stufe einzustellen.

Fingerzeig: *Wird die Batterie mit einem normalen Ladegerät aufgeladen, brauchen die Batteriekabel nicht abgenommen zu werden. Anders beim Schnelladen (siehe nächsten Abschnitt) der eingebauten Batterie. Hierbei müssen beide Batteriekabel abgenommen werden. Sonst können die empfindlichen Dioden des Drehstrom-Generators oder das eventuell eingebaute Radio vom hohen Ladestrom des Schnelladers ruiniert werden.*

Schaden durch Schnelladung?

Wem es zu lange dauert, bis das Ladegerät die Batterie wieder aufgeladen hat, kann seinen Akku bei der Tankstelle oder Werkstatt schnelladen lassen. Aber nur ganz gesunde Batterien überstehen diese Roßkur, die etwa eine Stunde dauert und bei der mit 40 und mehr Ampere geladen wird. Ältere Batterien können dagegen durch die Schnelladung vollends ihr Leben aushauchen – das kostet dann eine neue (aber vielleicht ohnehin bald fällige) Batterie. Fabrikneue Batterien dürfen auf gar keinen Fall an ein Schnelladegerät gehängt werden. Meist sind neue Batterien schon vom Hersteller »trocken vorgeladen« und brauchen nur noch mit Batteriesäure gefüllt zu werden.

Starten mit leerer Batterie

Starthilfekabel

Wenn der Wagen nicht zufällig an einer abschüssigen Straße steht, wo er zum Starten des Motors hinunterrollen kann, geht es am einfachsten mit einem Satz Starthilfekabel. Es müssen aber ein genügend starker Querschnitt und kräftige Anschlußklemmen vorhanden sein, um die notwendige Stromstärke für die Zündanlage und den Anlasser durchzulassen. Der Kabelquerschnitt sollte möglichst 10 mm² (ohne Isolierung) betragen. Zu dünne Kabel werden während des Startvorgangs so heiß, daß die Isolierung schmilzt.
Bitten Sie einen hilfsbereiten Fahrer, mit seinem Wagen so dicht an Ihren Ritmo heranzufahren, daß die Batterien beider Fahrzeuge durch die Starthilfekabel

Mit einem Hebesäuremesser, wie er von der im letzten Abschnitt dieses Kapitels genannten Firma Neuber dem Mittel gegen Batterie-Korrosion beigefügt wird, läßt sich der Ladezustand bequem überprüfen. Wenn die rote Kugel in dem Säureheber oben schwimmt, ist die Batterie in Ordnung. Schwebt die Kugel etwa in der Mitte, ist der Ladezustand mäßig, und sinkt sie nach unten, muß Abhilfe geschaffen werden. Aufpassen: Batteriesäure und auch die Oxydationskristalle zerfressen Kleider und Polster. Nur sofortiges Auswaschen der Spritzer mit Sodalösung rettet Ihre Hose!

miteinander verbunden werden können. In Ihrem Fiat sollen sämtliche Stromverbraucher abgeschaltet sein. Ein Kabel an die Pluspole beider Batterien anklemmen. Dann das andere Starthilfekabel zuerst am Minuspol der fremden Batterie und dessen zweites Ende am Minuspol der Ritmo-Batterie anklemmen, dabei nicht mit irgendeinem anderen Metallteil am Wagen in Berührung kommen. Jetzt sollte der Helfer etwa Halbgas geben, damit dessen Lichtmaschine kräftig Strom spendet. So erhalten Zündanlage und Anlasser im Ritmo genügend Leistung, um den Motor zum Laufen zu bringen: Der Motor läßt sich in üblicher Weise starten, danach die Starthilfekabel in umgekehrter Reihenfolge abnehmen.

Anschieben oder Anschleppen

Das nachstehend Gesagte ist bei Wagen mit automatischem Getriebe nicht möglich. Mit zwei Helfern (einer allein schafft es kaum) läßt sich der Ritmo in der Ebene ohne große Schwierigkeiten anschieben: Zündung einschalten, 1. Gang einlegen (im 2. oder 3. Gang wird der Motor und damit die Lichtmaschine beim Anschieben zu langsam durchgedreht, so daß nicht genügend Strom erzeugt wird). Kupplung durchtreten und Wagen anschieben lassen, bis er in Schwung ist. Jetzt Kupplung schnell kommen lassen: Der Wagen macht einen Hopser und wird bei einwandfreier Zündanlage anspringen. Sofort Kupplung treten und den Motor durch Gasgeben am Laufen halten.
Zum Anschleppen Zündung einschalten, 2. Gang einlegen und Kupplung durchtreten. Der Zugwagen muß langsam anfahren und bei einem Schleppseil dieses allmählich straff ziehen. Bei etwa 15 km/h die Kupplung langsam kommen lassen, dabei die rechte Hand an die Handbremse legen. Ist der Motor angesprungen, Kupplung treten und Gas geben, Handbremse sanft ziehen (Sie haben nur zwei Beine und können nicht auch noch die Fußbremse treten), damit Sie dem Vordermann nicht ins Hinterteil fahren, und dem Schleppfahrer Hupsignal geben. Jetzt Gang heraus, Kupplung loslassen und mit der Handbremse zusammen mit dem Schleppwagen langsam abbremsen.

Die Lebensdauer der Batterie

Im allgemeinen rechnet man mit drei Jahren Leistungsbereitschaft bei einer Autobatterie, doch kann sie durchaus auch mehr als doppelt so alt werden, wenn sie regelmäßig gepflegt wurde. Deutliche Müdigkeitserscheinungen sind es, wenn die Batterie trotz mehrmaligem Nachladen kaum noch den Anlasser am nächsten Tag durchzudrehen vermag und wenn die Scheinwerfer beim Gasgeben bedeutend heller leuchten. Reicht der Schlamm unten in der Batterie bis an die Bleiplatten heran, was Sie bei den durchsichtigen Kunststoffbatterien ganz gut erkennen können, stirbt die Batterie an innerem Kurzschluß.
Wundermittel zum Aufputschen einer altersschwachen Batterie gibt es nicht. Wir haben jedoch ein Mittel gefunden, mit dem eine chemisch defekte (sulfatierte) Batterie wieder aufgemuntert werden kann. Es heißt »Cobalt-MG« und ist über die Firma Krynen-Neuber, Jahnstraße 13, 5810 Witten, im Fachhandel und in den Auto-Abteilungen der Kaufhäuser erhältlich. Doch empfiehlt es sich, das Mittel nicht erst in die altersschwache Batterie zu füllen, sondern bereits in die neue, nachdem deren Garantiefrist abgelaufen ist. Batteriehersteller lehnen auch berechtigte Garantieforderungen ab, wenn die Batteriesäure ein Zusatzmittel enthält. In die ATSA-Batterien, die bereits mit Cobalt angereichert sind, darf »Cobalt-MG« nicht zusätzlich noch eingefüllt werden.

Kraftmeier

Eine bessere Bezeichnung für die Lichtmaschine ist »Generator« (= Kraftumwandler), weil sie für die gesamte elektrische Anlage im Auto Strom liefern muß – Licht schafft sie nur noch nebenbei. Dazu muß sie noch Gleichstrom entwickeln, weil die Batterie keinen Wechselstrom speichern kann.
Dagegen ist der Anlasser ein einfacher, starker Elektromotor. Er hat lediglich die Aufgabe, den Automotor mit Hilfe des Batteriestroms zum Start durchzudrehen. Eine regelmäßige Wartung ist weder für Anlasser noch Generator vorgesehen.

Der Drehstrom-Generator

Anders als die kaum noch eingesetzte Gleichstrom-Lichtmaschine liefert der Drehstrom-Generator bereits im Leerlauf Strom. Zur Gleichrichtung des erzeigten Wechselstroms dienen Dioden, elektronische Halbleiter, die den Strom nur in einer Richtung hindurchlassen. Gegen hochgespannte Stromstöße und gegen Hitze sind sie sehr empfindlich. Durch eine besondere Schaltung ist deshalb die Batterie als Spannungsbegrenzer mit dem Generator verbunden.
In der Ritmo-Reihe kann eine von zwei Generatortypen der Marken Bosch oder Marelli eingebaut sein, die sich im Aufbau voneinander kaum unterscheiden, auch nicht in ihrer maximalen Stromabgabe. So liegt ihre Ampere-Höchstleistung mit 45 A jeweils bei 7000/min. Kurzzeitig können beide Generatoren sogar rund 50 A abgeben. Schon bei etwa 2000 Umdrehungen stehen ⅔ der Höchstleistung zur Verfügung. Diese Leistung wird wegen des Übersetzungsverhältnisses zwischen Kurbelwelle und Generator von 1: 2 bereits bei Motorleerlauf erreicht.

Was zu beachten ist

Um die hohe Lebensdauer des Generators zu erhalten, sind einige Regeln zu beachten:
■ Motor niemals ohne angeschlossene Batterie starten oder den Wagen anschleppen lassen.

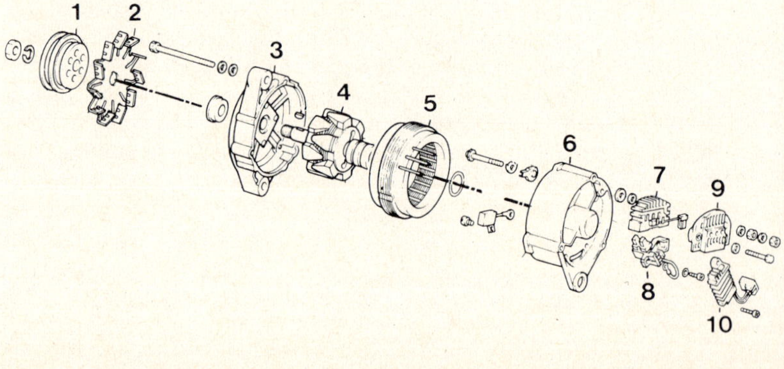

Lichtmaschine »Magneti-Marelli«:
1 – Keilriemenscheibe,
2 – Lüfterrad,
3 – vorderes Lagerschild,
4 – Rotor,
5 – Statorwicklung,
6 – hinteres Lagerschild,
7 – Bürstenträger,
8 – Bürste,
9 – Deckel,
10 – Regler.

- Bei laufendem Motor dürfen die Kabel zwischen Generator und Batterie weder gelöst noch wieder angeschlossen werden. Das gilt auch für das Massekabel der Batterie.
- Sämtliche Kabel an Generator und Batterie einschließlich der Masseanschlüsse müssen vollkommen fest sitzen.
- Beim Schnelladen müssen beide Anschlüsse der Batterie gelöst werden.

Der Spannungsregler

Je schneller die Lichtmaschine dreht, um so höher liegt die Spannung und damit auch der gelieferte Strom. Die Batterie als Stromsammler und die Stromverbraucher werden mit solchen schwankenden Leistungen nicht fertig. Deshalb muß ein besonderer Regler die Spannung begrenzen und ein Überladen der Batterie verhindern.
Zur Maßhaltung der Spannung ist ein elektronischer Feldregler an den Generator angeschlossen, er sitzt innerhalb des Generatorgehäuses. Ein Spannungsregler läßt sich nur mit Werkstattgeräten prüfen.

Generator aus- und einbauen

Minuskabel der Batterie abnehmen. Alle an der Lichtmaschine angeschlossenen Kabel lösen (je nach Generatortyp Flach- oder Mehrfachstecker und mit Muttern befestigte Kabelschuhe). Die Mutter von dem unterhalb der Lichtmaschine sitzenden Schwenklagerbolzen abschrauben, Sicherungsring und Scheibe abnehmen und den Bolzen herausnehmen. Mutter der Schraube zum oberen Halt der Lichtmaschine am Spannbügel lockern, Keilriemen abnehmen, Lichtmaschine festhalten und schließlich die Spannschraube mit Mutter und Scheibe entnehmen.
Sinngemäß umgekehrt wird der Generator wieder anmontiert, und anschließend spannt man den Keilriemen (siehe weiter unten).

Wartung des Generators

Der Drehstrom-Generator ist praktisch wartungsfrei, denn er besitzt keine Schmierstellen. Die auf Schleifringen laufenden Schleifkohlen halten normalerweise 80 000 bis 120 000 km.
Auch erfahrene Heimwerker können am Drehstrom-Generator wenig ausrichten, abgesehen vom Auswechseln der Schleifkohlen an der Bosch-Lichtmaschine. Das Auseinandernehmen des Generators ist nicht sinnvoll, denn dazu braucht man Sonderwerkzeuge zum Anziehen und Aufpressen der Lager, und die Hitze eines einfachen Lötkolbens richtet womöglich noch mehr Schaden an.
Nur in einer Fachwerkstatt mit aufwendigen Testgeräten kann die Lichtmaschine und ihr Spannungsregler bei einem Defekt überprüft werden. Anderswo wird man vielleicht eine neue oder Austausch-Lichtmaschine verkaufen wollen. Falls etwa die Dioden durch Spannungspitzen zerstört worden sind, genügt es, die Diodenplatte zu ersetzen. Man sollte sich also nicht ohne weiteres auf einen Austausch einlassen, sondern zuerst zu einer gut ausgerüsteten Fiat- oder Bosch-Werkstatt fahren.
Das ist auch nötig, wenn die Schleifkohlen ersetzt werden müssen, da der Bürstenhalter beider Lichtmaschinen innerhalb ihres Gehäuses untergebracht ist. Ebenso kann der Regler nicht mit einfachen Heimwerkermitteln ausgebaut werden.

Keilriemenspannung prüfen

Pflegearbeit Nr. 22

Der Keilriemen treibt die Lichtmaschine und zugleich die Wasserpumpe an. Es ist zwar möglich, daß der Motor ohne Lichtmaschine – nur mit Batteriestrom – läuft, aber ohne mitlaufende Wasserpumpe besteht höchste Überhitzungsgefahr. Wegen des dann stillstehenden Kühlmittels drohen schwere Motorschä-

Die Spannschraube am Schwenkarm der Lichtmaschine wird ebenso wie die Schraube am Schwenklager der Lichtmaschine etwas gelockert, wenn der Keilriemen nachgespannt werden muß. Dann Lichtmaschine nach außen drücken und die Schrauben bei richtiger Keilriemenspannung wieder festziehen.

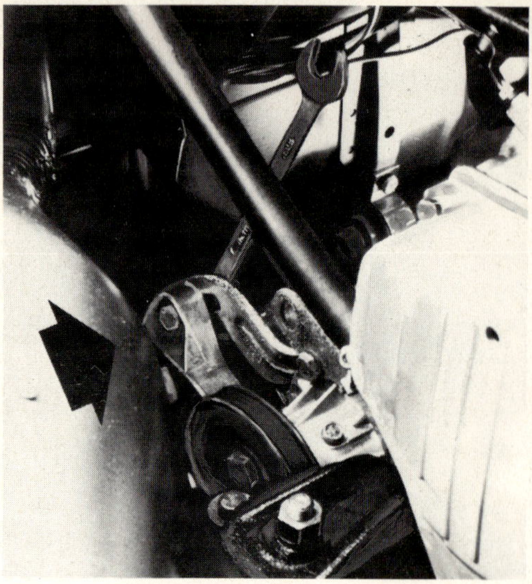

den. Daher ist die Kontrolle der Keilriemenspannung eine der wichtigsten Wartungsarbeiten. Der Keilriemen soll sich in der Mitte zwischen den Keilriemenscheiben für Kurbelwelle und Generator (von unten) bei kräftigem Fingerdruck etwa **10 mm** durchdrücken lassen.
Bei zu geringer Spannung die obere Befestigungsschraube etwas lockern und ebenso den unteren Gelenkbolzen. Dann die Lichtmaschine kräftig vom Motor wegdrücken, dadurch spannt sich der Riemen. Lichtmaschine festhalten und zunächst die obere Schraube, dann die untere festziehen. Riemenspannung erneut kontrollieren und gegebenenfalls nochmals korrigieren.

Keilriemenzustand kontrollieren

Keilriemen sind leider nicht unbegrenzt haltbar, vor allem, wenn die Riemenspannung nur selten kontrolliert wurde. Zu geringe Spannung bewirkt neben mangelhafter Leistungsübertragung hohen Riemenschlupf, dadurch steigende Riementemperatur und frühzeitigen Flankenverschleiß. Ist die Spannung so gering, daß bei scharfem Beschleunigen die Kurbelwellen-Riemenscheibe unter dem Keilriemen durchdreht, zeigen sich ungleichmäßige Schleifspuren auf den Riemenflanken. Wurde dagegen der Keilriemen häufig zu stramm gespannt, führt das zu unnötiger Flankenbelastung und auch die Lager von Lichtmaschine (und Wasserpumpe) werden über die Maßen beansprucht. Dann dehnt sich der Riemen vorzeitig bis zur Erschlaffung und der Nachspannweg reicht kaum noch aus. Durch zu stramme Spannung verrichtet der Riemen mehr Walkarbeit, wird ebenfalls zu heiß und kann im Unterbau anbrechen.
Weit weniger empfindlich sind die »O-F-Keilriemen« (mit offenen Flanken). Als Ersatz sollte man nur solche Keilriemen ohne Ummantelungsgewebe verwenden.

Gerissener Keilriemen

Wenn plötzlich während der Fahrt die rote Ladekontrolleuchte brennt und man hat vielleicht dazu aus dem Motorraum ein schlagendes oder klatschendes Geräusch gehört, dann ist sicherlich der Keilriemen gerissen.
Auf keinen Fall weiterfahren! Durch die nun nicht mehr angetriebene Wasserpumpe ist der Kühlmittelumlauf unterbrochen, und im Motorblock gerät das stillstehende Kühlwasser sofort ins Kochen, was einen schweren Motorschaden zur Folge haben kann. Auch Langsamfahrversuche sind sträflicher Leichtsinn.

Deshalb sofort einen neuen Keilriemen montieren oder den Wagen abschleppen lassen.
Wegen dieses möglichen Vorkommnisses sollte man einen Ersatz-Keilriemen im Wagen mitführen. Er muß eine Breite von 9,5 mm und einen Keilwinkel von 40° haben, für den Motor 1050 muß er 925 mm lang sein, für alle übrigen Motoren 825 mm lang.

Behelfs-Keilriemen

Um das Abschleppen kommt man vielleicht herum, wenn eine mitfahrende Dame Strumpfhosen oder Nylonstrümpfe trägt und bereit ist, sie zu opfern, wobei Laufmaschen keine Rolle spielen. Strumpf vor der Montage mit aller Gewalt langziehen (er reißt nicht). Gedehnten Strumpf so stramm wie nur irgend möglich um die drei Keilriemenscheiben legen. Nochmals stramm ziehen, die Enden sorgfältig verknoten und die überhängenden Enden abschneiden – nicht zu kurz, sonst löst sich der Knoten. Eventuell zweiten Strumpf zur Verstärkung gleich stramm um die Keilriemenscheiben schlingen. Motor starten und beobachten, ob sich Wasserpumpe und Lichtmaschine einwandfrei mitdrehen. Wenn der Strumpf-Keilriemen nicht einwandfrei durchzieht, wie bei einem richtigen Keilriemen nachspannen.

Die rote Ladekontrolleuchte

Einerseits ist die Ladekontrolle am allgemeinen Plus-Anschluß für die übrigen Kontrollampen im Anzeigeinstrument angeschlossen, andererseits mit der Klemme D+ der Lichtmaschine verbunden. Steht die Lichtmaschine bei eingeschalteter Zündung oder läuft sie nur wenig, dann hat dieses Pluskabel der Lichtmaschine keinen oder wenig »Plus«-Strom, ist praktisch also »Minus«. Die rote Lampe brennt dann, weil sie über den allgemeinen Armaturenbrett-Anschluß von der Batterie her Plus-Strom erhält. In diesem Fall herrscht zwischen Lichtmaschine D+ und der Batterie eine Spannungsdifferenz, weil die Lichtmaschine keinen Strom liefert. Sobald der Generator seine Ladedrehzahl erreicht hat, wird er vom Spannungsregler mit dem Stromnetz im Auto verbunden, an Klemme D+ liegt Plus-Strom an und die Ladekontrolle verlöscht. Beim Einschalten der Zündung muß die Kontrollampe durch Weiterleiten des Batteriestroms die Lichtmaschine vorerregen, damit diese bereits aus geringen Drehzahlen heraus Strom abgeben kann. Bei ausgefallener Ladekontrolle schaltet die Drehstrom-Lichtmaschine erst etwa bei 1500/min anstelle sonst bei etwa 700/min ein. Deshalb muß auch stets die richtige Ladestrom-Kontrollampe (12 V/3 W) eingesetzt sein, und ein durchgebranntes Lämpchen ist baldigst zu ersetzen.
Mit dem Verlöschen der Leuchte nach dem Start wird nur angezeigt, daß die Lichtmaschine Strom erzeugt. Über den Ladezustand der Batterie sagt dieses Verlöschen nichts aus und ebensowenig darüber, ob die Leistung der Lichtmaschine im Leerlauf zum Laden der Batterie ausreicht, weil vielleicht eine ganze Reihe von Verbrauchern eingeschaltet ist, zu deren Versorgung die Batterie ihre eigene Kapazität einsetzen muß. Zur genauen Beurteilung einer solchen, freilich sehr selten eintretenden Situation verhilft nur die nachträgliche Installation eines Amperemessers mit Plus- und Minus-Anzeige.

Fahren ohne Lichtmaschine

Sofern die Batterie ausreichend geladen ist, kann man auch ohne Generator fahren. Wenn die Ladekontrolle anzeigt, daß Generator oder Spannungsregler nicht richtig arbeiten, muß die Batterie für Strom sorgen. Bei Tag ist das problemlos, denn die Zündanlage braucht nur rund 25 Watt, allerdings auch eine Mindestspannung. Wenn die Batterie einigermaßen in Ordnung ist, reicht es für etwa 10 Stunden normale Fahrt ohne Stauungen und deshalb laufenden elektrischen Lüfter. Bei Dunkelheit und schlechtem Wetter treten zusätzliche Verbraucher in Aktion, und im Winter besitzt die Batterie weniger Leistungskraft. Die Reichweite der Batterie läßt sich demnach nur schwerlich vorherbestimmen. Grundsätzlich bedeutet Fahren ohne Lichtmaschine:

■ Die Fahrt nicht unnötig unterbrechen. Der Anlasser braucht zum Wiederstarten des Motors besonders viel Strom. Wenn möglich, den Wagen anrollen lassen.

■ Heizbare Heckscheibe, Gebläse und Radio nicht einschalten.

■ Nachts ohne Fernlicht und Nebelscheinwerfer fahren.

■ Mit dem Scheibenwischer möglichst sparsam umgehen.

■ Mehrfachstecker an der Lichtmaschine abziehen, damit sich die Batterie nicht über den defekten Generator oder Spannungsregler in kürzester Zeit entladen kann.

Störungsbeistand

Batterie und Lichtmaschine

Drehstrom-Generator und Batterie gehören eng zusammen. Aus diesem Grund ist diese Störungstabelle für beide Aggregate zusammengefaßt.

Die Störung	– ihre Ursache	– ihre Abhilfe
A Rote Ladekontrolle brennt nicht beim Einschalten des Zündschlosses	1 Batterie leer	Mit Starthilfekabeln starten oder Wagen anschleppen
	2 Batteriekabel gebrochen, Kabelklemmen lose oder oxidiert	Batteriekabel und -klemmen kontrollieren
	3 Glühlampe bzw. Leuchtdiode oder deren Vorwiderstand defekt	Ersetzen
	4 Kabelweg zwischen Zündschloß, Kontrollampe und Lichtmaschine unterbrochen	Stromweg mit Prüflampe kontrollieren
	5 Massekabel zwischen Lichtmaschine und Motorblock gebrochen	Kabel kontrollieren
	6 Schleifkohlen abgenutzt	Schleifkohlen erneuern
	7 Spannungsregler defekt	Regler austauschen
	8 Lichtmaschine schadhaft	Lichtmaschine instandsetzen lassen
	9 Nach zu heftiger Motorwäsche: Eingedrungene Feuchtigkeit hat einen isolierenden Schmierfilm zwischen den Schleifringen und Kohlen gebildet	Lichtmaschine mit Preßluft ausblasen oder Schleifringe und Kohlen sauberreiben
B Ladekontrolle brennt oder glimmt bei laufendem Motor	1 Keilriemen lose	Riemen spannen
	2 Mangelnder Kontakt an Kabelanschlüssen oder unterbrochene Kabel	Kabelanschlüsse und Kabel prüfen
	3 Siehe A 6	
	4 Siehe A 7	
	5 Siehe A 8	
C Batterie gast stark	Siehe A 7	

Der Anlasser

Der zum Start dienende Elektromotor sitzt an der linken Seite des Motors (im Motorraum vorn). Mit seiner Leistung von über 1 PS vermag er den Ritmo bei eingelegtem Gang notfalls von der Stelle zu bringen, wenn es die Situation er-

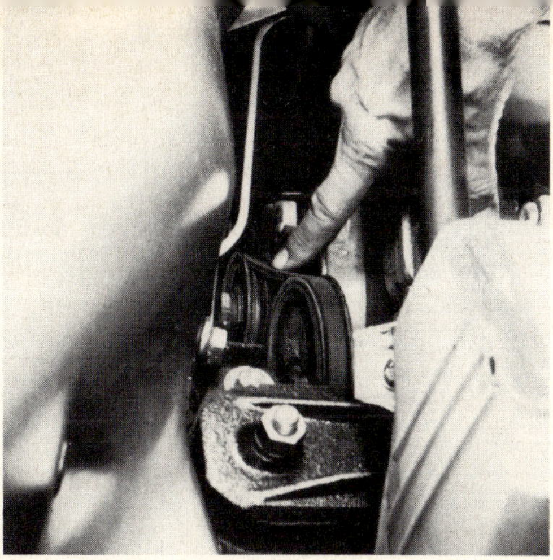

So etwa muß sich ein richtig gespannter Keilriemen unter Fingerdruck bis ca. 10 mm durchbiegen lassen. Da die Position der Riemenscheiben mit dem Keilriemen nur den Anblick von oben ermöglicht, ist die Beurteilung der Riemenspannung beim Ritmo etwas schwierig. Geübte Leute haben das im »Gefühl«. Korrekt wird die Riemenspannung von unten, zwischen den Riemenscheiben der Kurbelwelle und der Lichtmaschine gemessen.

fordert und der Motor nicht anspringt. (Dazu kleinen Gang einlegen, Kupplung treten, Anlasser betätigen und Kupplung kommen lassen; das Auto auf diese Weise nur wenige Meter aus der Gefahrenzone bewegen, sonst verschmoren die Wicklungen des Anlassers.)
Zum Anwerfen des Triebwerks benötigt der Anlasser eine ausreichend geladene Batterie. Läuft der Motor nach einigen Anlaßversuchen nicht und dreht der Anlasser hörbar langsamer, sind weitere Anlasserbetätigungen zwecklos, bevor nicht die Ursache der Störung (Zündung, Kraftstoffversorgung) behoben ist.
Die Ritmo-Modelle sind mit Anlassern von Femsa oder Marelli ausgerüstet. Es sind sogenannte Schub-Schraubtrieb-Starter. Das besagt, daß beim Durchdrehen des Zündschlüssels nach rechts die Zündschloß-Klemme 50 an die KLemme 50 des oben auf dem Anlasser sitzenden Magnetschalters Strom bringt, wodurch der Einrückhebel der Freilaufkupplung das Zahnritzel des Anlassers auf einem Steilgewinde der Ankerwelle in den Zahnkranz des Motor-Schwungrades schiebt. Beim Eingreifen des Ritzels in den Zahnkranz schaltet der Magnetschalter den vollen Batteriestrom ein, den die dicke Klemme 30 anliefert, so daß der Anlasser den Motor erst nach dem Einspuren des Ritzels kräftig durchdreht. Dreht der Motor von sich aus, wird das Ritzel aus dem Motor-Zahnkranz ausgespurt.

Störungsbeistand
Anlasser

Nicht immer wird Ihnen unser Störungsbeistand so weit helfen, daß der Anlasser anschließend den Motor anwirft. Einen Schaltgetriebe-Ritmo können Sie aber immerhin anschieben oder anschleppen lassen, wie auf Seite 159 be-

Auf dem Anlasser sitzt der Magnetschalter (M) mit den Kabelanschlüssen. Die Klemme 30 ist stets stromführend.

schrieben. Mit Getriebeautomatik ist in diesem Fall leider nichts zu machen, hier heißt es abschleppen.

Die Störung	– ihre Ursache	– ihre Abhilfe
A Beim Drehen des Zündschlüssels in Startstellung dreht der Anlasser zu langsam oder gar nicht	1 Kontrollampen brennen schwach oder verlöschen:	
	a) Batterie entladen	Mit Starthilfekabeln starten
	b) Kabelanschlüsse lose oder oxidiert	Kabelanschlüsse kontrollieren
	c) Anlasser hat Masseschluß	Anlasser überholen lassen
	2 Kontrollampen brennen hell, Klicken aus Richtung Anlasser	Kurz auf den Magnetschalter klopfen. Dreht der Anlasser weiterhin nicht:
	a) Kohlebürsten bzw. deren Anschlüsse im Anlasser gelöst	Kohlebürsten überprüfen lassen
	b) Kontakte im Magnetschalter verschmort	Magnetschalter ersetzen
	c) Anlasserwicklung schadhaft	Anlasser überholen lassen
	3 Kontrollampen brennen hell, keinerlei Geräusche	
	a) Flachstecker der Klemme 50 am Magnetschalter lose	Steckanschluß überprüfen
	b) Klemme-50-Leitung vom Zündschloß zum Magnetschalter unterbrochen	Leitung mit Prüflampe kontrollieren
B Anlasser läuft, ohne den Motor durchzudrehen	1 Ritzel verschmutzt	Ritzel reinigen
	2 Einrückvorrichtung klemmt	Anlasser überholen lassen
	3 Verzahnung des Ritzels oder des Motorschwungrads beschädigt	Wagen bei eingelegtem Gang ein Stück vorschieben. Erneut starten. Beschädigte Teile ersetzen lassen
C Anlasser läuft weiter, obwohl Zündschlüssel losgelassen wurde	1 Magnetschalter hängt und schaltet nicht ab	Zündung sofort abschalten, notfalls Batterie abklemmen Magnetschalter ersetzen
	2 Zünd-/Anlaßschalter defekt	Zünd-/Anlaßschalter ersetzen
D Ritzel spurt nach Anspringen des Motors nicht aus	1 Rückstellfeder des Einrückhebels lahm oder gebrochen	Zündung sofort abschalten. Reparieren lassen
	2 Verzahnung des Ritzels bzw. des Motorschwungrads verschmutzt oder beschädigt	Reinigen bzw. schadhafte Teile ersetzen lassen

Anlasser ausbauen

Massekabel von der Batterie abnehmen. Kabel der Klemmen 30 und 50 abschrauben, Befestigungsschrauben für den Anlasser herausdrehen, dabei den Anlasser festhalten und nach unten abnehmen. Der Einbau wird sinngemäß umgekehrt vorgenommen.

Ein so ausgebauter Anlasser kann in der Werkstatt repariert werden, eigenhändige Überholungen sind wenig empfehlenswert. Die Kohlebürsten und der Kollektor sind dem Verschleiß unterworfen und müßten eigentlich nach vier bis sechs Jahren einmal überprüft werden. Das tut aber selten jemand.

Drahtzieher

Die beiden Pole der Batterie werden mit »Plus« und »Minus« bezeichnet, gewissermaßen sind sie Ausgang und Eingang für den elektrischen Strom. Er fließt in den Plus-Kabeln zu den Verbrauchern, wobei natürlich jede Lechte und jedes Gerät an seine gesonderte Zuleitung mit Schalter angeschlossen sein müssen. Für den weiteren Weg innerhalb dieses Kreislaufs ist man allerdings zu einer Lösung gekommen, die bei elektrischen Anlagen sonst nicht üblich ist.

Minus gleich Masse

Im Auto erspart man sich häufig die Kabel für den »Rückweg« des Stroms, indem einfach leitende Metallteile als »Masse« verwendet werden. Motor, Fahrwerksteile und Karosserie sind immer irgendwie miteinander verbunden und bilden in ihrer Gesamtheit einen umfangreichen Masseleiter, der an jeder beliebigen Stelle angezapft werden kann. Das dient der Vereinfachung und Kostenersparnis gleichermaßen.
An manche Stromverbraucher und Schalter im Ritmo ist deshalb nur ein stromführendes »Hinweg«-Kabel angeschlossen, während sie durch ihre Befestigung – zumeist Schrauben – direkten Massekontakt besitzen. Einige der elektrischen Geräte sind durch ein gemeinsames Massekabel verbunden, das an geeigneter Stelle an Masse anliegt. Der Kreislauf zurück zur Batterie wird schließlich durch ein breites kupfernes Masseband am Minus-Pol hergestellt = Minus an Masse. So erklärt es sich auch, daß bei allen Arbeiten an der elektrischen Anlage die Minus-Klemme von der Batterie gelöst werden muß, denn auf diesem Weg besteht zwischen Batterie und Verbraucher immer Kontakt.

Spannungsabfall verhindern

Querschnitt und Länge eines Kabels haben wesentlichen Einfluß auf die Leistungsaufnahme des angeschlossenen Verbrauchers. Wo der Strom am anderen Ende wirklich etwas leisten soll, darf er sich nicht durch ein zu dünnes Kabel zwängen müssen. Sonst tritt Spannungsabfall ein und statt der planmäßigen 12 Volt kommen nur 11 oder gar 10 Volt an. Ein zu schwaches Kabel heizt sich außerdem auf und es kann zu einem Kabelbrand kommen. Nach deutschen Norm-Vorschriften soll für 4,5 bis 5,5 Ampere Dauerstrom ein Querschnitt von je 1 mm^2 vorhanden sein.
Spannungsabfall liegt aber kaum in den serienmäßigen Leitungen vor. Die Ursache ist vielmehr in verdreckten (und deshalb stromleitenden), verrosteten oder grünspanigen Übergängen zu suchen; besonders sind das Steckkontakte (Kabelstecker), aber auch Kabelklemmen. Verschraubungen der Massekabel und nicht zuletzt die Befestigung des Batterie-Massekabels am Karosserieblech. Dort wird der direkte Metallkontakt durch Schmutz oder Korrosion gehemmt und bewirkt Spannungsabfall.
Abhilfe: Nach gründlichem Säubern der Kabelklemmen, -stecker usw. mit einer feinen Drahtbürste auch die Umgebung der Klemme von Schmutz und Rost reinigen. Gereinigte Kontaktstellen mit Isolierspray einsprühen. Nachdem das

Isolierspray angetrocknet ist, kann man die Kontaktstellen anschließend noch mit einem glasklaren Motorschutzlack (z B. »Plastglanz« von Teroson) übersprühen.
Bei Verdacht auf oxidierte Schalterkontakte, die im Schaltergehäuse nicht zugänglich sind, überbrückt man zur Probe den Stromeingang und -ausgang am Schalter mit einem kurzen Stück Draht. Zeigt sich beim Antippen der beiden Schalterklemmen mit dem Hilfsdraht eine verbesserte Leistung des dabei eingeschalteten Verbrauchers, liegt der Fehler im korrodierten Schalter.

Normung der Anschlüsse

Um in der Vielzahl von Kabeln und Anschlüssen eine Übersicht zu schaffen, sind die Leitungen von Isolierungen mit unterschiedlichen Farben umhüllt. Dabei kommen gewissen Farben wegweisende Bedeutungen zu. So hängt z. B. »grün« mit dem Scheinwerferlicht zusammen, »grau« mit dem Abblendlicht und »gelb« mit dem Standlicht (siehe Schaltplan).
Zudem sitzen die meisten Kabel an numerierten Anschlüssen. Bei der Numerierung folgt man einer in verschiedenen europäischen Ländern gültigen Norm, die bei deutschen Autos sehr ausführlich praktiziert wird und auch mit vielen Anschlüssen im Fiat übereinstimmt. Hier die wichtigsten Klemmbezeichnungen:
■ Klemme 30 erhält dauernd Strom vom Pluspol der Batterie oder der Lichtmaschine – auch bei ausgeschalteter Zündung (deshalb Vorsicht beim Berühren dieser Kontakte, wenn das Minuskabel an der Batterie nicht abgenommen wurde). Diese stets stromführenden Leitungen haben eine braune Umhüllung, teilweise auch mit zusätzlichen Farbstreifen bei bestimmten Stromverbrauchern.
■ Klemme 31 ist die sogenannte »Masse«-Klemme, mit der ein Stromverbraucher zur Fahrzeugmasse verbunden werden muß. Die entsprechenden Kabel sind schwarz.
■ Klemme 15 erhält nur bei eingeschalteter Zündung Strom ab Zündschloß. Durch sie werden hauptsächlich die Zündspule und außerdem jene Stromverbraucher versorgt, die nur bei Betrieb des Wagens Strom erhalten, beispielsweise die Blinkanlage oder der Scheibenwischer. Die Kabel an den Normklemmen 15 sind meist blau oder orange oder haben dazu farbige Zusatzstreifen. (An der Zündspule kann die Klemme 15 auch mit »B« bezeichnet sein.)
Eine Aufstellung der am häufigsten vorkommenden Normklemmen-Bezeichnungen ist auf Seite 211 zu finden.

Neue Kabel

Im Ritmo sind einige der Kabel, die über eine gewisse Strecke parallel verlaufen, zu einem Strang zusammengefaßt und von einer Schutzhülle umgeben. Der Ersatz eines einzelnen Kabels ist dabei kaum möglich, in der Praxis aber auch im seltensten Fall nötig. Sollten aber etwa durch einen Unfall solche gebündelten Kabel in Mitleidenschaft gezogen sein, muß man ganze Kabelsätze ersetzen.
Für den Heimwerker sind diese vorbereiteten Kabelanlagen ohne Interesse. Sollte einmal ein zusätzliches Gerät eingebaut und angeschlossen werden, kann man dazu im Zubehörhandel oder in der Autoelektrik-Werkstatt geeignete Kupferkabel bekommen. Solche Leitungen dürfen unter keinen Umständen durch Kabel, wie sie im Haushalt üblich sind, hergestellt werden. Autokabel besitzen eine benzin- und ölfeste Isolation, die zudem scheuer- und hitzebeständig ist.
Wo man die Kabel kauft, sind auch die dazu passenden Flachstecker und Kabelschuhe erhältlich. Die von der Isolierung befreiten Kabelenden sind in die entsprechenden Verbindungsstücke zu führen, wo man sie mehrmals kurz hintereinander festklemmt. Dafür gibt es im Zubehörhandel preiswerte Quetschzangen, aber auch mit dem Schneideteil einer Kombizange lassen sich

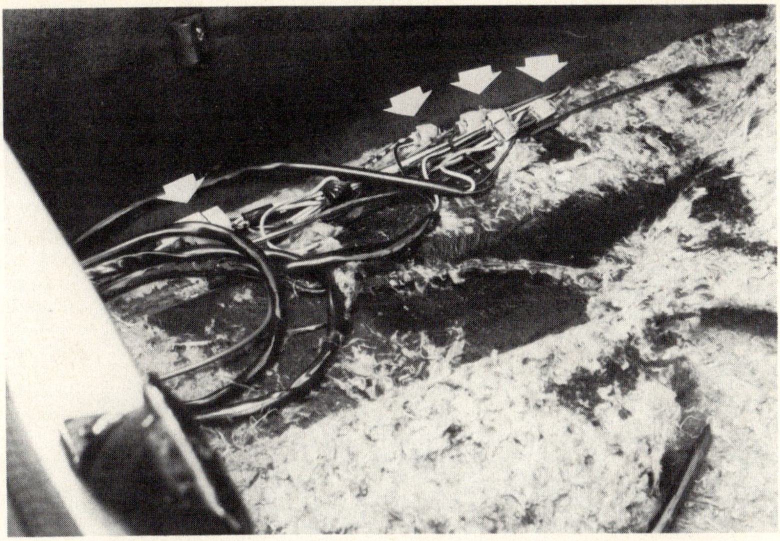

Unter der Laderaumabdeckung sind die Kabel für Rückleuchten usw. nur lose verlegt. Einzelne Kabel sind durch Steckverbindungen verbunden (Pfeile).

solche Verbindungen vorsichtig zusammenquetschen, ohne sie zu zertrennen. Zuverlässiger ist es natürlich, die Endstücke an die Kabel festzulöten.
Zusätzliche, neue Kabel nicht zu stramm verlegen und an bereits vorhandenen Leitungen mit Klebeband befestigen, damit sie nicht scheuern. Beim Verlegen eines Kabels durch die Stirnwand hindurch sind die »Schallfenster« zu benutzen, jene mit Kunststoff- oder Gummidichtungen verschlossenen Öffnungen im Blech.

Die Sicherungen

Zum Schutz vor Überlastung eines Stromverbrauchers und vor möglicherweise bösen Folgen durch Kurzschluß laufen nahezu alle Stromkreise im Fiat über Sicherungen. Die Schaltungen zwischen Batterie, Lichtmaschine, Anlasser und Zündschloß sind nicht abgesichert. Springt der Motor nicht an, ist das Suchen nach einer durchgebrannten Sicherung also zwecklos.
Die Sicherungen besitzen dünne Metallstreifen, die dann schmelzen, wenn sie von einer zu hohen Stromstärke durchflossen werden. Man sieht es einer Sicherung sofort an, wenn sie keinen Storm mehr hindurchläßt: Ihre Metallbrücke ist dann unterbrochen.
Der Sicherungskasten befindet sich unterhalb der Instrumententafel links von der Lenksäule. Bei den Modellen S 75 und S 85 ist er zusätzlich von einer Blende mit Entriegelungsknopf abgedeckt. Auf der Innenseite des Kastendeckels sind zu den einzelnen Sicherungen die geschützten Stromkreise mit Symbolen der Instrumente und Geräte vermerkt.

Durchgebrannte Sicherung

Wenn eine Sicherung durchbrennt, muß das als Warnzeichen gelten, denn offensichtlich liegt ein Masseschluß vor. Dann hat es meist keinen Sinn, eine neue Sicherung einzusetzen, ohne nach der Ursache des Ausfalls geforscht zu haben. Mit einer Prüflampe läßt sich feststellen, ob vor der Sicherung und nach der Sicherung Spannung anliegt und ob diese bis zum Verbraucher gelangt.
Entweder ist ein an der betreffenden Sicherung angeschlossener Stromverbrauch defekt oder das Kabel ist beschädigt. Eine Überlastung der Sicherung ist auch möglich, wenn daran ein zusätzlicher, vom Werk nicht vorgesehener Verbraucher angeschlossen wurde. Für solche eventuell nachträglich eingebaute Verbraucher sollte eine zusätzliche Sicherung verwendet werden.

Der Sicherungskasten sitzt links unterhalb der Instrumententafel. Im Deckel des Sicherungskastens sind die geschützten Stromkreise durch Symbole dargestellt.

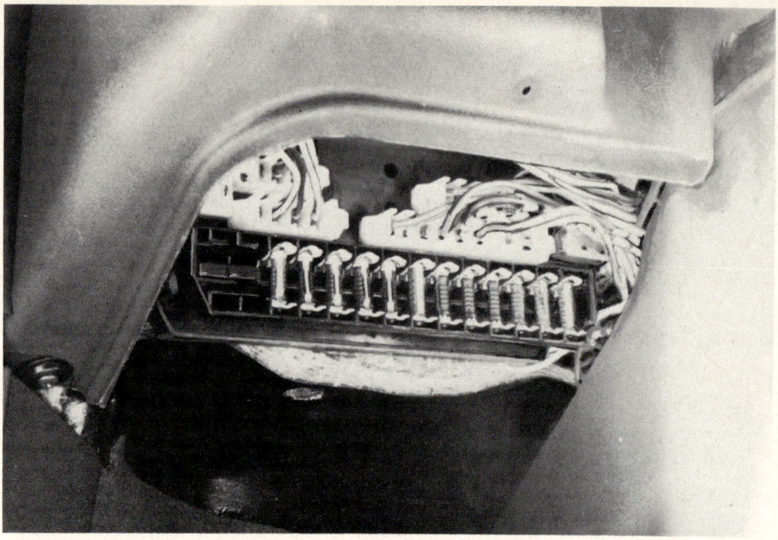

Durch vorläufiges Abklemmen des in der beschriebenen Weise eingekreisten Störenfrieds kann man die Arbeit der übrigen an die betreffende Sicherung angeschlossenen Verbraucher aufrechterhalten. Die gefundene Fehlerursache muß aber baldigst behoben werden.

Derartige Störungen lassen sich mit einem Amperemeter aufspüren. Das Instrument wird statt der Sicherung an deren Kontaktklemmen angelegt und die an dieser Leitung hängenden Verbraucher schaltet man einzeln ein. Dabei wird abgelesen, wieviel Ampere jeweils beansprucht werden, und der Übeltäter läßt sich lokalisieren. Ein während der Fahrt durch Wackelkontakt eingetretener Kurzschluß ist auf diese Weise allerdings nicht zu erkennen.

Für alle Fälle muß man wenigstens einen Satz der im Ritmo benötigten Sicherungen als Ersatz mitführen. Die Störung darf man nicht – auch nicht provisorisch – versuchen mit einer stärkeren Sicherung zu überbrücken, da sich sonst die für die ursprüngliche Sicherung ausgelegten Kabel mit entsprechendem Querschnitt aufheizen können, wodurch ein Kabelbrand droht. Ein solches Unglück ist noch wahrscheinlicher, wenn statt der Sicherung ein Stück Draht in den Sicherungskasten eingesetzt wird.

Sicherungstabellen

Ritmo 60 L, 60 CL, 65 L, 65 CL, 75 L und 75 CL

Sicherungs-Nr.	Ampere	Angeschlossene Stromverbraucher
1	8	Blinkleuchten mit Kontrolleuchte Bremsleuchten Rückfahrleuchte Zeituhr Relais des Gebläses Relais der heizbaren Heckscheibe Lampe für Schaltersymbole Lampe für Anzeige des automatischen Getriebes Warnleuchte für Kühlmitteltemperatur Warnleuchte für Bremsflüssigkeitsstand Kraftstoffanzeige
2	8	Scheibenwischer und -wascher
3	8	Standlicht rechts Schlußleuchte links

Sicherungs-Nr.	Ampere	Angeschlossene Stromverbraucher
4	8	Standlicht links Schlußleuchte rechts Kennzeichenleuchte Instrumentenbeleuchtung Zigarrenanzünder Kontrolleuchte für Standlicht Lampe für Zeituhr
5	8	Abblendlicht links Nebelschlußleuchte mit Kontrolleuchte
6	8	Abblendlicht rechts
7	8	Fernlicht links mit Kontrolleuchte
8	8	Fernlicht rechts
9	8	Signalhörner mit Relais Lüfter
10	8	Innenleuchten
11	16	Heizbare Heckscheibe mit Kontrolleuchte Warnblinkanlage
14	8	Gebläse Lampe für Gebläsebedienung Lampe für Belüftungsbedienung

Ritmo S 75 und S 85

Sicherungs-Nr.	Ampere	Angeschlossene Stromverbraucher
1	8	Blinkleuchten mit Kontrolleuchte Bremslicht-Anzeigenleuchte Rückfahrlicht-Anzeigenleuchte Digitaluhr Relais für Gebläse und Fensterheber Warnleuchte für Bremsflüssigkeitstand Warnleuchte für Bremsbeläge vorn Sensor für Kühlflüssigkeitsstand Sensor für Motorölstand Kraftstoffanzeige Drehzahlmesser Kühlflüssigkeitsthermometer Lampe für Anzeige des automatischen Getriebes
2	8	Scheibenwischer Scheibenwascher Heckscheibenwischer Heckscheibenwascher
3	5	Standlicht rechts Schlußleuchte links
4	5	Standlicht links Schlußleuchte rechts Kennzeichenleuchte Gepäckraumleuchte Kontrolleuchte für Standlicht Lampe für Digitaluhr Lampe für Zigarrenanzünder Lampe für Kombiinstrument
5	8	Abblendlicht links Nebelschlußleuchte mit Kontrolleuchte

Sicherungs-Nr.	Ampere	Angeschlossene Stromverbraucher
6	8	Abblendlicht rechts
7	8	Fernlicht links mit Kontrolleuchte
8	8	Fernlicht rechts
9	16	Signalhörner mit Relais Lüfter
10	8	Innenleuchte Digitaluhr Zigarrenanzünder Lampe für Zündschloß
11	16	Heizbare Heckscheibe mit Kontrolleuchte Warnblinkanlage
12	16	Scheinwerferwaschanlage
13	16	Fensterheber (Sonderausrüstung)
14	8	Gebläse Lampe für Heizungsbedienung Lampe für Schaltersymbole Lampe für Schalter der Außenbeleuchtung Handschuhfachlampe

Kontaktpflege

Mit Störungen an der Zündanlage gibt es keinen Kummer, wenn man in der Lage ist, sie mit wenigen Überprüfungen zu lokalisieren. Danach ist es meistens problemlos, die Ursache eines solchen Defekts zu beseitigen. Um auch dem Laien diese Möglichkeit zu schaffen, kommen auf den folgenden Seiten die Teile sowie die Arbeitsweise der Zündanlage in leicht verständlicher Weise zur Sprache.

Etwas Theorie

Für die Entzündung des vom Vergaser produzierten Kraftstoff-Luft-Gemisches besitzen heutige Autos eine im Prinzip gleichartige elektrische Anlage. Damit diese Verbrennung möglichst vollständig vor sich geht, wird sie für jeden Zylinder – sekundenbruchteilgenau – so gesteuert, daß der Kraftstoff optimal verwertet wird und die sich entfaltende Kraft am wirkungsvollsten ausgenutzt werden kann. Die Zündung muß in dem Augenblick erfolgen, bei dem sich der auf und ab gehende Kolben gerade in der für die Arbeitsaufnahme günstigsten oberen Stellung befindet.
Für die Entflammung des Gemisches sorgen die Zündkerzen. An ihren Elektroden (Drahtstiften) springt der Funke über. Beim Start werden die Funken von der Batterie und während der Fahrt von der Lichtmaschine geliefert. Die 12 Volt der im Auto vorhandenen elektrischen Anlage reichen aber bei weitem nicht aus, um gegen den Druck des im Zylinder zusammengepreßten Gemisches einen genügend kräftigen Zündfunken zu erzeugen. Für die erforderliche Hochspannung sorgt die Zündspule mit mehreren tausend Volt. Diese Spannung hat schlagartig und zur rechten Zeit an jeder einzelnen Zündkerze vorhanden zu sein, und dafür sorgt der Zündverteiler.

Erzeugung des Zündfunkens

Bei der Batteriezündung, wie man die mit elektrischer Hochspannung arbeitende Zündanlage nennt, gibt es einen doppelten Stromkreis, zwei Stromkreise sind gewissermaßen miteinander verschlungen. Im ersten, dem Primärstromkreis, fließen 12 Volt der Batterie oder Lichtmaschine, und im zweiten, dem Sekundärstromkreis, fließt hochgespannter Strom für den kräftigen Zündfunken. Diese Hochspannung ist ungefährlich, weil dabei nur geringe Stromstärken auftreten.
Im Primärstromkreis gelangt der Strom vom Pluspol der Batterie über das Zündschloß in eine aus wenigen Windungen dicken Drahts bestehende Wicklung innerhalb der Zündspule. Hier baut der Strom im Eisenkern der Zündspule ein kräftiges Magnetfeld auf. Nähert sich der Kolben in seinem Zylinder dem Punkt, wo die angesaugte und verdichtete Ladung gezündet werden soll – dem »Zündzeitpunkt« –, so wird der Strom zur Primärwicklung der Zündspule unterbrochen. Das besorgt der vom Motor bewegte Unterbrecherkontakt unten im Verteilergehäuse, indem er »öffnet« (die Kontakte trennen sich).
In dem selben Moment bricht das Magnetfeld zusammen und in der Sekundär-

wicklung, die aus vielen Windungen dünnen Drahts besteht, entsteht ein plötzlicher Stromstoß von fast 20 000 Volt. Er wird über den Zündverteiler – ein rotierender Schalter mit vier Kontakten – derjenigen Zündkerze zugeleitet, die in der Zündfolge des Motors gerade an der Reihe ist. Der Zündstrom springt an der Kerzenelektrode über (Zündfunke) und das Gemisch im Brennraum wird entzündet.

Die mit der Entzündung erfolgende Druckwelle treibt den Kolben nach unten, der Motor läuft weiter und der Unterbrecherkontakt schließt sich wieder, wodurch der beschriebene Vorgang erneut abläuft.

Solange der Unterbrecherkontakt geschlossen ist, ist auch der Primärstromkreis geschlossen, denn dabei fließt der Strom an Masse zurück. Ebenso schließt sich der Sekundärstromkreis in dem Augenblick, wenn der Zündfunke von der Mittelelektrode an die Masseelektrode der Zündkerze springt.

Der Zündanlaßschalter

Auf seinem Weg zum Motor fließt der Strom über den Zündanlaßschalter, auch Zündschloß genannt. Durch Drehen des Zündschlüssels werden in dem Schalter verschiedene Kontakte verbunden. Mit dem Schloß ist eine Diebstahlsicherung kombiniert, die in Ruhestellung die Lenksäule blockiert. Also während der Fahrt den Zündschlüssel nie ganz nach links drehen!

Dieses Lenk- und Zündschloß muß bei einem Defekt in der Fiat-Werkstatt ersetzt werden, denn dabei sind einige Spezialwerkzeuge notwenig.

Zündschloß prüfen

Ob in dem elektrischen Schalter eine Störung vorhanden ist, kann man mit Hilfe einer Autoelektrik-Prüflampe mit Nadelkontakt ermitteln. Zuvor ist die Lenksäulenverkleidung abzubauen (am unteren Teil drei Kreuzschlitzschrauben herausdrehen). Während man das freie Kabelende der Prüflampe irgendwo an Masse anklemmt, wird mit der Nadel die Isolierung der einzelnen Kabel, die zum Zündschloß führen, durchstoßen. Dabei erhält die Nadel mit dem Kabel direkten Kontakt.

Bei der Prüfung müssen die einzelnen Kabel wie folgt reagieren:

- Klemme 30 (braunes Kabel) kommt von der Batterie und führt bei jeder Schlüsselstellung Strom.
- KLemme 50 (rotes Kabel) führt zum Anlasser und steht in der Schlüsselstellung »Anlassen« (Position AVV) unter Strom.
- KLemme 15/54 (hellblau-schwarzes Kabel) führt in den Schalterstellungen »Fahrt« (Position MAR) und »Anlassen« Strom.
- Klemme INT (schwarzes Kabel) hat bei der Schlüsselstellung »Aus« (Position ST) Spannung.

Zündung »kurzschließen«

Wenn das Zündschloß bei eingestecktem Schlüssel streikt, aber das braune Klemme-30-Kabel Strom heranführt, kann man sich so helfen: Mehrfachstecker trennen und mit einem kurzen Kabelstück oder einer Büroklammer die Steckbuchsen des hellblau-schwarzen und des dicken braunen Kabels miteinander verbinden (Ladekontrolle und Öldrucklampe brennen jetzt), und die Zündung ist »kurzgeschlossen«. Jetzt läßt sich der Wagen anschieben oder mit einem weiteren Kabelstück eine Kurzschlußbrücke zur Steckerbuchse des roten Kabels der Klemme herstellen. Der Anlasser wird sich sofort drehen; sobald der Motor angesprungen ist, Kabel wegziehen. So kann man fahren, der Mehrfachstecker bleibt abgezogen.

Damit der Stecker während der Fahrt nicht klappern kann, klebt oder bindet man ihn kurzschlußsicher irgendwo unten am Armaturenbrett an.

Falls das braune Kabel keinen Strom an Klemme 30 liefert, kann man ein Hilfskabel (mit mindestens 4 mm^2 Querschnitt) direkt vom Batterie-Pluspol ziehen, dessen anderes Ende an die Klemme B (15) der Zündspule gelegt wird. Nun wird der Wagen angeschoben (bei Automatik-Getriebe nicht möglich). Zum Abstellen des Motors zieht man das Hilfskabel an der Batterie wieder ab.

Abgebrochener Zündschlüssel

Einen abgebrochenen Schlüssel kann man nur selten mit einer Spitzzange fassen. Hier helfen zwei feine Laubsägeblätter: diese zu beiden Seiten des Schlüsselbarts entlang in das Schloß schieben (die Sägezähne müssen zueinander stehen). Die Sägeblattrücken drücken die Zuhaltungen des Schlosses zurück, während die zum Schlüsselbart gerichteten Zähne die Schlüsselzahnungen fassen können. Mit Geduld und Gefühl läßt sich so ein abgebrochener Schlüssel meist herausziehen.

Die Zündspule

Für die Zündspule sind keine Wartungsarbeiten vorgesehen, sie muß aber sauber und trocken sein. Sonst können Kurzschlüsse oder »Kriechströme« (durch Schmutz und Feuchtigkeit abfließende Teilströme) auftreten und die volle Zündspannung wird nicht erreicht. Wie die Zündspule prinzipiell funktioniert, ist zu Anfang dieses Kapitels beschrieben. Ihren Primärstrom erhält sie an Klemme B (15). Der Strom wird nach Durchgang durch die Primärwicklung der Spule von der Klemme D (1) über das dort angeschlossene schwarze Kabel zum Unterbrecher (im »Untergeschoß« des Zündverteilers) weitergeleitet. Die Zündspannung kommt aus der mittleren Klemme Z (4) und gelangt über das Hauptzündkabel zum »Obergeschoß« des Verteilers.
Es können Zündspulen verschiedener Fabrikate zum Einbau gelangen (siehe Seite 203). Sie haben die konventionelle trommelförmige Gestalt und sind miteinander vergleichbar.

Zündanlage mit Motortestgeräten prüfen

Verschiedene Fehler in der Zündanlage sind möglich, und diese aufzuspüren ist dem Heimwerker manchmal nur mit großem Zeitaufwand möglich. Wenn man nicht fern einer gut ausgerüsteten Werkstatt auf Stromsuche gehen muß, ist es wesentlich einfacher, eine solche oder einen Bosch-Dienst aufzusuchen. Dort erkennt der Fachmann in wenigen Minuten an den Meßgeräten am Bildschirm des Oszilloskops, ob Zündspule, Unterbrecherkontakte, Kondensator, Zündverteiler, Zündzeitpunkt, Zündkabel und Zündkerzen einwandfrei sind oder wo eventuell ein Fehler steckt.

Zündspule prüfen

Zuerst prüfen, ob aus der Zündspule überhaupt hochgespannter Zündstrom durch das dicke Hauptzündkabel »herauskommt«. Dazu Hauptzündkabel aus Mittelbuchse des Zündverteilers ziehen. Motor (ohne Gasgeben) von Helfer starten lassen und blankes Hauptzündkabelende in etwa 10 mm Entfernung gegen Motorblockmetall halten. Dabei sollte man mit dem Körper die Karosserie nicht berühren, um einen zwar ungefährlichen, aber unangenehmen Stromschlag zu vermeiden. Springen kräftige Funken über, ist die Zündspule wahrscheinlich nicht defekt.
War diese Hochspannungsprüfung unbefriedigend, muß man feststellen, ob an den Kontakten der Zündspule überhaupt Strom anliegt. Dazu eignet sich am besten eine aus einer alten Scheinwerferbirne selbstgebastelte Behelfsprüflampe (zwei ausreichend lange Kabel so andrillen oder festlöten, daß ein Lichtfaden brennt). Der Eigenverbrauch der Scheinwerferbirne (mindestens 40 Watt) gibt durch unterschiedlich helles Leuchten den Hinweis, ob der Widerstand der Zündspule noch groß genug ist oder ob sich ein Kurzschluß eingeschlichen hat. Noch genauer ist ein parallel zur Behelfsprüflampe geschaltetes Voltmeter. We-

niger geeignet ist eine gewöhnliche Elektrik-Prüflampe, denn deren geringer Eigenverbrauch zeigt nur an, ob überhaupt Spannung da ist, sagt aber nichts über die Widerstandswirkung.
Als Vorbereitung zur Prüfung an Klemme D (1) der Zündspule das dünne Kabel zum Unterbrecher lösen, damit der Stromweg über die Unterbrecherkontakte unterbrochen ist und durch die Behelfsprüflampe fließen muß.

- Zündung einschalten: Öldruck- und Ladekontrolle müssen brennen.
- Ein Ende des Prüflampenkabels und Plus-Klemme des Voltmeters an einer der Eingangskontakte zu den Sicherungen 9 bis 11 (für alle Modelle zutreffend) drücken, das andere Kabelende und Minus-Klemme des Voltmeters an Masse: Die Prüflampe muß jetzt hell brennen, das Voltmeter zeigt etwa 11,5 V. Gleiche Prüfung an Klemme 15 der Zündspule: Die Lampe brennt trüber, das Voltmeter zeigt etwa 8,5 V. Zeigt sich nichts, ist das Widerstandskabel unterbrochen. Sind die Ergebnisse dagegen gleich wie am Kontakt der Sicherung, so ist das Kabel durch Kurzschluß überbrückt.
- Bei derselben Prüfung an Klemme D (1) der Zündspule muß die Behelfsprüflampe sehr trübe brennen, das Voltmeter zeit etwa 5 V. Brennt nichts, ist die Primärwicklung der Zündspule unterbrochen. Brennt sie recht hell, herrscht Kurzschlußüberbrückung in der Zündspule. In beiden Fällen Spule ersetzen.
- Sind die Leucht- und Meßergebnisse gut, gibt es aber trotzdem keinen ausreichenden Zündfunken, kann die Sekundär- (Hochspannungs-) Wicklung der Zündspule defekt sein. Oder es liegt am Kondensator.

Der Kondensator

Nicht nur die Zündspule kann die Ursache für einen schwachen Zündfunken sein, es kann auch am Kondensator liegen, der durch ein Kabel mit Klemme D (1) der Zündspule verbunden ist. Eine genaue Prüfung des Kondensators ist nur auf einem Werkstatt-Prüfstand möglich.
Ein total ausgefallener Kondensator läßt sich eventuell bei abgenommenem Verteilerdeckel an überspringendem starken Funken zwischen den Unterbrecherkontakten erkennen. Von einem Helfer den Motor starten lassen.
Auch bei stark verschmorten Unterbrecherkontakten, die noch nicht lange in Betrieb sind, besteht der Verdacht, daß der Kondensator defekt ist. Aber langes Prüfen des Kondensators rentiert sich zumeist nicht. Wenn er verdächtig ist: austauschen.
Der Kondensator ist aber wahrscheinlich in Ordnung und die Unterbrecherkontakte heben ordnungsgemäß ab, wenn sie folgende Prüfung bestehen: Prüflampe zwischen das von Klemme D (1) an der Zündspule abgezogene dünne Kabel und diese Klemme D (1) schalten. Von Helfer (ohne Gaspedalberührung) Anlas-

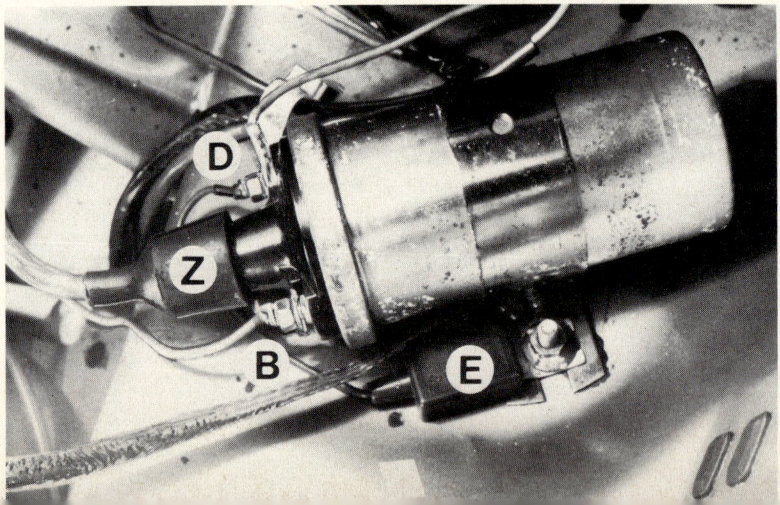

Die Zündspule ist durch die Klemme B mit dem Zündschloß Klemme INT verbunden, durch die Klemme D mit dem Zündverteiler. Z – Hauptzündkabel zur Mittelbuchse des Verteilers, E – Entstörwiderstand.

ser drehen lassen. Wenn die Prüflampe in gleichmäßigem Rhythmus an und aus blinzelt, sind Kondensator und Unterbrecherkontakte wahrscheinlich in Ordnung . Beim Ducellier-Verteiler sitzt der Kondensator außen am Verteilergehäuse, beim Verteiler von Marelli innerhalb des Gehäuses.

Der Zündverteiler

Die Motoren der Ritmo-Modelle sind mit einem Zündverteiler von Ducellier oder Marelli ausgerüstet. Im Aufbau unterscheiden sie sich voneinander nur unmaßgeblich, und angetrieben werden sie jeweils von der Nebenwelle, die auch für den Antrieb der in Verlängerung der Verteilerwelle unten sitzenden Ölpumpe sorgt. Allerdings sitzt konstruktionsbedingt der Zündverteiler beim Motor 1050 an dessen rechten Seite (im Motorraum hinten), bei allen anderen Ritmo-Typen an der linken Motorseite.

Auf dem äußeren Ende der Verteilerwelle sitzt der Läufer, dessen Metallzunge in geringem Abstand an den vier Kontakten der Hochspannungsanschlüsse im Verteilerdeckel vorbeidreht. Der Läufer hat somit die Aufgabe, den im richtigen Zündzeitpunkt produzierten hochgespannten Stromstoß an die Zündkerzen weiterzuleiten. Weil jeder Zylinder auf zwei Kurbelwellenumdrehungen nur einen Arbeitstakt leistet, entfallen auf zwei Kurbelwellenumdrehungen vier Zündungen, eine für jeden der vier Zylinder. Die Drehzahl der antreibenden Nockenwelle und der getriebenen Verteilerwelle ist gleich der halben Drehzahl der Kurbelwelle.

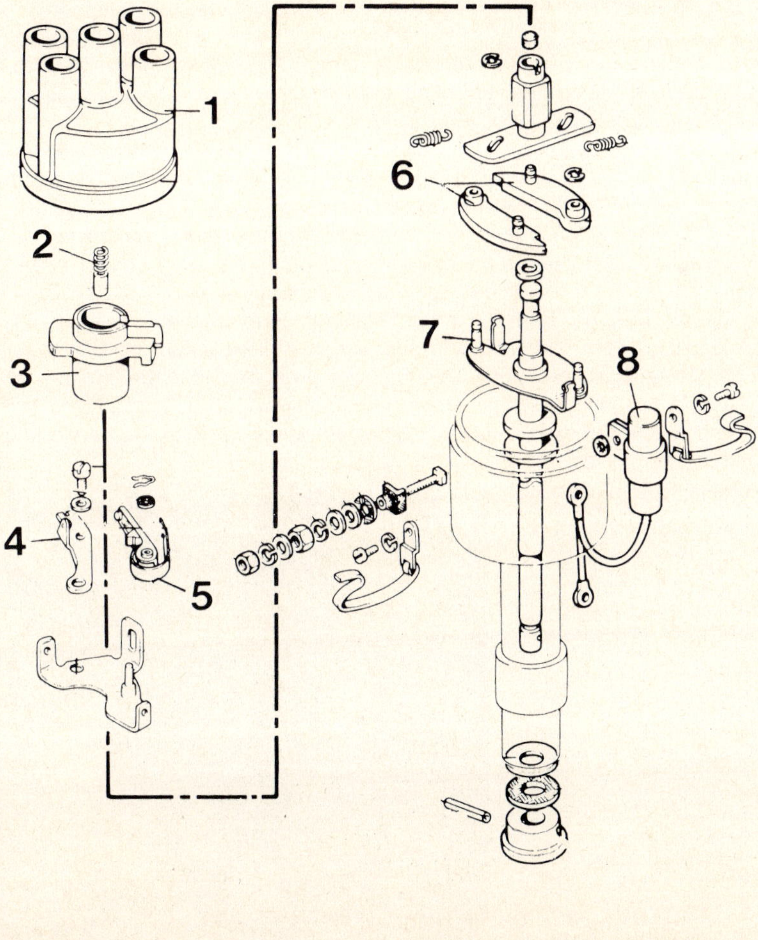

Zündverteiler »Ducellier«:
1 – Verteilerkappe,
2 – Kohlebürste,
3 – Verteilerläufer,
4 – Festkontaktbügel,
5 – Kontaktplatte mit beweglichem Kontakt,
6 – Fliehgewicht
7 – Verteilergrundplatte,
8 – Kondensator.

Zum Abnehmen des Verteilerdeckels beim Ducellier-Verteiler die seitlichen Federklemmen abdrücken, beim Marelli-Verteiler die beiden Befestigungsschrauben herausdrehen. 1 – Kondenssperre, läßt sich nach Abziehen des Läufers entnehmen. 2 – Kondensator.

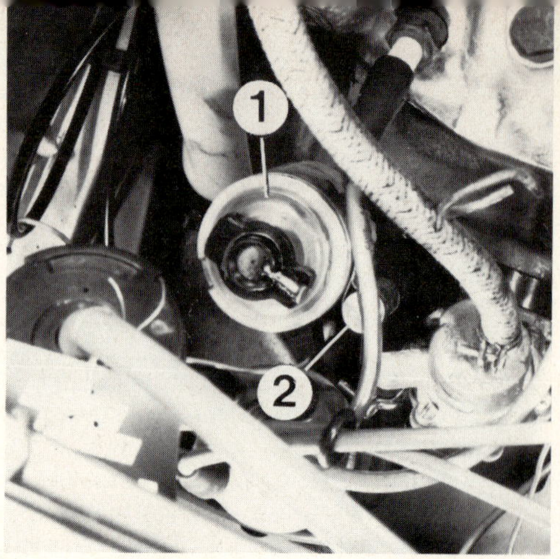

Die Innenseiten des Verteilerdeckels müssen sauber und trocken sein. Wenn man Kratzer oder gar Risse entdeckt, muß der Deckel ausgewechselt werden. Die Kohle, die aus der Mittelbuchse durch Federkraft gegen den Verteilerläufer gedrückt wird, soll in ihrer Führung leichtgängig sein.

Der Unterbrecher

Im Zündverteiler dreht sich die Verteilerwelle und auf ihr die Unterbrechernocken. Sie heben den Unterbrecherhebel ab. Der Unterbrecher bestimmt den Zündzeitpunkt, indem er den Primärstrom in der Zündanlage unterbricht, damit in der Sekundärwicklung der Zündspule (durch »Induzieren«) hohe Spannungen entstehen. Die Leistung des Motors ist vom Überspringen des Zündfunkens im richtigen Augenblick – vom Zündzeitpunkt – abhängig.

Wenn der Druck des brennenden Benzin-Luft-Gemisches unmittelbar bei Beginn der Abwärtsbewegung des Kolbens am größten ist, hat der Motor die beste Leistung. Zum vollen Entflammen des Gemisches wird stets eine gleichbleibende Zeit benötigt, die zwar nur rund 1/3000 Sekunde beträgt, wegen der hohen Geschwindigkeit des Kolbens aber zu einem bestimmten Zeitpunkt eher einsetzen muß.

Bei zu früh gelegtem Zündzeitpunkt schlägt das bereits entflammte Kraftstoff-Luft-Gemisch dem noch aufwärts strebenden Kolben entgegen: Der Motor klopft. Gibt man zu wenig Frühzündung, wird die Energie des Kraftstoffs nicht vollständig ausgenutzt und der Motor hat nur eine ungenügende Leistung. Die für wechselnde Drehzahlen und Motorbelastung notwendige Zündverstellung arbeitet automatisch.

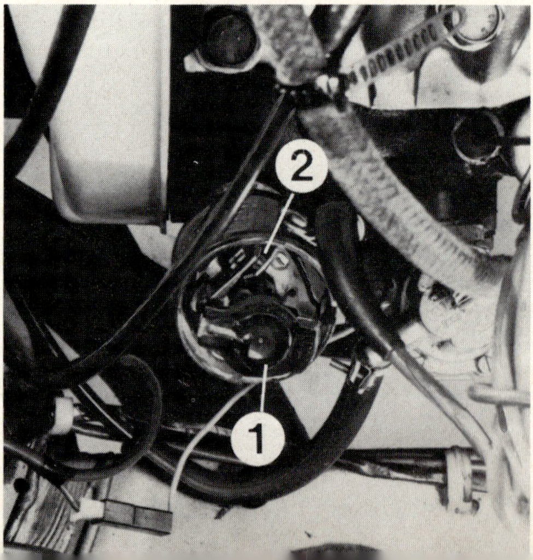

1 – Verteilerläufer,
2 – Unterbrecherkontakte.

Automatische Zündzeitpunkt-Verstellung

Bei steigender Motordrehzahl muß der Zündfunke früher überspringen, weil zur Verbrennung des Gemisches weniger Zeit bleibt. Die Verstellung des Zündzeitpunkts wird durch einen Fliehkraftregler besorgt, der mit der Verteilerwelle verbunden ist. Diese Fliehkraftverstellung wird über einen sehr großen Drehzahlbereich besorgt. Eine zusätzliche Zündverstellung durch Unterdruck, wie bei vielen anderen Autos üblich, erfolgt nicht.

Fliehkraftverstellung

Durch ihr Eigengewicht verschieben sich bei zunehmender Drehzahl die Fliehgewichte auf der Platte der Fliehkraft-Zündverstellung entgegen der Spannkraft ihrer Haltefedern nach außen. Bei dieser Ausdehnung wird durch eine kleine Übersetzung die Verteilernockenwelle in ihrer Umlaufrichtung vorgestellt. Verteilernockenwelle und Verteilerantriebswelle sind nicht starr verbunden, sondern gegeneinander drehbar gelagert. Die Werte der Verstellung sind je nach Motortyp und Zündverteilertyp unterschiedlich.
Somit werden die Unterbrecherkontakte mit steigender Drehzahl früher geöffnet, was zunehmende Frühzündung bewirkt. Bei abnehmender Drehzahl vermindern die Federn die Frühzündung wieder. Fliehgewichte und Rückholfedern sind genau aufeinander abgestimmt. Eine fehlerhafte Veränderung oder eine Störung an ihnen kann nur die Fachwerkstatt feststellen. Man kann eine Störung vermuten, wenn der Motor bei sonst einwandfreier Zündanlage in höheren Drehzahlbereichen nicht auf Leistung kommt, obwohl im Leerlauf der Zündzeitpunkt stimmt.

Die Unterbrecherkontakte

Das ständige Öffnen und Schließen des Stromkreises bewirkt an den Kontakten des Unterbrechers (Hammer und Amboß) unvermeidbaren Verschleiß durch Abbrand, Verschmoren oder Metallwanderung. Am Hammer bilden sich durch den Gleichstrom ein kleiner Krater und am Amboß ein Höcker, der sich in den Krater einfügt. Das schadet nicht, macht aber bei älteren Kontakten das Messen mit der Fühlerblattlehre schwierig.

Unterbrecherkontakte prüfen

Pflegearbeit Nr. 20

Laut Kundendienstplan soll man sich alle 20 000 km um die Unterbrecherkontakte kümmern. In der Werkstatt werden sie dann gewöhnlich ersetzt, aber wenn die Zündanlage in Ordnung ist, können sie auch noch darüber hinaus einsatzbereit sein. Das läßt sich mit einigen prüfenden Blicken feststellen.
Beim Ducellier-Verteiler die beiden Federklemmen zur Befestigung des Deckels abdrücken, beim Marelli-Verteiler zwei seitlich sitzende Schrauben herausdrehen. Deckel abheben und Verteilerfinger (Läufer) abziehen. Das Aussehen der Kontakte hat verschiedene Bedeutungen:

- Kontakte silberartig, wie hell poliert: Zündanlage in Ordnung.
- Kontakte sauber, aber starke Höcker- und Kraterbildung: Kontakte normal abgenutzt – ersetzen.
- Grauer Überzug auf den Kontaktflächen: Oxidation durch zu geringen Kontaktabstand, zu schwache Feder oder klemmenden Unterbrecherhebel.
- Kontaktflächen blau angelaufen: Zündspule oder Kondensator nicht einwandfrei.
- Materialablagerungen oder schwarze Verkrustungen auf den Kontakten: Öl, Fett oder Schmutz auf die Kontakte geraten.

Sind die Kontakte verkrustet oder verschmutzt, mit einem scharfkantigen Schraubenzieher oder Taschenmesser den Schmutz abschaben (keine Feile oder Schmirgelleinen dazu verwenden). Anschließend ein Läppchen um einen dünnen Holzstab wickeln und mit Tetrachlorkohlenstoff (als Reinigungsmittel in der Drogerie erhältlich) tränken. Damit die Kontakte abwischen.

Unterbrecherkontakte ersetzen

Verbrauchte Unterbrecherkontakte müssen durch neue ersetzt werden. Sind die alten Kontakte blau angelaufen oder verschmort, genügt der Ausbau allein nicht, vielmehr ist nach dem Fehler in der Zündanlage zu suchen (Kondensator oder Zündspule).

Zum Auswechseln der Kontakte den Kabelschuh des Verbindungskabels zum Unterbrecherhebel innen am Verteilergehäuse lösen und die Halteschraube, die auch zum Einstellen des Kontaktabstands gelockert werden muß, herausdrehen. Hammer und Amboß von der Lagerwelle abheben.

Vor Einbau der neuen Kontakte die Lagerwelle des Unterbrecherhammers mit einem Tropfen Öl und die Nockenbahn der Verteilerwelle sowie das Gleitstück des Unterbrecherhammers mit etwas Heißlagerfett (z. B. Bosch-Fett Ft 1 v 4) oder Mehrzweckfett sparsam einreiben. Neue Kontakte in umgekehrter Reihenfolge des Ausbaus wieder einbauen.

Unterbrecherkontakte provisorisch einstellen

Im Do-it-yourself-Verfahren mißt man den Abstand mit einer Fühlerblattlehre. Zwischen den Kontakten soll bei voller Öffnung durch den Nocken ein Abstand von 0,4 mm bestehen. Zum Messen wird der Wagen bei eingelegtem 3. oder 4. Gang und bei geöffnetem Verteiler langsam so geschoben, bis ein Verteilernocken die Kontakte auf größte Öffnung gebracht hat. (Bei Wagen mit automatischem Getriebe muß man versuchen, den Motor über den Keilriemen durchzudrehen: Ringschlüssel auf der Mutter der Lichtmaschinen-Riemenscheibe ansetzen und im Uhrzeigersinn drehen, dabei kräftig auf den Keilriemen drücken). Jetzt die 0,4 mm-Blattlehre dazwischenschieben, sie soll die Kontakte nicht auseinanderdrücken oder Spiel haben.

Bei falschem Abstand die Schlitzschraube, die den Unterbrecherhammer festhält, ein wenig lockern. Den Amboßhalter mit dem Schraubenzieher an den dafür vorgesehenen Nocken auf der Grundplatte etwas verschieben, bis der Kontaktabstand stimmt. Eine exakte Einstellung hat man mit dieser Methode jedoch nicht erreicht.

Schließwinkel prüfen und einstellen

Bei jeder Viertelumdrehung hebt ein Nocken der Verteilerwelle die Unterbrecherkontakte voneinander ab. Öffnungs- und Schließzeit hängen dabei vom Abstand der Unterbrecherkontakte ab: Bei geringem Abstand bleiben die Kontakte länger geschlossen, bei weiterem Abstand kürzer. Der Winkel, um den sich die Verteilerwelle vom Beginn bis zum Ende der Schließzeit weiterdreht, heißt »Schließwinkel«. Unebene Kontakte, die das Messen mit der Fühlerblattlehre negativ beeinflussen, stören dabei nicht.

In Autozubehörgeschäften und Kaufhäusern kann man Schließwinkel-

Um den Zündzeitpunkt zu verändern, wird zuerst mit einem Schraubenschlüssel SW 13 die Sockelschraube am Verteiler leicht gelockert. Die Krokodilklemme der Prüflampe (1) ist an das blanke Ende des angeschlossenen, von der Zündspule kommenden dünnen Kabels oder an dessen Befestigungsmutter anzuklemmen (2). Dann wird die Prüflampennadel gegen »Masse« gedrückt. Nun ist der Verteiler, wie auf dieser Seite beschrieben, zu verstellen.

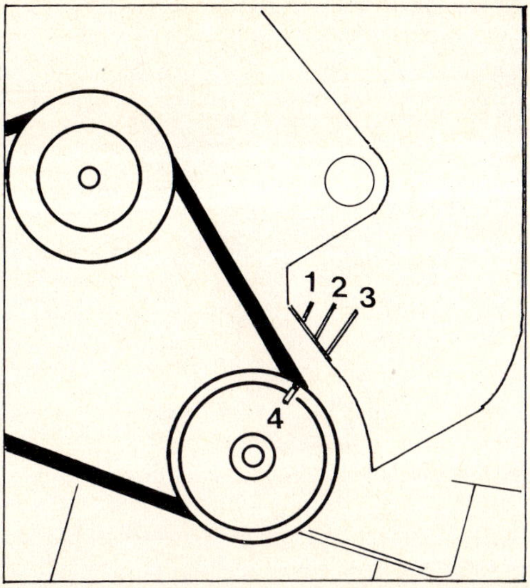

Auf der Abdeckung für den Zahnriemen sind folgende Markierungen angebracht:
1 – Kerbe für 10° Vorzündung,
2 – Kerbe für 5° Vorzündung,
3 – Kerbe für 0° Vorzündung.
Zur Einstellung des Zündzeitpunktes muß die Kerbe der Kurbelwellenriemenscheibe (4) zur 5°-Marke gerichtet sein.

Meßgeräte für den Hausgebrauch kaufen. Bei allen Ritmo-Motoren beträgt der Schließwinkel 55° (Toleranz ± 3°) oder 61 % Umdrehung der Verteilerwelle, jeweils bei 1000/min gemessen.
Wenn der Schließwinkel korrigiert werden muß: Verteilerkappe und Verteilerfinger abnehmen. Halteschraube des Unterbrecher-Kontaktsatzes etwas lokkern, Schraubenzieher zwischen die beiden Einstellnocken und die Einstellkerbe stecken, Motor von Helfer mit Anlasser durchdrehen lassen. Grundplatte der Unterbrecherkontakte so lange verdrehen, bis der Schließwinkel stimmt.
Werden neue Kontakte eingesetzt, stellt man den Schließwinkel auf den unteren Toleranzwert ein, denn durch die unvermeidliche Kontaktmaterialwanderung wird der Schließwinkel mit der Zeit etwas größer. Halteschraube wieder festziehen, Verteilerfinger und -deckel aufsetzen. Motor starten und nochmals bei 1000/min messen.

Zündzeitpunkt überprüfen

Pflegearbeit Nr. 21

Eine genaue Zündeinstellung ist für die optimale Motorleistung äußerst wichtig. Zuviel Frühzündung läßt den Motor zu heiß werden, läßt ihn klingeln (siehe Seite 181) und führt in krassen Fällen sogar zu Lagerschäden. Zu späte Zündeinstellung vermindert die Leistung und erhöht den Benzinverbrauch, außerdem wird der Motor zu heiß.
Veränderungen des Unterbrecher-Schließwinkels verändern auch den Zündzeitpunkt, daher wird vor der Zündeinstellung zuerst der Schließwinkel gemessen und berichtigt. Umgekehrt muß nach jedem Verstellen des Unterbrecher-Schließwinkels oder nach dem Einbau neuer Kontakte die Zündung neu eingestellt werden.
Zur fachgerechten Einstellung bei laufendem Motor wird eine Blitz- oder Stroboskoplampe und ein exakter Drehzahlmesser benötigt. Vor der Einstellung wird der Motor warmgefahren. Der richtige Zündzeitpunkt aller Motoren liegt bei **5° vor OT** (bei Leerlauf-Drehzahl).
Die Zündlichtpistole wird an das Zündkabel für den 1. Zylinder (in Fahrtrichtung rechts) angeschlossen. Die Lichtblitze sind auf die dafür vorgesehenen Markierungen zu richten:
Motor 1050: Bezugszahn an der Stirnseite des Motors und Markierung an Kurbelwellenriemenscheibe,

Wenn der Motor nicht anspringen will, ist dies die erste wichtige Prüfung: Liefert das Hauptzündkabel Zündstrom an den Verteiler? Dazu Hauptzündkabel aus der Mittelbuchse des Verteilers ziehen (anderes Kabelende muß fest in der Mittelbuchse der Zündspule sitzen) und blankes Kabelende (Gummi-Regenschutzkappe zurückstreifen) auf etwa 10 mm Abstand gegen Motorblock oder an eine Befestigungsschraube halten.
Durch Helfer Motor – ohne Gasgeben – starten lassen. Bei jedem Abheben der Unterbrecherkontakte (kann man bei abgenommenem Verteilerkopf beobachten) muß ein kräftiger Funke zwischen Kabelende und Motorblock überspringen. Kein Zündfunke bedeutet: Zündspule oder Unterbrecher defekt.

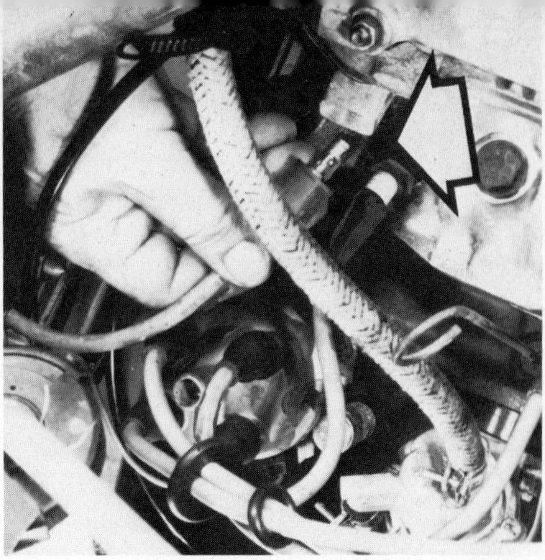

Motor 1100–1500: Mittlerer Balken am Zahnriemendeckel und Kerbe an Kurbelwellenriemenscheibe.
Zum besseren Erkennen je einen Kreidestrich an diese Bezugsmarken machen. »Stehen« diese Marken beim Aufblitzen der Lampe zueinander, dann ist die Zündung richtig eingestellt. Andernfalls muß man das Zündverteilergehäuse lockern. Dazu die Befestigungsschraube am Fuß des Verteilers lösen und das Verteilergehäuse von einem Helfer langsam drehen lassen. Dabei bedeutet im Uhrzeigersinn: Zündung später, Drehen entgegen dem Uhrzeigersinn hat entsprechend umgekehrte Bedeutung.

Behelfsmäßige Zündeinstellung

Wurde vorher der Zündverteiler ausgebaut, so muß sichergestellt sein, daß der Kolben des 1. Zylinders sich in Kompressionsstellung befindet. Dazu schraubt man die Zylinderkopfhaube ab, wie auf Seite 81 beschrieben, und schiebt den Fiat bei eingelegtem großen Gang so weit, bis beide Ventile des 1. Zylinders geschlossen haben (bei Automatik mit Ringschlüssel die Riemenscheibe der Lichtmaschine drehen und dabei auf den Keilriemen drücken). In dieser Stellung müssen sich die weiter oben erwähnten Zündeinstellmarkierungen in kürzester Entfernung gegenüberstehen.
Zur Kontrolle jetzt Zündung einschalten und bei abgenommener Verteilerkappe einen Pol der 12-Volt-Prüflampe an Klemme D (1) der Zündspule, den anderen Pol an Masse anlegen. Brennt sie nicht, dann ist der Verteiler zu drehen, wie im vorstehenden Abschnitt beschrieben. Sobald die Lampe beginnt aufzuleuchten (und der Unterbrecherhammer abzuheben), ist die günstigste Stellung gefunden und die Befestigungsschraube wird festgezogen. Anschließend ist der Kontaktabstand des Unterbrechers zu prüfen und eventuell zu korrigieren. In diesem Fall muß die Zündung nochmals eingestellt werden.
Noch sicherer ist es, die Kerzen herauszuschrauben (damit wird die hemmende Kompression ausgeschaltet), und man schiebt den Wagen mit eingelegtem Gang, bei eingeschalteter Zündung und angeschlossener Prüflampe ganz langsam vorwärts. Sowie die Lampe aufleuchtet, sofort anhalten. Die Markierungen müssen dann genau übereinstimmen.

Zündverteiler aus- und einbauen

- Bezugsmarken für die Einstellung des Zündzeitpunkts in Übereinstimmung bringen, Handbremse anziehen.
- Verteilerkappe abnehmen; der Läufer muß zum Kontakt für den 1. Zylinder gerichtet sein.
- Kabel zu den Unterbrecherkontakten abnehmen.

- Mutter am Verteilerfuß abschrauben und Klemmplatte abnehmen.
- Verteiler herausziehen.

Beim Einbau sollen die Markierungen für die Zündzeitpunkteinstellung übereinstimmen, der Läufer soll zum Kontakt für den 1. Zylinder gerichtet sein. Zündverteiler einsetzen, wobei die Verteilerwelle im Antriebsrad in die Antriebskupplung eingeführt wird. Verteilerkappe mit richtig angeschlossenen Zündkabeln aufsetzen.
Anschließend die Zündeinstellung kontrollieren.

Die Zündkerzen

Als letzte Station innerhalb der Zündanlage kann deren Arbeit von fehlerhaften Zündkerzen zunichte gemacht werden. Normalerweise verursachen sie keine Störungen, aber im Laufe des Betriebs verbrauchen sie sich (ihre Elektroden brennen ab), weshalb sie von Zeit zu Zeit erneuert werden müssen. Außerdem können sie wegen Verschmutzung oder Veränderung an ihrem »Gesicht« in ihrer Leistung gemindert werden.
Bei den Ritmo-Motoren können die Zündkerzentypen zum Einsatz kommen, die auf Seite 203 erwähnt sind. Diese Kerzen haben das Gewinde M 14 × 1,25.
Je nach Verdichtung und Leistungsausbeute entwickeln Benzinmotoren recht unterschiedliche Temperaturen in ihren Verbrennungsräumen. Darauf müssen die Zündkerzen abgestimmt sein. Diese Eigenschaft wird durch den sogenannten Wärmewert gekennzeichnet. Bekannt sind die älteren Wärmewertangaben von Beru und Bosch, wie 175 oder 225, während andere Kerzenhersteller schon früher den Wärmewert auf andere Art verschlüsselten. Doch auch Beru und Bosch sind zwischenzeitlich zu einer neuen Kennzeichnung übergegangen. Die Kennzahl 7 steht für Wärmewert 175 und 5 für 225. Eine hohe Wärmewert- oder niedrige Kennzahl besagt, daß diese Zündkerze viel Hitze ertragen, d. h. ableiten kann, ohne selbst heiß zu werden.

Zündkerzen überprüfen

Pflegearbeit Nr. 10

Statt des regelmäßigen Ersatzes der Zündkerzen alle 10 000 km empfiehlt sich zunächst eine Kontrolle ihres Zustands, eventuell in kürzeren Abständen. Wenn der Elektrodenabstand regelmäßig gemessen und gegebenenfalls nachgestellt wird, können die Kerzen auch eine größere Kilometerleistung überstehen.
Vor dem Ausbau die Zündkerzenstecker wackelnd von den Zündkerzenstiften abziehen, dabei nicht an den Zündkabel zerren. Die Zündkerzen werden mit einem Rohrschlüssel SW 21 herausgedreht und der Reihe nach abgelegt. Das »Zündkerzengesicht« (siehe noch folgenden Abschnitt) läßt Rückschlüsse auf den betreffenden Zylinder zu.
Als Elektrodenabstand bezeichnet man die Entfernung zwischen der Mittelelektrode und der hakenförmigen Masseelektrode, er soll beim Ritmo-Motor 0,7 bis 0,8 mm ausmachen. Der Metallabbrand als natürlicher Verschleiß erweitert aber den Elektrodenabstand, so daß es dem Zündfunken schließlich nicht immer möglich ist, unter dem Kompressionsdruck von der Mittelelektrode zur Masseelektrode überzuspringen. Mit einer Fühlerblattlehre kann man den Elektrodenabstand genau nachmessen. Bei Abweichungen wird die hakenförmige äußere Elektrode entsprechend nachgebogen (zu enger Abstand: vorsichtig mit Schraubenzieher oder Taschenmesser abwinkeln, zu weiter Abstand: den Griff dieses Werkzeugs leicht gegenklopfen.
Die Zündkerzen dürfen nicht zu fest eingeschraubt werden. Vorgeschrieben ist ein Anzugsmoment von 37 Nm. Fester sollen sie auf keinen Fall eingedreht werden. Das Stahlgewinde der Zündkerze kann den Gewindesitz der Aluminiumlegierung durch zu häufiges Heraus- und Hereindrehen und zu starkes Festziehen zerstören. Ohne Drehmomentschlüssel dreht man die saubere Kerze von

Hand in das Gewindeloch, bis sie sich nicht mehr weiter drehen läßt (der Dichtring liegt an). Dann zieht man mit dem Kerzenschlüssel die Kerze um eine volle Viertelumdrehung an.

Fingerzeige: *Zündkerzen möglichst nicht bei heißem Motor einschrauben. Nach Erwärmung sitzen zu fest eingeschraubte Kerzen wie eingenietet fest.*
Das Zündkerzengewinde vor dem Einbau keinesfalls ölen, um es besser gängig zu machen. Öl verkohlt und die Zündkerze backt im Gewinde fest. Statt dessen mit einem Bleistift Graphit auf das Gewinde schaben. Die Zündkerze läßt sich später spielend leicht herausschrauben.

Das Zündkerzengesicht

Die Kerzenelektroden lassen durch Aussehen und Färbung Rückschlüsse auf Vergasereinstellung. Wärmewert der verwendeten Kerze sowie Einsatzbedingungen des Wagens (Fahrweise) zu. So urteilt man über das »Kerzengesicht«:

■ Mittelbraun oder mittelgrau: gute Vergasereinstellung, Zündkerzen und Motor arbeiten richtig.

■ Schwarz: Vergaser zu fett eingestellt oder Zündkerze ist im Betrieb durch vorwiegende Kurzstreckenfahrten zu kalt. Eventuell »Mehrbereichs-Wärmewert«-Zündkerzen probieren, wenn Vergasereinstellung stimmt. Falls nur bei einem Zylinder, mangelhafte Kompression.

■ Hellgrau: Vergaser zu mager eingestellt.

■ Silbrig: Zündkerze wird zu heiß durch zu viel Frühzündung oder durch scharfe Langstreckenfahrten; Zündkerze mit nächsthöherem Wärmewert probieren.

■ Verölt: Zündkerze setzt aus oder Kolbenringe undicht, wenn bei allen Zündkerzen, Fehler in der Zündanlage.

Schutz vor Diebstahl

Die mit dem Zündschloß gekoppelte Diebstahlsicherung soll vor unbefugter Benutzung des Wagens schützen, findet aber bisweilen ihren Meister. Vor der Beraubung des Wagens schützt sie nicht. Davor bewahren aber elektronische Diebstahlwarnanlagen, wie sie z. B. von Bosch und Hella hergestellt werden. Der Selbsteinbau durch etwas routinierte Heimwerker ist durchaus möglich.
Eine einfache Sicherung gegen den Diebstahl des Wagens ist es, den Verteilerläufer abzuziehen und mitzunehmen. Man kann auch statt des Hauptzündkabels ein ähnlich aussehendes Kabel in die Buchse der Zündspule stecken und das andere Drahtende an Masse legen. Eine weitere Überlistung besteht in einem zusätzlichen Kabel an Verteilerklemme 1, das man über einen an geheimer Stelle angebrachten Kippschalter und von dort an Masse führt; in Stellung »Aus« des Schalters läßt sich der Motor starten.

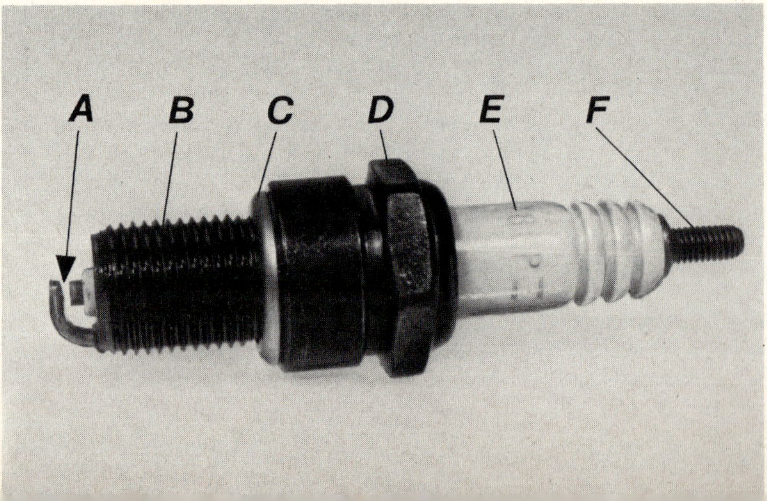

Die Zündkerzen müssen nicht immer nach 10 000 km ausgewechselt werden, manchmal genügt ein Korrigieren des Elektrodenabstandes A.
B – Gewinde, darf vor dem Einschrauben nicht geölt werden; C – Dichtring, verhindert Kompressionsverlust; D – hier wird der Kerzenschlüssel SW 21 angesetzt; E – der Isolierkörper unterbindet das Überschlagen von Funken; F – auf diesen Gewindestift wird der Stecker des Zündkabels aufgedrückt.

Sichtverhältnisse

Der Lebensdauer von Glühlampen ist ein unbestimmbares Ende gesetzt, das sich nicht ankündigt. Die Sicherheit wird aber gefährdet, wenn beim Auto ein Teil der Außenbeleuchtung ausgefallen ist oder wenn Blinker und Bremslicht nicht funktionieren. Ein derartiger Defekt läßt sich mit wenigen Handgriffen beheben, und jeder Autofahrer muß dazu in der Lage sein.
Überdies verschmutzen bei schlechter Witterung die Leuchtgläser, wodurch die Reichweite des Lichts und damit die Sichtmöglichkeit erheblich eingeschränkt werden. Das trifft auf Scheinwerfer und Rückleuchten in gleicher Weise zu. Ein feuchtes Tuch, das man auch unterwegs dabei haben sollte, schafft hierbei Abhilfe.

Ersatzlampen-Vorrat

Nicht nur während der »Beleuchtungswochen« im Herbst hat die Polizei ein wachsames Auge auf funktionierende Leuchten am Auto. Wird man plötzlich gestoppt, weil irgendeine Lampe ausgefallen ist, erspart nur die an Ort und Stelle eingesetzte neue Glühbirne das Strafmandat, denn bei einem so vorsorglichen Autofahrer ist es nach der Rechtssprechung glaubwürdig, daß die Lampe »gerade eben« durchgebrannt sein muß.
In dem Kästchen, das man im Handschuhfach mitnimmt, muß für die folgend aufgeführten Beleuchtungseinrichtungen wenigstens eine dazu passende 12-Volt-Ersatzlampe eingepackt sein:

Hauptscheinwerfer	Asymmetrische Zweifadenlampe	45/40 Watt
	oder Halogen-Zweifadenlampe H 4	60/55 Watt
Standlicht	Kugellampe	5 Watt
Blinkleuchten vorn	Kugellampe	21 Watt
Blinkleuchten seitlich	Röhrenlampe	4 Watt
Schlußleuchten	Kugellampe	5 Watt
Bremsleuchten	Kugellampe	21 Watt
Blinkleuchten hinten	Kugellampe	21 Watt
Rückfahrleuchte	Kugellampe	21 Watt
Nebelschlußleuchte	Kugellampe	21 Watt
Kennzeichenleuchte	Kugellampe	5 Watt

Wenn man unterwegs eine Lampe ersetzt hat, darf man nicht vergessen, den Ersatzlampenvorrat wieder entsprechend zu ergänzen.

Funktion aller Leuchten prüfen

Pflegearbeit Nr. 37

Ab und zu sollte man sich davon überzeugen, ob alle Lampen am Auto brennen. Eigentlich ist man dazu vor Antritt jeder Fahrt verpflichtet.
Die einzelnen Lampen lassen sich mühelos vor einer Wand prüfen. Zwei Lichtflecke zeigen an, daß beide Scheinwerfer brennen, und durch Auf- und Abblenden erhält man zugleich Gewißheit über die Funktion von Fern- und Abblendlicht. Diese Methode kann man auch bei den vorderen Blinkern verwenden. Wenn man den Wagen dann wendet und rückwärts dicht an die gleiche Wand

Von verschiedenen Lampenherstellern gibt es Zusammenstellungen von Glühlampen und Sicherungen als Reservevorrat, untergebracht in einem handlichen Kästchen. Da man nie weiß, wann eine Birne oder eine Sicherung durchbrennt, sollte man auf eine solche Eventualität stets vorbereitet sein. Der im Wagen mitgeführte Ersatz muß natürlich rechtzeitig ergänzt werden, wenn man ihn einmal hatte in Anspruch nehmen müssen.

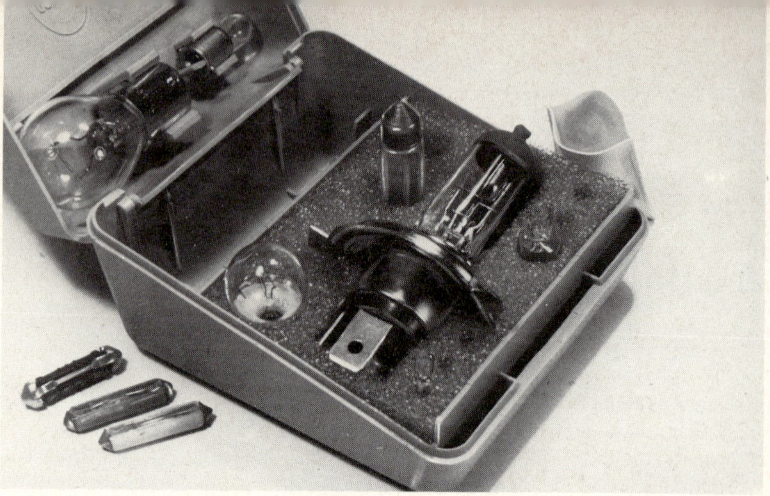

heranfährt, ermöglicht man sich mit Hilfe der Rückspiegel in gleicher Weise, das Aufleuchten aller hinteren Leuchten (auch des Bremslichts) zu beobachten. Beim Einlegen des Rückwärtsgangs müssen die Rückfahrleuchten brennen.
Ebenso kann man während der Fahrt die Lichtreflexionen der Scheinwerfer auf den Karosserien der vorausfahrenden Wagen beobachten und über den Innenrückspiegel läßt sich beim Hintermann erkennen, ob die eigenen Rückleuchten funktionieren.

Lampenwechsel

Scheinwerfer

Alle L- und CL-Versionen besitzen serienmäßig Hauptscheinwerfer mit konventionellen Zweifadenbirnen (»Bilux-Lampen«). Die Modelle S 75 und S 85 sind mit Scheinwerfern für zweifädige Halogen-Lampen (H 4) ausgestattet.
Falls nur ein Faden derartiger Zweifadenlampen ausgefallen ist, wenn also nur Fernlicht oder nur Abblendlicht brennt, dann liegt der Defekt selten an der Stromzufuhr, und die Lampe muß ausrangiert werden. Brennen dagegen beide Fäden plötzlich nicht, fehlt es wahrscheinlich am Massekontakt, oder ein Kurzschluß hat sich gebildet, der erkundet werden muß. Abblendlicht und Fernlicht jedes Scheinwerfers ist getrennt durch je eine Sicherung geschützt.
Zum Lampenwechsel Motorhaube öffnen. Dreipoligen Kabelstecker vom Lampensockel abziehen, elastische Abdeckkappe von der Scheinwerferrückseite abnehmen. Bei konventioneller Lampe den Haltering etwas nach vorn drücken, nach links drehen und abnehmen, dadurch wird die Lampe frei. Bei H 4-Lampe den Klemmbügel an einer Seite des Lampensockels aushaken und zur anderen Seite schwenken, Lampe entnehmen.

Rechter Scheinwerfer, vom Motorraum aus gesehen, Lampe entnommen.

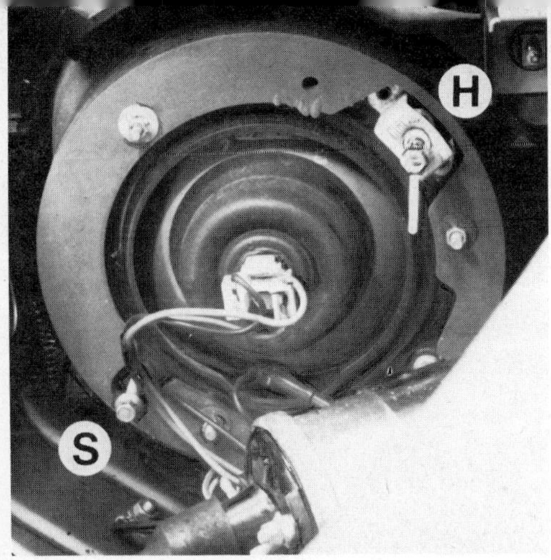

Ebenfalls im Motorraum erreichbar sind die Einstellschrauben für die Höhenverstellung (H) und die Seitenverstellung (S) der Hauptscheinwerfer. Die Schrauben betätigt man mit einem Gabelschlüssel SW 8. Das Bild zeigt den rechten Scheinwerfer. An der Schraube H sitzt der Hebel für die Höhenverstellung bei Belastung (siehe Seite 191).

Beim Einsetzen der neuen Lampe auf die am Rande des Lampensockels angebrachten Fixiernasen achten, die nur in einer Richtung in die Fassung passen. Die mittlere Kontaktzunge einer Lampe befindet sich immer oben. Gewalt ist beim Lampenwechsel nicht nötig. Haltering wieder anbringen bzw. Klemmbügel einhaken, Gummikappe anbringen und Kabelstecker fest aufstecken.

Fingerzeige: *Neue oder intakte Glühlampen nicht mit den Fingern am Glaskolben anfassen, der Abdruck von Handschweiß bleibt unvermeidbar. Dieser verdampft auf der brennenden Birne und trübt den Reflektor. Darum beim Einsetzen ein sauberes Taschentuch verwenden, womit man auch eine versehentlich angefaßte Lampe abreiben kann.*

Bevor eine unwillige Glühbirne im Mülleimer verschwindet, sollte man sie genau ansehen. Vielleicht ist sie noch in Ordnung, kann aber mangels Stromversorgung (Steckkontakt, Kabel, Sicherung oder Lampenfassung lose oder oxidiert) nicht brennen.

Bei Scheinwerfer-Glühlampen findet man gelegentlich auch andere Ausfallursachen als einen durchgebrannten Glühfaden; sogenannte »Luftzieher«, Kaltschweißstellen oder spröde Glühfäden. Beim »Luftzieher« ist der Lampenkolben innen gelblich oder bläulich angelaufen. Hier hatte der Glaskolben einen Haarriß und es ist Luft eingedrungen, der Glühfaden ist dann in dieser Luft richtig »verbrannt«. Kaltschweißstellen erkennt man daran, daß sich der Glühfaden einer Lampe an den Fadenträgern gelöst hat, spröde Glühfäden daran, daß die Glühfäden kurz hinter der Anschweißstelle am Fadenträger abbrechen. Bei diesen Schäden handelt es

Unterhalb der Scheinwerfer befinden sich hinter einer gemeinsamen Lichtscheibe die Gehäuse für Standlicht (1) und vordere Blinker (2). Abgebildet ist die linke Kombileuchte. Damit keine Feuchtigkeit eindringen kann, ist die Lichtscheibe gut anzuschrauben.

Zur Entnahme einer seitlichen Blinkleuchte vorn an der Typenplatte ein Tuch anlegen und die Platte mittels Schraubenzieher von der Karosserie abdrücken. Dann den Haken der Leuchte (im Bild unten zu sehen) nach vorn drücken und die Leuchte an den angeschlossenen Kabeln herausziehen.

sich um Garantiefälle, und man kann derartige Glühlampen dort umtauschen, wo man sie gekauft hat.
Lampenwechsel von Werkstatt- oder Tankstellenpersonal ausgeführt kostet neben der neuen Birne auch noch den Arbeitslohn!

Standlicht und vordere Blinkleuchten

Beide Leuchten sitzen in einem gemeinsamen Lampengehäuse unterhalb der Hauptscheinwerfer. Die Lampe für Standlicht sitzt innen, die (größere) Lampe für Blinklicht außen.
Zwei Kreuzschlitzschrauben zur Befestigung der gemeinsamen Lichtscheibe herausdrehen. Defekte Lampe in die Fassung drücken, etwas nach links drehen und herausziehen. Neue Lampe durch Hineindrücken und leichte Rechtsdrehung einsetzen. Lichtscheibe wieder anschrauben. dabei beachten, daß keine Feuchtigkeit in die Leuchte dringen kann, eventuell eine Gummischnur an der Auflage für die Lichtscheibe am Gehäuse ankleben.

Seitliche Blinkleuchten

Die Lampe sitzt in einem verschlossenen Gehäuse, das sich nicht öffnen läßt. Daher muß bei Ausfall die komplette Leuchte ersetzt werden.
Entgegen der Empfehlung in der Betriebsanleitung kann man den Lampenwechsel einfacher auf folgende Art vornehmen: Typenplatte mit einem flachen Werkzeug (breiter Schraubenzieher) hinten aus ihrem Sitz im Blech drücken, dabei zum Schutz des Lacks ein Stück Pappe oder dicken Stoff gegen das Blech halten. Federnden Kunststoffhaken der Leuchte von vorn andrücken und den Leuchtensockel aus der Öffnung ziehen. Gummikappe vom Sockel zurückstrei-

In dieser Stellung kann die seitliche Blinkleuchte ersetzt werden. Pfeil: Nase an der Typenplatte, die beim Einsetzen in das Karosserieloch eingedrückt werden muß. Danach auch die Leuchte andrücken, bis ihr Kunststoffhaken einrastet.

Rechte Rückleuchteneinheit:
1 – Rückfahrleuchte,
2 – Schlußlicht,
3 – Bremsleuchte,
4 – Blinkleuchte,
Pfeil: Auf guten Sitz des Dichtgummis achten.

fen, zwei angeschlossene Kabelklemmen abziehen. Neue Leuchte in umgekehrter Reihenfolge einbauen, dabei die Leuchte und die Typenplatte gleichzeitig in die Seitenwand des Kotflügels drücken.

Rückleuchten

Die Rückleuchten sind nebeneinander zu einer Leuchteneinheit zusammengefaßt. Von außen nach innen sind dies die Lampen für: Blinklicht, Bremslicht, Schlußlicht, Rückfahrlicht (rechte Leuchte) oder Nebelschlußlicht (linke Leuchte).
Zum Lampenwechsel vier Schrauben zur Befestigung der Lichtscheibe herausdrehen. Lampe wie üblich ersetzen (leicht andrücken und nach links drehen). Neue Lampe einsetzen und Lichtscheibe wieder befestigen. Dabei muß die für den Rand des Leuchtengehäuses bestimmte Gummidichtung gut anliegen. Eine schlecht abgedichtete Lichtscheibe läßt Feuchtigkeit eindringen und in der Leuchteneinheit Rost entstehen. Einmal dort aufgetretene Korrosion führt zu ständigen Störungen.

Kennzeichenleuchte

Die Lampenfassung wird von zwei seitlich abstehenden Klemmfedern innerhalb ihres Sitzes festgehalten. Zunächst mit einem Schraubenzieher das Gehäuse am Rand etwas abheben. Dann die Leuchte hin- und herschieben, um auch die Klemmfedern aus der Öffnung herauszubekommen. Die Ausdehnung der Klemmen ist größer als die Breite der Öffnung, keine Gewalt anwenden. Von der herausgezogenen Leuchte die Lichtscheibe abnehmen und Lampe in üblicher Weise ersetzen. In umgekehrter Reihenfolge einbauen.

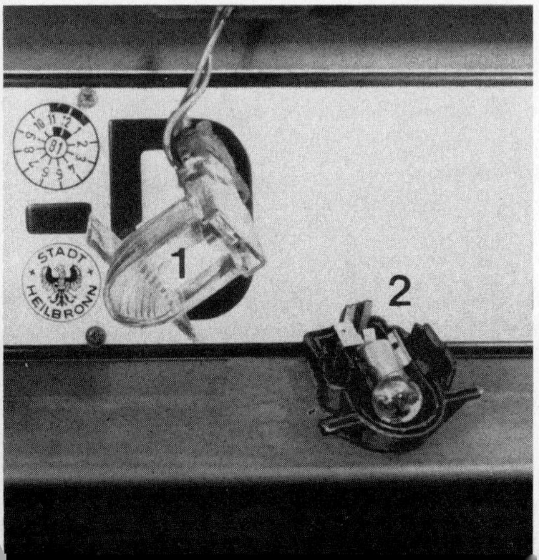

Kennzeichenbeleuchtung:
1 – Lichtscheibe mit angeschlossenen Kabeln,
2 – Lampenfassung.

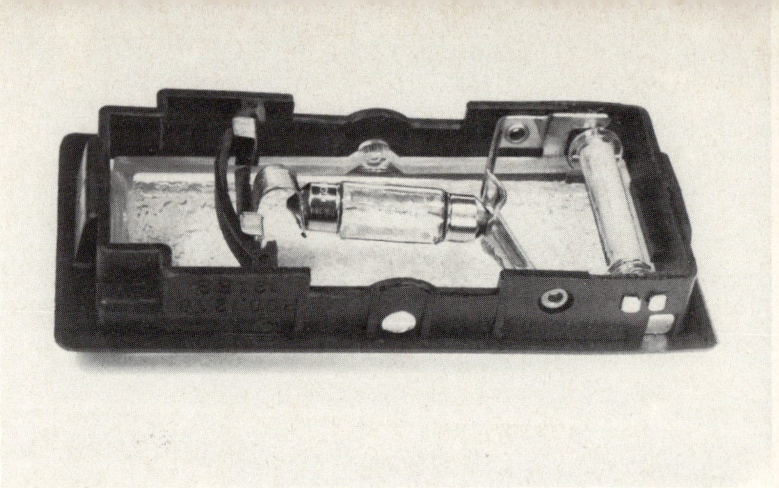

Entnommene Deckenleuchte. Sie besteht aus Rahmen, Lichtscheibe und Halterung für die Soffittenlampe.

Innenleuchten

Der Rahmen der Deckenleuchte ist zugleich als Kippschalter ausgebildet, in einer der beiden möglichen Stellungen ist der Stromkreis über die Lampe geschlossen. Zum Ersatz der Lampe die Lichtscheibe an der Schmalseite des Rahmens mit einem Schraubenzieher herausdrücken. Die Soffittenlampe (5 Watt) ist im Gehäuse zwischen den beiden Kontaktzungen nur eingeklemmt.
Es gibt noch zwei Lampen im Fond, die man durch Drehen der Lichtscheibe einschalten kann. das Lampengehäuse läßt sich aus der Fassung ziehen, es wird dort von drei federnden Klemmen festgehalten. Zum Wechseln der 4-Watt-Lampe den Kabelschuh von dem T-förmigen Kontaktblech abziehen und diese so weit durch den Schlitz am Gehäuserand schieben, bis man sein anderes Ende aus dem Gehäuse herausziehen kann. Lampe eretzen und den Zusammenbau in umgekehrter Reihenfolge vornehmen.

Scheinwerfereinstellung überprüfen

Pflegearbeit
Nr. 38

Falsch eingestellte Scheinwerfer lassen den Geblendeten nur noch Gegenstände in einer bis zu 75 % geringeren Entfernung als normal erkennen. Sicherheitshalber sollen Scheinwerfer auch nach jedem Lampenwechsel auf ihre richtige Einstellung überprüft werden.
Die Hauptscheinwerfer müssen so eingestellt sein, daß ihr Abblendlicht auch bei extremer Belastung des Wagens im vorschriftsmäßigen Winkel auf die Straße strahlen. Bei etwas Übung kann man selbst während der Fahrt die falsche Ausleuchtung beurteilen.
Die Einstellung erfolgt bei unbelastetem, fahrbereiten Wagen. Der Reifendruck muß den Vorschriften entsprechen. Die Hebel zur Höhenverstellung müssen auf volle Belastung gestellt sein (siehe nächsten Abschnitt).
Man benötigt eine senkrechte glatte Wand, beispielsweise in der Garage. Der Boden vor der Wand muß bis zu 8 m Entfernung völlig eben sein. Wagen dicht an die Wand rollen und darauf die Mittelpunkte der Scheinwerfer markieren. Beide Punkte durch eine Linie verbinden, diese muß absolut waagrecht sein. Danach den Fiat um genau 5 m zurückschieben.
Bei eingeschaltetem Abblendlicht müssen die durch das asymmetrische Licht erzeugten Knickpunkte 8 cm unterhalb der vorher eingezeichneten Markierungspunkte erscheinen. Der von den beiden Mittelpunkten nach rechts ansteigende Lichtwinkel hat etwa 15° zu betragen. Stimmen die Lichtgrenzen nicht, ist die Stellung der Scheinwerfer entsprechend zu verändern. Das geschieht mit den Einstellschrauben an der Rückseite der Scheinwerfer im Motorraum. Diese Einstellschrauben zeigt das Bild auf Seite 187 oben, sie sind mit einem Gabelschlüssel SW 8 zu bedienen.

Beide Scheinwerferarten lassen sich unabhängig von der Grundeinstellung in zwei Positionen einstellen, die man nach dem Belastungszustand des Wagens wählt. Bei stark belastetem Auto senkt sich das Hinterteil der Karosserie derart, daß das Abblendlicht ohne diese Einrichtung nicht mehr im vorgeschriebenen Winkel abgestrahlt würde.

Die Hebel für die Korrektureinstellung sitzen an den Schrauben der Höhenverstellung. Bei Normalbelastung sollen die Hebel nach unten gerichtet sein. Bei voller Belastung des Wagens muß man sie nach links stellen, wodurch die Scheinwerfer auf ihrer Querachse so geschwenkt werden, daß sie ihr Licht tiefer abstrahlen.

Höhenverstellung bei Belastung

Zusätzliche Scheinwerfer

Nachträglich angebaute Scheinwerfer müssen richtig eingestellt sein. Vibrationen während der Fahrt und äußere Einwirkungen, wie sie etwa in automatischen Waschanlagen möglich sind, können die Einstellung solcher Zusatzleuchten verändern.

Nebelleuchten

Gute und richtig eingestellte Nebelleuchten strahlen kaum Licht nach oben ab und unterbinden die berüchtigte Eigenblendung. Sie leuchten den Fahrbahnrand genügend aus und lassen – bei vernünftiger Fahrweise – Hindernisse noch rechtzeitig erkennen. Den Nebel können sie allerdings nicht durchdringen. Gelbe Streuscheiben senden zwar ein als angenehm empfundenes Licht aus, verschlucken aber 15 Prozent der Lichtstärke (verleichbar mit Foto-Gelbfilter).

Nebelleuchten sind allgemein so einzustellen, daß ihre Hell-Dunkel-Grenze auf 10 m Entfernung um 20 cm geneigt ist. Sie dürfen nicht höher als die Hauptscheinwerfer angebaut sein. Am besten ist die Anbringung unter der Stoßstange, wo ihr Licht den am Boden nie so dichten Nebel unterläuft. Weitere Bestimmungen: Beim Anbau weniger als 40 cm vom äußeren Umriß des Wagens entfernt, ist Schaltung nur mit Standlicht statthaft. Bei eingeschaltetem Fernlicht müssen Nebelscheinwerfer nicht verlöschen, dürfen jedoch gemeinsam nicht eingeschaltet sein.

Fernscheinwerfer

Diese auch als Weitstrahler bezeichneten Scheinwerfer haben die Aufgabe, das Blickfeld in waagerechter Ebene vor dem Wagen auszuleuchten. So ist die notwendige Einstellung unschwer festzustellen. Der auf der Wand markierte Lichtbündelmittelpunkt muß stets in der gleichen Höhe liegen, wenn der Wagen auf ebener Fläche zurückgeschoben wird.

Zusätzliche Scheinwerfer dürfen zusammen mit dem Abblendlicht oder mit dem Fernlicht brennen.

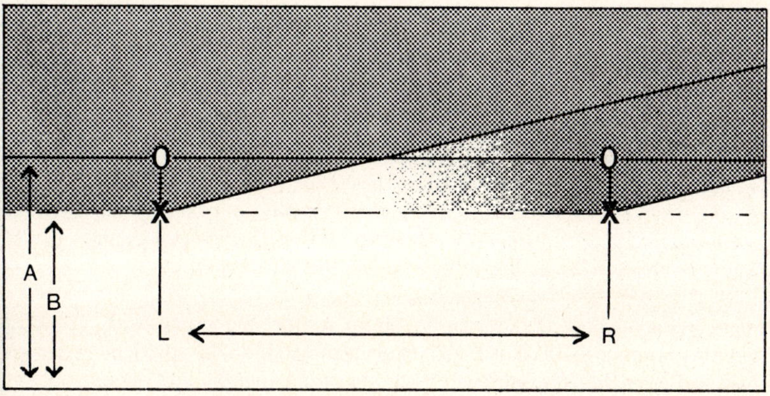

Von der Wand, auf der Sie die im Text beschriebenen Markierungen zum Einstellen der Scheinwerfer anbringen, müssen Sie etwas über 8 m ebene Fläche haben, damit auch die Hinterräder des Wagens noch darauf stehen, wenn das Auto 5 m zurückgerollt wird. Die beiden senkrechten Linien L und R zeigen die Entfernung der beiden Scheinwerfer voneinander, die bei O in einer Waagerechten in der Höhe A zu markieren sind. Danach rollt man das Auto 5 m von dieser Wand zurück, wo jetzt das Abblendlicht in der Höhe B erscheinen soll. An den Knickpunkten X verläuft die Hell-Dunkel-Grenze des asymmetrischen Lichtes.

Nachrichtenübermittlung

Der Autofahrer muß seine Absichten den anderen Verkehrsteilnehmern zum Ausdruck bringen können. Um sich verständlich zu machen, stehen ihm Blinkleuchten, Bremslichter, Signalhorn und Lichthupe zur Verfügung. Diese Signaleinrichtungen müssen ständig einsatzbereit sein.

Die Blinkanlage

Die Bestandteile der Blinkanlage sind der Blinkerschalter, je zwei vordere, seitliche und hintere Blinkleuchten, Blinkgeber und die grüne Blinkerkontrollampe. Die Anlage ist über die Sicherung Nr. 1 geschützt und nur bei eingeschalteter Zündung arbeitsfähig.

Eine Hilfe bei der Fehlersuche an der Blinkanlage sind die Kabelfarben. Zu den Blinkern der rechten Seite führen hellblaue Kabel, die der linken Wagenseite sind mit hellblau-schwarzen Kabeln verbunden. Überhaupt ist die blaue und die violette Farbe bei der Verdrahtung der Blinkanlage maßgeblich im Spiel (aber auch die Scheibenwischerschaltung enthält teilweise blaufarbene Verkabelung).

Gestörte Blinkanlage

Wie man die Lampen der Blinkleuchten ersetzt, ist auf Seite 188 beschrieben, und die Blinker-Kontrolleuchte wird noch auf Seite 196 erwähnt.

Das Aussetzen einer Blinkleuchte macht sich durch wesentlich schnelleres Aufleuchten des Kontrollichts als üblich bemerkbar, oder die Kontrolleuchte blitzt nur einmal auf und bleibt dann dunkel. Es kann auch vorkommen, daß ein Blinker in sehr schneller oder sehr langsamer Folge oder unregelmäßig leuchtet. Dann ist zu kontrollieren, ob die betreffende Lampe nur locker in ihrer Fassung sitzt oder einen oxidierten Sockel hat oder ob korrodierte Kabelanschlüsse den Stromfluß hemmen. Der richtige Schaltrhythmus des Blinkgebers hängt von der Wattzahl der Birnen ab. Schalten die Blinkerlampen auf »Dauerlicht«, ist im Blinkerrelais wahrscheinlich ein Defekt.

Dieses Relais (Blinkgeber) sitzt oberhalb des Sicherungskastens. Es handelt sich um eine rechteckige Dose, die sich nach oben abziehen läßt. Ersatz erhält man in der Fiat-Werkstatt oder auch beim Bosch-Dienst.

Die Warnblinkanlage

Der Warnblinkschalter (bei den verschiedenen Modellen unterschiedlich plaziert) setzt die Warnblinkanlage in Betrieb. Sie ist über die Sicherung Nr. 11 mit der ständigen Stromzufuhr am Anlasser (Klemme 30) verbunden.

Der Warnblinkschalter steht zugleich in Verbindung mit dem Blinkgeber, mit dem Blinkerschalter und mit den Blinkleuchten. Die angeschlossenen Kabel lassen sich im Schaltplan der hinteren Buchklappe verfolgen.

Das Bremslicht

Beide Bremsleuchten erhalten ihren Strom von der Sicherung Nr. 1. Von dort führt ein orangefarbenes Kabel zum Bremslichtschalter, der von dem niedergetretenen Bremspedal betätigt wird und den Strom über ein dort angeschlosse-

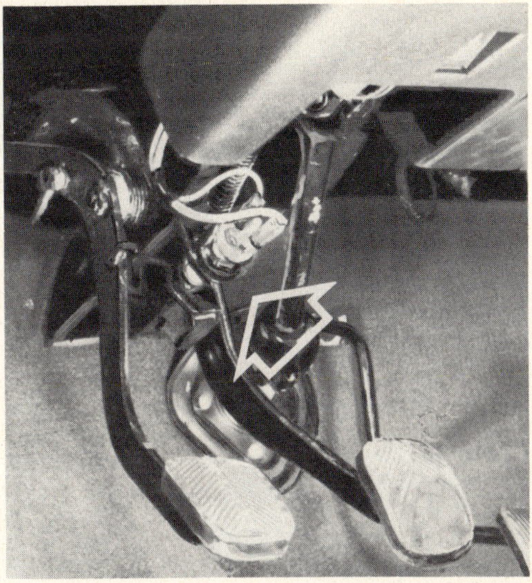

Oberhalb des Bremspedals sitzt im Fußraum der Bremslichtschalter (Pfeil). Wie der Schalter bei eventuellem Nichtfunktionieren justiert wird, ist auf dieser Seite beschrieben. Eine Feineinstellung läßt sich zudem noch erreichen, indem man die Hutmutter aus Kunststoff, die am Ende des auf den Pedalhebel drückenden Schaltstifts sitzt, mit der Hand verdreht.

nes rotes und dann gelbes Kabel an die Bremsleuchten weiterleitet. Die Bremslichtleitung steht nur bei eingeschalteter Zündung unter Strom.
Da die Leuchten über den gemeinsamen Anschluß am Bremslichtschalter verfügen, ist bei Nichtaufleuchten nur einer Birne zu vermuten, daß diese durchgebrannt ist. Eventuell hat sie aber nur mangelhaften Massekontakt.
Sprechen beide Bremsleuchten bei Betätigen der Bremse nicht an, kontrolliert man bei eingeschalteter Zündung, ob am Bremslichtschalter Spannung vorhanden ist. Dazu einen der beiden Flachstecker abziehen und mit ihm eine blanke Stelle an dem anderen Stecker berühren. Brennen die Leuchten dabei, liegt der Fehler im Schalter. Die Anordnung der Kabel an den Schalteranschlüssen ist gleichgültig, Massekontakt benötigt der Schalter nicht. Etwas Fett macht einen schwergängigen Schalterstift wieder beweglicher.
Zum Ausbau des defekten Schalters beide Kabel abziehen, die Mutter oberhalb der Befestigungsplatte mit einem Gabelschlüssel festhalten um die Mutter unterhalb der Platte abzuschrauben, danach kann man den Schalter nach oben herausziehen.

Bremslichtschalter einstellen

Die Bremslichter müssen bei geringem Niederdrücken des Bremspedals aufleuchten. Den Schalter mit angeschlossenen Kabeln und bei eingeschalteter Zündung in die Bohrung der Halteplatte einführen, währenddessen ein Helfer das Aufleuchten und Verlöschen der Bremslichter beobachtet (Zündung einschalten). Der Schalterstift soll durch den Hebel des in Ruhestellung befindlichen Pedals in den Schalter gedrückt werden und nach höchstens 20 mm Pedalweg – am Pedal gemessen – die Bremsleuchten in Funktion setzen. Die obere Mutter dient zum Justieren des Schalters, die untere Mutter wird nach der Einstellung festgezogen.

Die Signalhörner

Bei eingeschalteter Zündung können die Hupen durch Niederdrücken der Signalhorntaste in Lenkradmitte zum Tönen gebracht werden. Ihren Stromkreis schützt die Sicherung Nr. 9, die über das grau-schwarze Kabel zunächst mit der Klemme 85 am Signalhorn-Relais verbunden ist. Die Weiterführung des Stroms zu den Hupen erfolgt durch das violette Kabel, die Hupen haben über ihre Befestigung Masseanschluß.

Die Hupen sind nach Öffnen der Motorhaube unter der Quertraverse zugänglich. Beide Signalhörner sind einzeln an einer Halterung angeschraubt. Die Kabelstecker sind durch Kunststofftüllen geschützt.

Die Hupen sitzen in Fahrtrichtung links an einem Halter, der an der oberen Traverse vor dem Kühler befestigt ist. Zum Schutz gegen Korrosion sind über die beiden Kabelanschlüsse an den Hupen Gummikappen gesteckt. Bei Ausfall einer Hupe an einem älteren Wagen sollte man zunächst hier untersuchen, ob die Flachstecker gut mit den Kontaktzungen verbunden sind.
Die Signalhorntaste im Lenkrad läßt sich mit einem Schraubenzieher abheben. Beiderseits der Lenkradmutter sitzen schraubenförmige Tastenfedern, die bei niedergedrückter Signalhorntaste den Stromkreis zu den Hupen schließen.

Fingerzeig: *Sollten die serienmäßigen Fiat-Hupen nicht laut genug oder defekt sein, dann stehen zwei grundsätzlich verschiedene Hupentypen zur Verfügung: Sogenannte Aufschlaghörner (wie die Serienhupe) und Fanfaren. Letztere erwecken den Eindruck, als seien sie viel lauter als die Aufschlaghörner. Das ist jedoch eine akustische Täuschung, denn die tellerförmigen Aufschlaghörner (speziell die Starktonhörner) haben einen scheinwerferartig gerichteten Tonstrahl, der den in Schallrichtung befindlichen Verkehrslärm viel stärker durchdringt als die laut erscheinenden Fanfaren. Deren Eigenheit besteht darin, daß sie rundum gleichmäßig einen dadurch in Fahrtrichtung schwächeren Ton abstrahlen.*

Lichthupe

Alle Wagen verfügen im Lichtschalter links an der Lenksäule über eine Schaltung, die das Lichthupen ermöglicht. Beim Anziehen des Schalterhebels wird ein Kontakt zum Fernlicht hergestellt, nach Loslassen geht der Hebel wieder in seine Ausgangsstellung zurück.
Die stete Stromzufuhr am Abblendhebel rührt von der Verbindung der Klemme b über den Schalter der Außenbeleuchtung im Armaturenbrett zur Klemme INT am Zündschloß her (ab Umschalter an der Lenksäule zuerst braunes, dann hellblau-rotes Kabel zum Lichtschalter am Armaturenbrett, von dort zunächst blaues, dann schwarzes Kabel zum Zündanlaßschalter). Deswegen ist die Lichthupe unabhängig von eingeschalteter Zündung und Beleuchtung ständig einsatzbereit, was z. B. beim Abgeschlepptwerden von Vorteil ist. Funktioniert die Lichthupe nicht, wenngleich die Scheinwerfer sonst einsatzbereit sind, kann das an dem Umschalter für das Scheinwerferlicht liegen. Dessen Reparatur lohnt sich normalerweise nicht: Bei Defekt austauschen lassen.

Wachtparade

Den Zustand wichtiger Teile des Wagens kann der Fahrer mit Hilfe der Instrumente überwachen. Diese Armaturen und Leuchten sollen die einwandfreie Arbeit von Aggregaten und Bauteilen anzeigen oder bei Störungen vor unbedachter Weiterfahrt warnen.
Daneben gibt es noch Geräte wie etwa Scheibenwischer oder Gebläse, die zur Erleichterung der Autofahrt beitragen. Wenn daran unterwegs ein Schaden auftritt, dann muß man sich zu helfen wissen.

Die Instrumentenausstattung

Die Anzeigeinstrumente sowie die Kontroll- und Warnleuchten sind in einem gemeinsamen Gehäuse untergebracht. Bei den L- und CL-Modellen von 60 bis 75 PS entspricht das Kombiinstrument der herkömmlichen Bauart. Dagegen verfügen die Modelle S 75 und S 85 noch über einen Drehzahlmesser und über eine erweiterte Anzeige durch ein sogenanntes Kontrollmodul. Die darin vorhandenen Kontrolleuchten stehen entweder mit den ihnen zugeordneten Stromkreisen, deren Funktionsfähigkeit sie überwachen, in Verbindung, oder sie haben direkten Kontakt zu Meßgeräten (»Sensoren«), die an anderen Stellen dieses Buches beschrieben werden.

Instrumentengehäuse aus- und einbauen

Diese Arbeit wird nötig, um einzelne Instrumente zu ersetzen, besonders aber, um durchgebrannte Leuchten erneuern zu können.
Ritmo 60–75: Ersatzrad aus dem Motorraum nehmen und an der Spritzwand die Befestigungsschraube (in Fahrtrichtung rechts der Tachowelle) herausdrehen. Im Innenraum das Kombigehäuse etwas herausziehen, um an dessen Rückseite

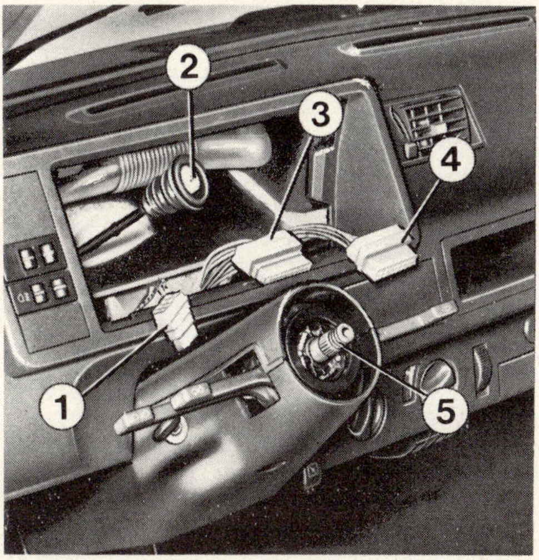

Instrumententafel, Kombiinstrument entnommen.
1, 3, 4 – Kabelstecker,
2 – Tachowellenanschluß für Kilometerzähler und Tachometer,
5 – Lenksäule.

die Rändelmutter der Tachowelle abzuschrauben. Falls diese noch nicht genügend zugänglich ist, die Tachowelle vom Motorraum ins Wageninnere nachschieben. Tachowelle und beide Kabelstecker abziehen.

Ritmo S 75 und S 85: Blende über dem Sicherungskasten abnehmen. An den Ecken des Kombiinstruments sowie an dessen Unterseite Mitte fünf Befestigungsschrauben herausdrehen. Tachowelle trennen, wie oben beschrieben, und alle Kabelverbindungen lösen.

Einbau jeweils in umgekehrter Reihenfolge. Sofort nach Aufstecken der Kabelstecker Zündung einschalten und Blinker wie Lichtschalter betätigen: Die entsprechenden Kontrolleuchten müssen brennen.

Kontroll- und Instrumentenleuchten ersetzen

Je nach Ausstattung ist eine unterschiedliche Anzahl von Kontrolleuchten vorhanden. Diese wie die Instrumentenleuchten sind an der Rückseite des ausgebauten Instrumentengehäuses zugänglich.

Die kleinen Birnen sind in ihrem Sitz eingesteckt. Nach dem Einsetzen der neuen Lampe prüft man sofort, ob sie brennt: Entsprechende Funktion einschalten. Danach wird das Kombiinstrument wieder eingebaut.

Instrumente ersetzen

Die Anzeigegeräte im Kombiinstrument können einzeln ersetzt werden. An der Rückseite des ausgebauten Instrumentengehäuses die Muttern oder Schrauben des betreffenden Anzeigegeräts abschrauben und das Gerät entnehmen. Eine Reparatur defekter Instrumente ist nicht möglich. Sie werden ersetzt.

Öldruck-Kontrolle

Die Kontrolleuchte dient nur der Information über ausreichenden Öldruck. Leuchtet sie während der Fahrt auf, besteht zunächst Verdacht auf Ölmangel. Ausführlicher unterrichtet ein nachträglich eingebauter Öldruckmesser, der den jeweiligen Öldruck anzeigt.

Die Schmierstellen des Motors müssen ständig mit Öl versorgt werden. Je nach Motordrehzahl ist der Druck, mit dem das Öl herangeführt wird, unterschiedlich hoch. Um überprüfen zu können, ob der Minimaldruck aufgebaut wird, ist in den Ölkreislauf ein Druckschalter eingebaut. Mit diesem ist die rote Ölkontrollampe zunächst durch das grau-schwarze, dann durch ein rotes Kabel verbunden und der Stromkreis für die Lampe wird von dem schwarz-violetten Kabel der Klemme 15/54 geschlossen. Diese Lampe kann nur bei eingeschalteter Zündung brennen.

Der Öldruck ist bei kaltem Motor und daher zähem Motoröl höher: Die Lampe verlöscht schon bei geringen Motordrehzahlen. Beim Wiederstarten des im Hochsommer heißgefahrenen Motors mit dementsprechend dünnflüssigem Mo-

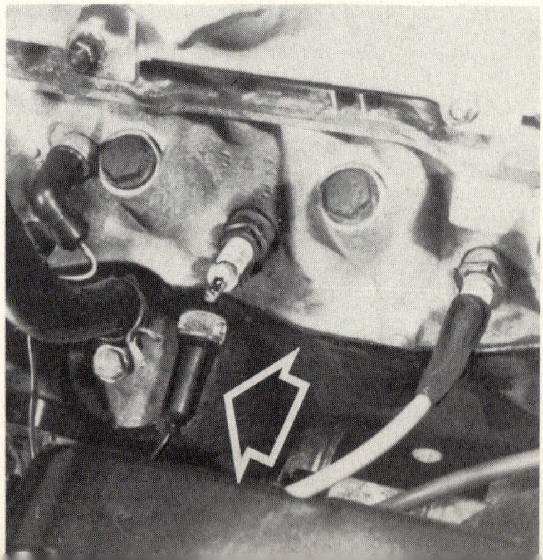

Der Öldruckschalter sitzt unterhalb der 3. Zündkerze (im Bild ist das Kerzenkabel abgezogen). Die Isolierung des Kabels für den Schalter ist grau-schwarz.

toröl ist der Öldruck geringer, weshalb die Öldruckkontrolleuchte dann erst bei höheren Drehzahlen verlöscht oder manchmal sogar bei langsamer Fahrt aufleuchten kann.
Leuchtet die Öldrucklampe plötzlich während der Fahrt auf, so ist das ein Alarmzeichen. Ölstand kontrollieren! Bei plötzlichem Ölverlust den Sitz der Ablaßschraube in der Ölwanne kontrollieren. Es kann auch eine Schmierstelle im Motor defekt sein: Das Öl läuft ohne Widerstand aus dem Lager und es baut sich nicht der normale Druck auf. Ungewöhnlich ist ein Schaden an der Ölpumpe. Stellt sich der Fehler unterwegs nicht als ungefährlich heraus, muß der Fiat zur nächsten Werkstatt geschleppt werden, sonst ist in Kürze ein Motorschaden zu erwarten.
Brennt die Leuchte nur kurz bei starkem Beschleunigen oder scharfer Kurvenfahrt, dürfte ebenfalls der Ölstand unter die Minimalmarke abgesunken sein. Leuchtet die Lampe dauernd, kann man kontrollieren, ob das grau-schwarze Kabel am Öldruckschalter zur Warnlampe Kurzschluß zur Masse hat. Zündung einschalten, Kabel vom Schalter (in Fahrtrichtung vorn am Motor) abziehen, die Lampe muß bei stehendem Motor verlöschen (vom Helfer beobachten lassen). Brennt sie dagegen weiter, ist das Kabel irgendwo durchgescheuert und hat Massekontakt – das ist harmlos für den Motor.
Wenn die Lampe bei eingeschalteter Zündung nicht brennt, sind Öldruckschalter oder Kontrollampe defekt. Grau-schwarzes Kabel am Öldruckschalter abziehen und an Masse drücken. Leuchtet nichts, ist das Glühlämpchen durchgebrannt, brennt das Warnlicht, liegt es am Öldruckschalter. Der neue Öldruckschalter muß mit einem neuen Dichtring eingebaut werden.

Kraftstoffanzeige

Ein Geber im Tank und das Anzeigegerät mit Warnlampe in der Instrumententafel sorgen für Unterrichtung über die vorhandene Benzinmenge. Beide Teile sind durch zwei getrennte Kabel verbunden. Zuständig ist auch hier die Sicherung Nr. 1. Der Geber im Tank hat Verbindung zur Masse. Er sitzt auf einer demontierbaren kleinen Platte am Tank (siehe Seite 99).
Im Geber der Kraftstoffanzeige befindet sich ein elektrischer Widerstand, über dessen Wicklungen ein mit dem Schwimmer des Gebers verbundener Schleifkontakt läuft. Im Anzeigegerät sitzt ein elektrisch aufgeheiztes Bimetall-Thermogerät. Wenn der Tankinhalt absinkt, schaltet der Schwimmer und mit ihm der Schleifkontakt den Widerstand des Gebers zunehmend ein. Es kann dann nur wenig Strom durch die Anlage fließen, das Bimetall wird nicht oder nur wenig aufgeheizt und der Zeiger hat keinen oder eventuell nur einen geringen Ausschlag.
Je mehr der Tank gefüllt ist, um so kleiner hält der höher stehende Schwimmer den eingeschalteten Widerstand. Dadurch kann mehr Strom durch die Anlage fließen, das stärker aufgeheizte Bimetall gibt dementsprechend dem Zeiger einen stärkeren Ausschlag. Zum Aufheizen des Bimetalls ist etwas Zeit nötig, deshalb bringt das im Tank schwappende Benzin den Zeiger nicht ständig zum pendeln.

Falsche Kraftstoffanzeige

Bei keiner oder bei ungenauer Anzeige sind zunächst die Kabelanschlüsse zu prüfen, andernfalls muß das Anzeigeinstrument oder der Geber (siehe dazu Seite 99) ausgebaut werden.
Am ausgebauten Geber ist zu prüfen, ob in den Schwimmer durch eine undichte Stelle Benzin geraten ist. Den Schwimmerarm kann man zur Justierung entsprechend biegen, aber eine genaue Einstellung ist kaum möglich. Besser daher austauschen.

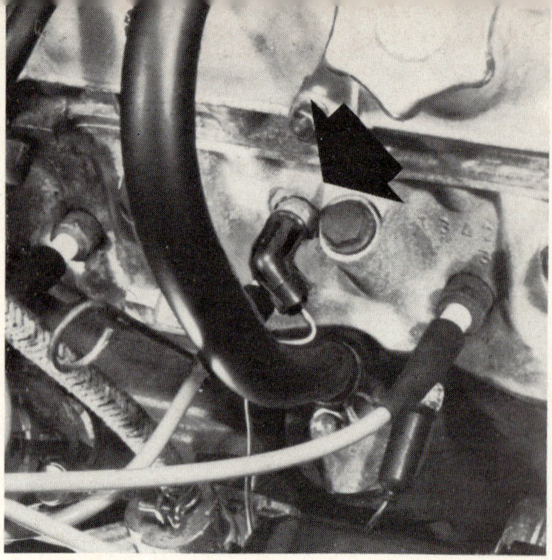

Der Temperaturgeber für die Kühlwasseranzeige sitzt am Zylinderkopf oberhalb der 2. Zündkerze. Sein Kabel ist weiß-grün.

Kühlwasseranzeige

Zur Ermittlung der Kühlmitteltemperatur ist ein Wärmefühler (Temperaturgeber) eingesetzt, der vorn am Motorblock links neben dem Öldruckschalter eingeschraubt ist. Dort angeschlossen ist ein grün-weißes Kabel. Dieses ist mit einem roten Kabel verbunden, das zur Anzeige führt. Das Anzeigegerät erhält Plusstrom von Sicherung Nr. 1 und Minus liefert der Fühler. Der je nach Wassertemperatur mehr oder weniger starke Widerstand steuert den Zeigerausschlag.
Bei einer Störung zieht man zur Kontrolle das Kabel am Wärmefühler ab und drückt es bei eingeschalteter Zündung an Masse. Wandert die Anzeigenadel des Instruments in den Warnbereich, ist der Fühler defekt. Ein neuer Fühler muß mit Dichtungsmasse eingeschraubt werden, um Wasserverlust zu vermeiden. Hat dagegen die Anzeige nicht reagiert, ist das Anzeigeinstrument zu ersetzen.

Tachometer

Die Wirkung der Geschwindigkeitsanzeige beruht auf den Wirbelströmen eines ringförmigen Magneten, der von der Tachowelle angetrieben wird. Die Wirbelströme ziehen ihrerseits die Tachonadel mit. Der Antrieb der biegsamen Tachowelle erfolgt vom Getriebegehäuse aus (Getriebeausgangswelle).
Wenn außer der Tachonadel auch der Kilometerzähler ausfällt, liegt die Schuld eventuell an der Tachowelle. Es ist dann zu kontrollieren, ob der Anschluß der Welle am Instrument nicht eingerastet ist oder ob sich eventuell die Welle am Getriebe gelöst hat. Die Welle kann auch durch äußere Einwirkung brechen. Macht sie durch eine zitternde Tachonadel darauf aufmerksam, daß sie bereits einen Knick hat und bald brechen wird (Ursache für die zitternde Tachonadel kann aber auch eine verschlissene Antriebsschnecke am Getriebe sein), muß sie alsbald ausgetauscht werden.

Tachometerwelle ersetzen

Wie beim Ausbau des Instrumentengehäuses den Wellenanschluß lösen. In der Stirnwand die Gummitülle, die dort die Welle umhüllt, nach vorn herausdrücken und die Welle in den Motorraum ziehen. Wellenanschluß auf dem Getriebe abschrauben und die Welle entnehmen. Der Einbau erfolgt in umgekehrter Reihenfolge.

Drehzahlmesser

Der serienmäßige Drehzahlmesser in den Modellen S 75 und S 85 ist am Plus-Anschluß über das hellblau-schwarze Kabel an Klemme 15, am Minus-Anschluß über das schwarze Kabel an Masse angeschlossen. Die Impulse kommen über das weiße Kabel von Klemme D (1) des Zündverteilers.
Ein Drehzahlmesser hat besonders dann einen Sinn, wenn man gern hochtourig fährt. Zur Nachrüstung sollte man sich für ein Rundinstrument entschließen

(z. B. von Moto Meter oder von VDO; mit Montageerläuterung). Das Anbringen des Instruments in der Nähe des Radios ist wegen möglicher Empfangsstörungen zu vermeiden.

Zeituhr

Die Zeituhr (bei S 75 und S 85: Digitaluhr) wird von der stets stromführenden Sicherung Nr. 10 über ein rotes Kabel mit Steckverbindung mit Strom versorgt. Ihre Anzeige muß reguliert werden, wenn einmal die Batterie abgeklemmt war. Ihr Ausfall kann natürlich auch bei einem Sicherungsdefekt den Schaden an den dort angeschlossenen Stromverbraucher anzeigen. Die Lampe der Uhr ist an einem anderen Stromkreis angeschlossen, der über die Sicherung Nr. 4 läuft (nicht bei Digitaluhr).

Funktion der Wisch-Wasch-Anlage prüfen

Pflegearbeiten Nr. 39 und 40

Sowohl der Scheibenwischer wie auch der Wascher erhalten ihren Strom über die Sicherung Nr. 2, ebenso der Heckscheibenwischer und der dazugehörige Wascher beim Ritmo S 75 und S 85. Bei diesen zwei Modellen ist auch eine Scheinwerfer-Wisch-Wasch-Anlage als Sonderausrüstung möglich.
Zu einer solchen Anlage gehört jeweils ein Schalter, ein Intervallschaltgerät, die Wascherpumpe und – bei zusätzlichen Scheinwerferwischern – jeweils ein Verzögerungsrelais. Eine besondere Schaltung bewirkt, daß nach dem Ausschalten die Wischerblätter noch in ihre Ausgangsstellung zurücklaufen. Diese Endstellung funktioniert bei ausgeschalteter Zündung natürlich nicht.
Falls die Wischerblätter außerhalb ihrer Ruhestellung zum Stehenbleiben gezwungen werden, etwa durch starken Schneefall, verschmort womöglich die Ankerwicklung des Wischermotors, auch wenn er ausgeschaltet ist. Durch den Endstellungs-Schalteffekt bleibt der Wischermotor trotzdem unter Strom, kann sich aber nicht drehen. Abhilfe: Wischerblätter sofort von der Windschutzscheibe abheben, damit sie in Ruhestellung laufen können. Bleibt der Scheibenwischermotor nach dem Ausschalten nicht stehen, dann hat die Anlage Masseschluß. Sollte es nicht mehr regnen, kann man zunächst die Sicherung herausnehmen, weil durch sie – über das schwarze Kabel – nur noch die heizbare Heckscheibe abgesichert ist.

Scheibenwischermotor und Wischerarm aus- und einbauen

Im Motorraum die Kabelanschlüsse vom Wischermotor abziehen. Muttern zur Befestigung des Wischermotors und des Untersetzers am Halter abschrauben. Von der Antriebswelle die Mutter abschrauben, Scheibe abnehmen. Arm der Antriebskurbel von der Antriebswelle abdrücken. Wischermotor zusammen mit dem Untersetzer abnehmen. Vor der Halterung des Motors ist das Intervallrelais aufgesteckt.
Beide Wischerarme bis zum Anschlag abheben. In dieser Stellung ist der Totpunkt im Wischerarm überwunden, Feder aushaken. Am Sitz des Arms die Klemmfeder für den Antriebszapfen andrücken, zugleich den Wischerarm abziehen. Das Wischerblatt läßt sich am Wischerarm aushängen.

Die Wischerblätter

Wischerblätter altern durch Schmutz, ölige Rückstände, Abgase und Sonneneinstrahlung. Ab und zu muß man sie reinigen. Dazu eignet sich eine feste Nylonbürste (Nagelbürste), eine starke Waschmittellösung, Wundbenzin aus der Apotheke oder auch Brennspiritus. Wischerblätter mit brüchiger Gummilippe erneuern.
Zugleich sollte man die Windschutzscheibe reinigen. Verfettete Fensterleder und silikonhaltige Pflegemittel hinterlassen störende Schlieren, die bei Dunkelheit das Licht brechen. Hier hilft das altbewährte Messingputzmittel »Sidol«. Es wird auf die Scheibe aufgetragen und nach dem Trocknen mit einem sauberen

Lappen abgerieben. Dem Scheibenwaschwasser kann man vorbeugend ein Reinigungsmittel, z. B. »Caramba Scheibenklar« im Sommer oder »Sonax Antifrost« im Winter, zusetzen.

Heizbare Heckscheibe

Die Heizdrähte der Heckscheibe erhalten über das braune Kabel Heizstrom von dem zuständigen Relais, das mit der Sicherung Nr. 11 in Verbindung steht. Die andere Seite der Heizdrähte liegt an Masse. Der Schalter hat Verbindung mit Sicherung Nr. 1 und ebenfalls mit dem Relais.
Die Heizfäden können aber auch beschädigt und dadurch unterbrochen sein (Beweis: Scheibe heizt nur teilweise). Hier hilft der Leitsilberlack der Firma Doduco, Postfach 480, 7530 Pforzheim, der auch im Zubehörhandel erhältlich ist.

Gebläsemotor

Der Gebläsemotor wurde bis 1979 über die Sicherung Nr. 1 geschützt. Danach erhielt er ein Schaltrelais, das weiterhin mit Sicherung Nr. 1 verbunden blieb, wohingegen der Motor über die Sicherung Nr. 14 abgesichert wurde. Zu Störungen an der Heizung ist auf Seite 96 weiteres gesagt.

Schaltrelais

Ein Schaltrelais ist ein elektromagnetisch arbeitender Schalter und es wird für leistungsstarke Stromverbraucher verwendet. Leitet man nämlich den Strom auf langen Kabelwegen über den dazugehörigen Schalter, gibt es erstens nachteiligen Spannungsverlust und zweitens werden die Schalterkontakte durch den hohen Stromfluß stark beansprucht und korrodieren bald. Deshalb benutzt man den Schalter nur für den niedrigen »Schaltstrom«, womit nicht der Verbraucher direkt, sondern dessen Relais eingeschaltet wird. Dessen Steuerstrom ist sehr gering, und man kann an die Relaiswicklung ein schwach bemessenes, langes Kabel zuführen.
Beim Einschalten des betreffenden Verbrauchers wird im Relais durch den an Klemme 85 ankommenden »Schaltstrom« der Schaltstromkreis zur Klemme 86 geschlossen. Dadurch zieht eine Magnetspule einen kräftigen Kontakt gegen Federdruck an und schließt so den Stromkreis für den »Arbeitsstrom«. Dieser Arbeitsstrom wird zur Vermeidung von Spannungsabfall auf kurzem Weg direkt von der Batterie an Klemme 30 des Relais herangeführt und von dort weiter – bei geschlossenen Schaltkontakten – über Klemme 87 an den Stromverbraucher weitergeleitet.

Relais-Störungssuche

- Klemme 30 muß immer Strom führen. Zur Kontrolle Relais ein Stück aus dem Sicherungskasten herausziehen und mit einer Prüflampe Klemme 30 antippen.
- Relais abziehen, Klemme 85 mit Batterie-Plus an Klemme 86 mit Masse verbinden, hierbei muß die Magnetspule den Relaiskontakt deutlich hörbar anziehen, sonst ist das Relais defekt.
- Behelf unterwegs bei defektem Relais: Mit Büroklammer oder kurzem Drahtstück Klemme 30 und 87 überbrücken. So hat der Verbraucher Dauerstrom. Man kann ihn nur nicht mehr mit dem Schalter ausschalten, sondern muß die Kurzschlußbrücke abnehmen.

Oben: Abgeschraubter Türkontaktschalter für die Innenbeleuchtung. Die Befestigungsschraube dient zugleich dem Massekontakt.
Mitte links: Die Schalter in der Schalterleiste besitzen seitlich angeordnete Klemmfedern, die sie in ihrem Sitz festhalten.
Mitte rechts: Schalter für die Rückfahrleuchte am Getriebegehäuse.
Unten: Die Verkleidung der Lenksäule ist abgebaut. 1 – Zünd-Anlaßschalter, 2 – Kombischalter.

Technische Daten

Aufzählung

Als »Technische Daten« bezeichnet man alle Angaben zu einem Auto, die sich in Zahlen ausdrücken lassen. Sie enthalten zusätzlich Kurzbezeichnungen und -beschreibungen einzelner Teile von Motor, Kraftübertragung, Fahrwerk, Karosserie und elektrischer Anlage. Diese Aussagen kommen gewissermaßen einem Zertifikat gleich, und deshalb sind auch sie Bestandteil der Allgemeinen Betriebserlaubnis. Nachträglich darf nichts geändert werden, was die festgelegten Werte irgendwie abwandeln könnte. (Änderungen der nachstehenden Daten auf Grund von Verbesserungen durch das Werk sind möglich.)

Motor		60	60	65	S 75	75	S 85
Bezeichnung		1050	1100	1300	1300	1500	1500
Motortyp		127 A. 6.000	138 A. 000	138 A. 1.000	138 A. 3.000	138 A. 2.000	138 A. 4.000
Bauart		Viertakt-Ottomotor, Zylinder in Reihe, vorn querstehend					
Zylinderzahl		4	4	4	4	4	4
Bohrung	mm	76	80	86,4	86,4	86,4	86,4
Hub	mm	57,8	55,5	55,5	55,5	63,9	63,9
Hubraum effektiv	cm^3	1049	1116	1301	1301	1498	1498
Hubraum nach Steuerformel	cm^3	1036	1108	1280	1280	1465	1465
Höchstleistung	kW (PS)	44,1 (60)	44,1 (60)	48 (65)	55,1 (75)	55,1 (75	63 (85)
bei Drehzahl	1/min	5800	5800	5800	5800	5700	5800
Größtes Drehmoment	Nm	80,5	81,5	98,1	98,1	117,7	118
bei Drehzahl	1/min	3300	3500	3500	3900	3000	3800
Verdichtungsverhältnis		9,5	9,2	9,1	9.1	9,2	9
Oktanbedarf	ROZ	98	98	98	98	98	98
	MOZ	88	88	88	88	88	88
Kurbelwellenlager		5	5	5	5	5	5
Ventiltrieb		Obenliegende Nockenwelle, Antrieb durch Zahnriemen, hängende Ventile					
Ventilspiel kalt							
Einlaß	mm	30	40	40	40	40	40
Auslaß	mm	40	50	50	50	50	50
Ventilsteuerung							
Einlaß öffnet vor OT		8°	12°	12°	12°	12°	12°
Einlaß schließt nach UT		36°	52°	52°	52°	52°	52°
Auslaß öffnet vor UT		38°	52°	52°	52°	52°	52°
Auslaß schließt nach OT		6°	12°	12°	12°	12°	12°
Schmiersystem		Druckumlaufschmierung durch Zahnradpumpe, Ölwechselfilter im Hauptstrom					
Kühlung		Wasserumlaufkühlung mit Flügelradpumpe, thermostatisch geregelt					
Lüfter		elektrisch					
Kraftstoffpumpe		mechanisch					
Fördermenge	l/h	75	75	75	75	75	75
Luftfilter		Papierelement					

Vergaser							
Hersteller		Weber	Weber	Weber	Weber	Weber	Weber
Typ		32 ICEV 26/250	32 ICEV 21/250	32 ICEV 22/250	32 DMTR 52	34 ICEV 23/250	34 DMTR 53
oder							
Hersteller		–	–	–	–	Weber	–
Typ		–	–	–	–	34 ICEV 23/450	–
oder							
Hersteller		Solex	Solex	Solex	Solex	Solex	Solex
Typ		C 32 DISA 5	C 32 DISA 1	C 32 DISA 2	C 32 CIC 6	C 34 DISA 3	C 34 CIC 2
oder							
Hersteller		–	–	–	–	Solex	–
Typ		–	–	–	–	C 34 DISA 3 A	–
Bauart		Fallstrom	Fallstrom	Fallstrom	Fallstrom-Register	Fallstrom	Fallstrom-Register
Luftklappe		manuell	manuell	manuell	manuell	manuell	manuell
Leerlaufdrehzahl	1/min	800	800	800	800	800	800

Elektrische Anlage

Zündung		Batteriezündung, 12 Volt Spannung					
Batterie	Ah	34	34	45	45	45	45
Generator		Marelli A 125 – 14 V – 45 A oder Bosch K 1 – 14 V – 45 A 20					
Spannungregler		elektronisch, im Generator eingebaut					
Keilriemen (Breite/Länge)	mm	9,5 × 925	9,5 × 825	9,5 × 825	9,5 × 825	9,5 × 825	9,5 × 825
Zündverteiler		Ducellier 525 152 A oder Marelli S 155 LX					
Fliehkraftverstellung							
maximal	Grad/kW	25–29	25–29	25–29	25–29	25–29	25–29
Kontaktabstand	mm	4	4	4	4	4	4
Zündeinstellung vor OT		5°	5°	5°	5°	5°	5°
Zündspule		Bosch 0221 119 048 oder Klitz G 52 S oder Marelli BE 200 B oder OEM G 52 S oder Pol-Mot BE 200 B					
Zündfolge		1 – 3 – 4 – 2					
Schließwinkel		55° ± 3° = 61% ± 3%					
Öffnungswinkel		35° ± 3°					
Zündkerzen		AC R 42 XLS, Bosch W 175 TR 30, Bosch WR 7 D, Champion RN 9 Y, Fiat 1 L 4 JR, Lodge HLNY/R, Marelli CW 7 LPR, Motorcraft AGR 32					
Elektrodenabstand	mm	0,7 – 0,8					
Gewinde		M 14 × 1,25					
Anlasser		Femsa oder Marelli E 84 – 0,8/12 Var				Marelli E 95 – 0,9/12	

Kraftübertragung

Kupplung		Einscheiben-Trockenkupplung mit Scheibenfeder					
Kupplungsbelag							
Außendurchmesser	mm	181,5	181,5	181,5	181,5	190	190
Innendurchmesser	mm	127	127	127	127	130	130
Schaltgetriebe		4-Gang	4-Gang 5-Gang	4-Gang 5-Gang	5-Gang	5-Gang	5-Gang
Übersetzungen							
4-Gang-Getriebe	1. Gang	3,583					
	2. Gang	2,235					
	3. Gang	1,454 oder 1,461					
	4. Gang	1,042 oder 1,033					
	R.-Gang	3,714					
5-Gang-Getriebe	1. Gang	3,583					
	2. Gang	2,235					
	3. Gang	1,454 oder 1,461					
	4. Gang	1,042 oder 1,033					
	5. Gang	0,836					
	R.-Gang	3,714					
Antriebsuntersetzung		4,077	4,077	3,765	3,588	3,588	3,765
Übersetzungsverhältnis		13/53	13/53	17/64	17/64	17/61	17/64
Automatik-Getriebe		–	–	–	–	auf Wunsch	auf Wunsch
Übersetzungen	1. Stufe	2,55					
	2. Stufe	1,45					
	3. Stufe	1					
	R.-Sufe	2,46					
Antriebsuntersetzung		–	–	–	–	3,565	3,565
Übersetzungsverhältnis		–	–	–	–	23/82	23/82

Fahrwerk

Vorderachse		Einzelradaufhängung mit Querlenkern unten, Schubstreben (65 und 75 statt dessen Stabilisator), McPherson-Federbeine					
Stabilisator		Serie	Serie bis '81	Serie	bei Automatik	bei Automatik	–
Schubstreben		–	–	–	bei Schaltgetriebe	bei Schaltgetriebe	Serie
Radsturz	unbelastet	1° 10′ bis 2° 10′					
	belastet	0° 30′ bis 1° 30′					
Nachlauf	unbelastet	1° 30′ bis 2° 30′					
	belastet	2° 10′ bis 3° 10′					
Vorspur	unbelastet	–4,5 mm bis –2,5 mm = –0° 24′ bis –0° 42′					
	belastet	–2,0 mm bis +2,0 mm = –0° 19′ bis +0° 19′					
Hinterachse		Einzelradaufhängung mit Querlenkern unten, Zweiblattquerfeder als Stabilisator, Teleskop-Stoßdämpfer					
Radsturz	unbelastet	+30′ bis +1° 30′					
	belastet	–1° 30′ bis +2° 30′ (Motor 1050 : –1° 50′ bis +2° 50′)					
Vorspur		0 bis +4 mm = 0° bis +0° 58′					
Lenkung		Zahnstangenlenkung					
Lenksäule		zweiteilig					
Übersetzung		19 : 1					
Lenkradumdrehungen von Anschlag zu Anschlag	3,5						
Wendekreisdurchmesser	m	10,3					
Radeinschlagwinkel							
inneres Rad		35° 30′ ± 1° 30′					
äußeres Rad		31° 45′					
Bremsanlage		Hydraulische Zweikreis-Vierradbremse					
Bremskraftregler		lastabhängig, auf Hinterradbremsen wirkend					
Übersetzung		0,46					
Servobremse		Modelle 65 PS, 75 PS und 85 PS: Master-Vac Benditalia					
Fußbremse vorn		Schwimmsattel-Scheibenbremsen					
Bremsscheiben							
Durchmesser	mm	227					
Dicke	mm	10,7 bis 10,9					
Bremsbeläge							
Mindeststärke	mm	1,5					
Fußbremse hinten		Trommelbremsen mit Spielausgleich					
Bremstrommeln							
Durchmesser	mm	185,24 bis 185,53					
Bremsbeläge							
Mindeststärke	mm	1,5					
Wirksame Gesamtbremsfläche	cm²	340					
Handbremse		Seilzug auf Hinterradbremsen					
Felgen		4½ B × 13	4½ B × 13	4½ B × 13	4½ B × 13 5½ J × 14	4½ B × 13 5½ J × 14	4½ B × 13 5½ J × 14
Reifen		145 SR 13	145 SR 13	145 SR 13 165/70 SR 13	165/70 SR 13 165/65 SR 14	165/70 SR 13 165/65 SR 14	165/70 SR 13 165/65 SR 14

Reifenluftdruck (in bar)

Reifengröße		145 SR 13	165/70 SR 13	165/65 SR 14
vorn	normale Belastung	1,86	1,86	1,96
	volle Belastung	1,86	1,86	1,96
hinten	normale Belastung	1,76	1,76	1,86
	volle Belastung	2,15	2,15	2,15

Füllmengen (in Liter)

Kraftstofftank	50	50	50	50	50	50
Kühlsystem	6,7	7,1	7,9	7,9	8	8
Motoröl						
Nachfüllmenge mit Filterwechsel	3,1	4,4	4,4	4,4	4,4	4,4
Nachfüllmenge ohne Filterwechsel	2,7	3,7	3,7	3,7	3,7	3,7
Gesamtfüllmenge Ölwanne, Filter und Leitungen	3,75	4,7	4,7	4,7	4,7	4,7
Nachfüllmenge zwischen MIN und MAX	1,0	1,1	1,1	1,1	1,1	1,1

4-Gang-Getriebe und Differential	3,15	3,15	3,15	–	–	–
5-Gang-Getriebe und Differential	–	3,26	3,26	3,26	2,93	2,93
Automatik-Getriebe						
Wechsel-Menge	–	–	–	–	3,0	3,0
Differential	–	–	–	–	0,75	0,75
Bremssystem	0,385	0,385	0,385	0,385	0,385	0,385
Scheibenwascher Frontscheibe	2,9	2,9	2,9	2,9	2,9	2,9
Scheibenwascher Heckscheibe	4,0	4,0	4,0	4,0	4,0	4,0

Fahrwerte und Kraftstoffverbrauch

Höchstgeschwindigkeit							
mit Schalt-Getriebe	km/h	145	145	152	155	158	163
mit Automatik-Getriebe	km/h	–	–	–	–	152	155
Steigfähigkeit	%	29	29	32	32	38	38
Beschleunigung 0–100 km/h							
mit Schaltgetriebe	s	17,5	17,5	15,7	14,3	14	12,2
mit Automatik-Getriebe	s	–	–	–	–	17	15,2
Kraftstoffverbrauch							
Stadtzyklus/90 km/h/120 km/h							
mit 4-Gang-Getriebe	l/100 km	9,5/6,6/8,8	9,5/6,6/8,8	9,9/7,4/9,5	–	–	–
mit 5-Gang-Getriebe	l/100 km	–	–	9,9/7,0/8,7	10,2/6,1/8,1	10,7/6,2/8,6	10,7/6,1/8,1
mit Autom.-Getriebe	l/100 km	–	–	–	–	10,4/7,5/10,0	10,7/7,6/9,8

Maße und Gewichte

Radstand	mm	2448	2448	2448	2448	2448	2448
Spurweite	vorn mm	1400	1400	1400	1400	1400	1400
	hinten mm	1375	1375	1375	1375	1375	1375
Länge über alles	mm	3937	3937	3937	3937	3937	3937
Breite über alles	mm	1650	1650	1650	1650	1650	1650
Höhe unbelastet	mm	1400	1400	1400	1400	1400	1400
Bodenfreiheit belastet	mm	128	128	128	128	128	128
Leergewicht							
dreitürig	kg	860	860	870	–	920	–
fünftürig	kg	875	875	885	920	935	930
fünftürig Automatik	kg	–	–	–	–	945	955
Zuladung							
dreitürig	kg	420	420	410	–	400	–
fünftürig	kg	420	420	410	400	385	400
fünftürig Automatik	kg	–	–	–	–	375	385
Zulässiges Gesamtgewicht							
dreitürig	kg	1280	1280	1280		1290	–
fünftürig	kg	1295	1295	1295	1320	1305	1330
Zulässige Achslast							
vorn	kg	750	750	750	750	750	750
hinten	kg	700	700	700	700	700	700
Zulässige Anhängelast							
gebremst							
bei 12% Steigung	kg	930	930	930	930	930	1000
Bei 10% Steigung	kg	–	–	–	–	–	1100
ungebremst	kg	465	465	465	465	465	500
Dachlast	kg	50	50	50	50	50	80

Entwicklungsgeschichte

Die laufende technische Entwicklung, Praxiserfahrungen oder erst später erkannte Schwachstellen führen zu Änderungen, auch wenn schon die Serienherstellung läuft. Diese entsprechende chronologische Übersicht ist für Käufer und Gebrauchtwagenhändler gleichermaßen wertvoll, und zugleich bietet sie den professionellen und privaten Handwerkern wichtige Anhaltspunkte. Ausführliche technische Daten sind im vorangegangenen Kapitel zu finden.

1978

April: Vorstellung des Fiat Ritmo mit Quermotor und Vorderradantrieb in Turin, der unter der internen Bezeichnung X 1/38 entwickelt wurde und den seit 1969 gebauten Fiat 128 ablösen soll.
Schrägheck-Limousine der kompakten Mittelklasse mit drei und mit fünf Türen. Neuartige Kunststoff-Stoßschilde vorn und hinten. Durch Vorklappen der Rücksitze wesentliche Vergrößerung des Gepäckraums möglich, in der CL-Version geteilte Rückbank. Ausstattungsversionen »L« (»Lusso«) und »CL« (»Confort Lusso«).
Vierzylindermotor mit obenliegender Nockenwelle, deren Antrieb durch Zahnriemen erfolgt. Elektrischer Kühlerventilator. Zunächst drei Motorgrößen: Ritmo 60 mit 1116 ccm und 44 kW (60 PS), Ritmo 65 mit 1301 ccm und 48 kW (65 PS) sowie Ritmo 75 mit 1498 ccm und 55 kW (75 PS). Vom Fiat 128 abgeleitetes Triebwerk. Modelle 60 und 65 mit Vierganggetriebe, Modell 75 mit Fünfganggetriebe, auf Wunsch auch mit Getriebeautomatik.
Einzelradaufhängung in der Anlage wie beim Fiat 128, vorn mit Querlenkern und Federbeinen, Modell 60 mit Schubstreben, Modelle 65 und 75 mit Stabilisator, hinten Querlenker und Querblattfeder. Vorn Scheibenbremsen, hinten Trommelbremsen.
Oktober: Einführung des Fiat Ritmo in Deutschland, wobei es sich um die jeweils 3- oder 5türigen Versionen 1100 L und 1100 CL mit 60 PS sowie 1500 CL mit 75 PS handelt.

1979

März: Verleihung des »Style Auto Award« in Genf für die fortschrittliche Karosserie des Fiat Ritmo.
Einsatz verschleißfesterer Nockenwellenräder.
Einführung des Fiat Ritmo in den USA unter der Typenbezeichnung »Strada«.
April: Fiat Ritmo in Dänemark zum »Auto des Jahres« gewählt.
Juni: Auspuffkrümmer geändert und Flammrohr der Auspuffanlage verstärkt. Zusätzliche Gummipuffer an den vorderen Federbeinen verbessern die Feder- und Dämpfereigenschaften. Neue Motoraufhängungen zur Vermeidung von Dröhngeräuschen.
August: Schaltkulisse geändert, dadurch verbesserte Führung des Schaltge-

stänges. Vordere Radlager mit zusätzlicher Dichtung gegen Spritzwasser. Zylinderkopfdichtung verstärkt.
September: Präsentation einer Cabriolet-Version als Prototyp von Bertone auf der IAA in Frankfurt.
Oktober: Zusätzliche Kunststoffabdeckungen als Spritzschutz für die Heckleuchteneinheit sichert deren Stromversorgung.
November: 1300 ccm-Version auf dem deutschen Markt, CL-Ausführung mit 5 Türen.
Sonderserie Ritmo »Targa Oro«, basierend auf CL-Version, mit 1300 und 1500 ccm.
Modifiziertes Heizgebläse mit erhöhter Leistung ermöglicht die Einstellung der Heizleistung auch ohne zwangsläufiges Einschalten des Lüfters.
Einführung des Ritmo 60 L mit 1050-ccm-Motor, 44 kW (60 PS). Der vom Fiat 127 her bekannte Motor mit obenliegender Nockenwelle wird in Brasilien hergestellt.

1980

Mai: Sportliche Variante Ritmo Sprint kann in zwei Stufen durch Fiat-Händler aufgebaut werden. Sprint 75 CL mit Breitreifen, Front- und Heckspoiler, zweite Aufbaustufe mit 2 Weber Doppelvergasern und 64 kW (87 PS)
September: Ritmo besteht US-Sicherheitstest.

1981

Januar: Verbesserte Ausstattung mit komfortablerer Sitzpolsterung, neue Türverkleidung mit Stoffblenden, Beleuchtung der Schalter am Armaturenbrett, erneut modifiziertes Heizungs-/Lüftungssystem, Stoßfänger auf die Karosserielackierung abgestimmt.
Februar: Auspuffanlage mit zusätzlicher Aufhängung.
März: Fiat Ritmo Super 85 kommt auf den deutschen Markt. 1500-ccm-Motor wie im Lancia Delta 1500 mit 63 kW (85 PS), Registervergaser, geänderter Ansaugkrümmer und überarbeitetes Auspuffsystem. Härtere Stoßdämpfer vorn und härtere Aufhängungsgummis hinten, P8-Breitreifen von Pirelli. Neu gestaltete Innenausstattung und neue Armaturentafel mit zentraler Funktionskontrolle. Ein Schlüssel für Türen, Heckklappe und Zündschloß.
April: Einführung des Fiat Ritmo Diesel in Deutschland (gebaut seit Februar 1981).
Mai: Premiere des Fiat Ritmo 105 TC, der zusammen mit dem Fiat Ritmo Abarth 125 TC ab Herbst nach Deutschland geliefert wird.
August: Sondermodell Ritmo »Supermatic« auf der Basis des Super 85, mit automatischem Getriebe und Leichtmetallfelgen.
September: Vorstellung des Serienmodells Bertone Ritmo Cabrio S 85 auf der IAA in Frankfurt.

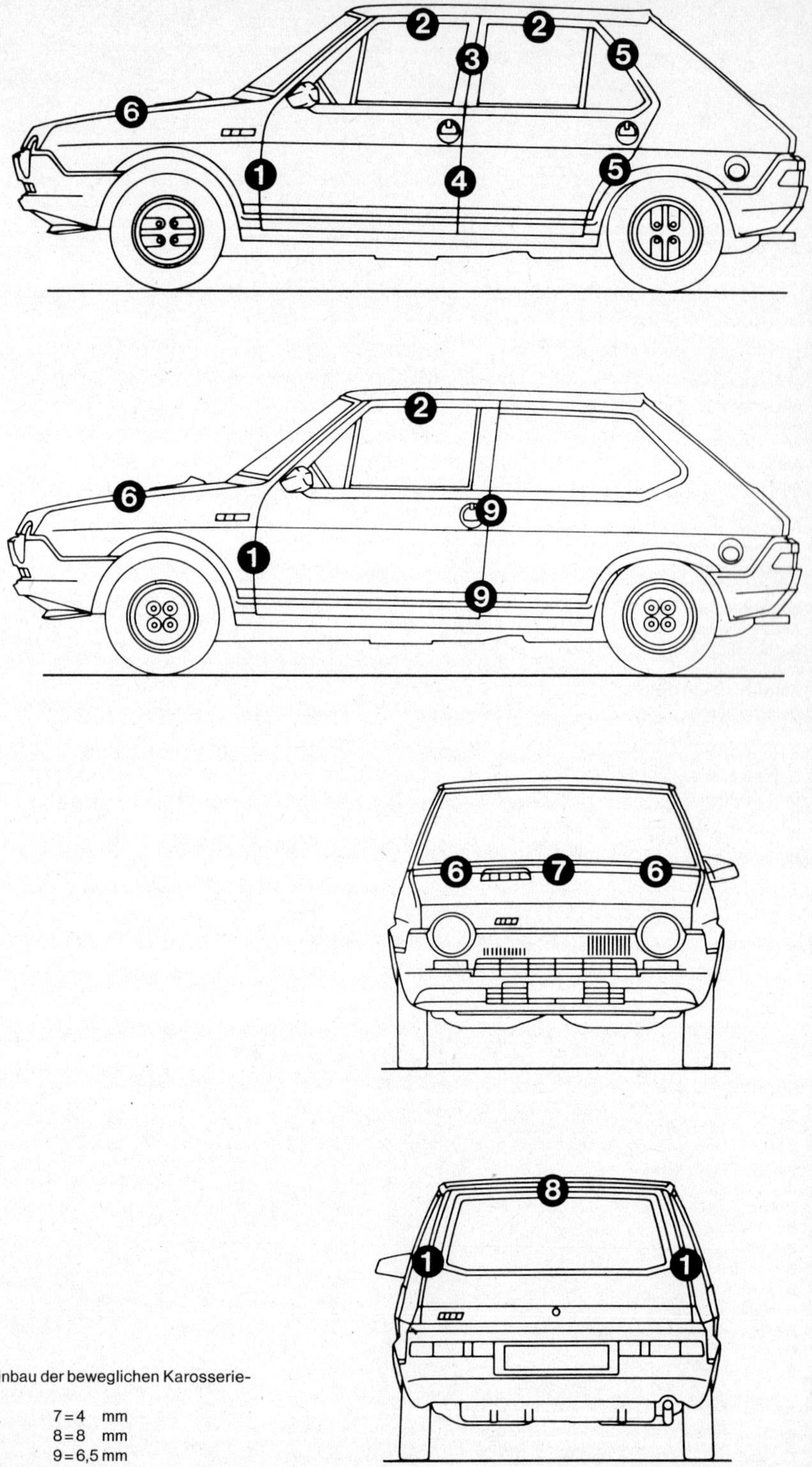

Einstellmaße zum richtigen Einbau der beweglichen Karosserieteile:

1 = 7 mm	4 = 7,5 mm	7 = 4 mm
2 = 5,5 mm	5 = 6 mm	8 = 8 mm
3 = 8,5 mm	6 = 4,5 mm	9 = 6,5 mm

Wegweiser

Genormte Klemmenbezeichnungen

Die nachstehenden Klemmenbezeichnungen sind sowohl im Schaltplan der hinteren Buchklappe an den betreffenden Stellen eingedruckt als auch meist auf den entsprechenden Bauteilen im Auto eingeprägt. Sie entsprechen den deutschen DIN-Normbezeichnungen, die auch in Italien, mit wenigen Abweichungen (in nachfolgender Tabelle in Klammern gesetzt) im Kraftfahrzeug üblich sind.

Klemme	Kabel zwischen
1 (D)	Zündspule – Unterbrecher
(2)	Blinkerschalter – linke Blinkleuchten
(5)	Blinkerschalter – rechte Blinkleuchten
15 (B)	Zündstrom bei eingeschalteter Zündung: Zündschloß – Zündspule (Klemme B)
15/54	Zündschloß – Kombi-Instrument – Kontrollampen Sicherung 2 – Scheibenwischer – Instrumentenbeleuchtung – Blinker-Relais Sicherung 1 – Blinker – Bremslicht – Gebläse
30	Stets stromführende Leitungen: Batterie (+-Pol) – Zündschloß Batterie (+-Pol) – Anlasser – Reglerschalter Zündschloß, Klemme 30 – Sicherungen 9 und 11
(30)	Stromführend bei eingeschaltetem Lichtschalter: Lichtschalter – Abblendhebel, Klemme 30 (Scheinwerferlicht)
31	Normbezeichnung für Masse-Anschlüsse: Reglerschalter – Masse-Anschluß Scheibenwischermotor – Blinker-Relais – Masse
50	Strom für Anlasserschaltung: Zündschloß – Magnetschalter des Anlassers
51	Lichtmaschine (+-Pol) – Reglerschalter – Ladeanzeige
67	Lichtmaschine (Minus-Pol) – Reglerschalter
(C)	Scheibenwischerschalter – Scheibenwischermotor
(F)	Scheibenwischerschalter – Wischermotor
(INT)	italienische Norm für Schalteranschlüsse: Zündschloß – Hauptlichtschalter Zündschloß – Abblendhebel (Lichthupe) Scheibenwischerschalter – Wischermotor
(L)	Blinker-Relais – Blinkerschalter
(P)	Blinker-Relais – Blinkerkontrollampe

Erläuterungen zum Schaltplan der Version »CL«

31 - Kennbuchstaben auf Kabelsätzen
34 - Kontrollampe für Fernlicht
35 - Kontrollampe für Stand- und Schlußlicht
36 - Kontrollampe für Nebelschlußleuchte
37 - Lampe zur Instrumentenbeleuchtung
38 - Anschlußdosen
39 - Warnlampe der übermäßigen Kühlmitteltemperatur
41 - Kontrollampe für Blinkleuchten
42 - Kontrollampe für Warnlichtanlage
45 - Warnlampe für unzureichenden Motoröldruck
46 - Ladeanzeigeleuchte der Batterie
47 - Kontrollampe der Thermoheckscheibe
49 - Freie Anzeige
51 - Kraftstoffstandanzeiger
53 - Warnlampe für unzureichende Bremsflüssigkeit bzw. angezogene Handbremse
54 - Anzeigenleuchte der Kraftstoffreserve
55 - Freie Anzeige
58 - Anschluß für Schalter des Heckscheibenwischers
59 - Anschluß für Schalter der Thermoheckscheibe
69 - Heiz- und Lüftungsgebläse
82 - Schalter für Heiz- und Lüftungsgebläse
83 - Anschluß für Beleuchtungslampe der Heizgerätsymbole

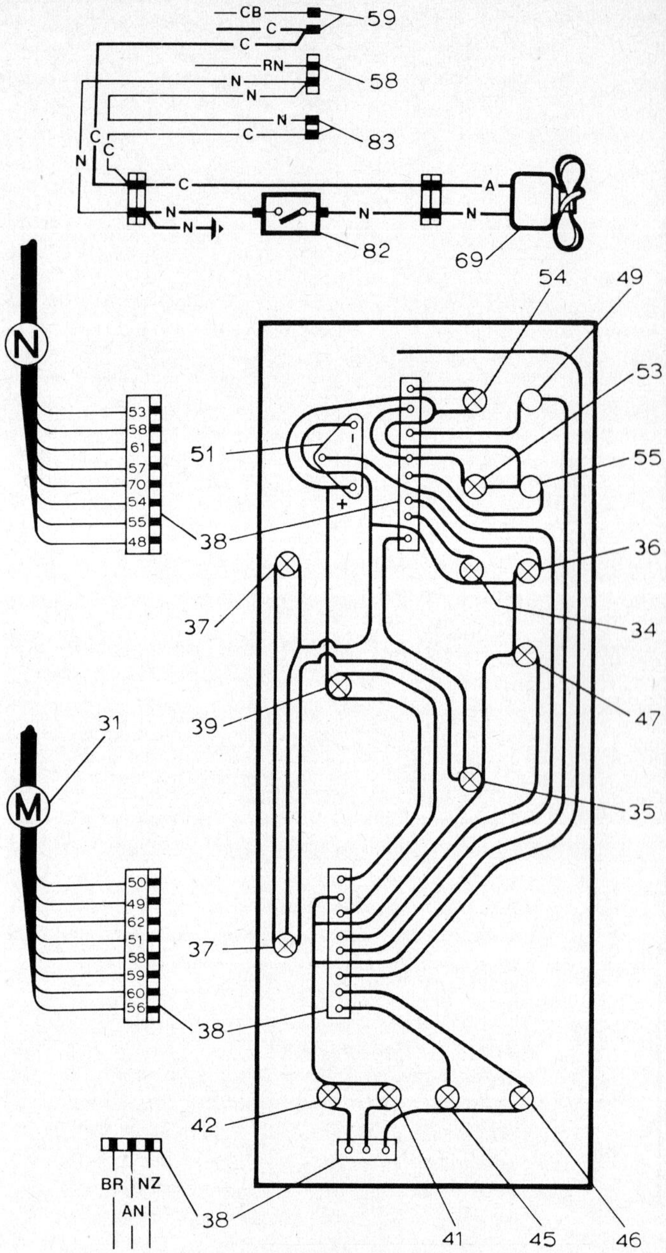

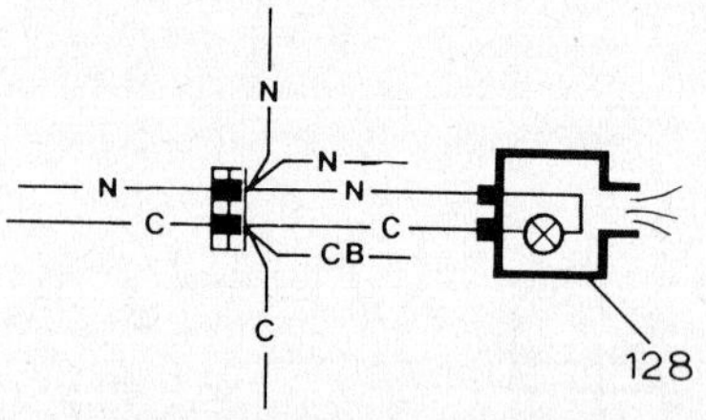

Erläuterung zum Schaltplan für beleuchtete Schalter

128 - Lampe für Lichtleitkabel

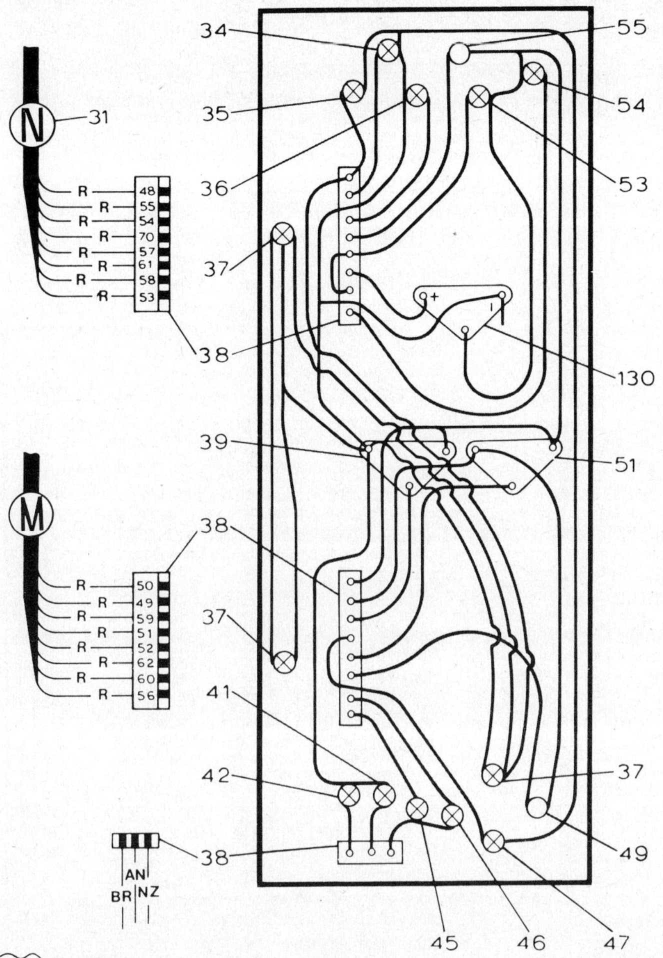

Erläuterungen zum Schaltplan für Drehzahlmesser und Digitaluhr im Modell »CL«

22 - Kennummern auf den normalen Kabeln
31 - Kennbuchstaben auf den Kabelsätzen
32 - Schmelzsicherungen
33 - Elektrische Zentrale (vom Fahrerraum gesehen)
34 - Kontrollampe für Fernlicht
35 - Kontrollampe für Stand- und Schlußlicht
36 - Kontrollampe für Nebelschlußleuchte
37 - Lampe zur Instrumentenbeleuchtung
38 - Anschlußdosen
39 - Kühlmittelthermometer
41 - Kontrollampe für Blinkleuchten
42 - Kontrollampe für Warnlichtanlage
45 - Warnlampe für unzureichenden Motoröldruck
46 - Ladeanzeigeleuchte
47 - Kontrollampe für Thermoheckscheibe
49 - Freie Anzeige
51 - Kraftstoffstandanzeiger
53 - Warnlampe für unzureichende Bremsflüssigkeit bzw. angezogene Handbremse
54 - Anzeigeleuchte der Kraftstoffreserve
55 - Freie Anzeige
129 - Digitaluhr
130 - Elektronischer Drehzahlmesser

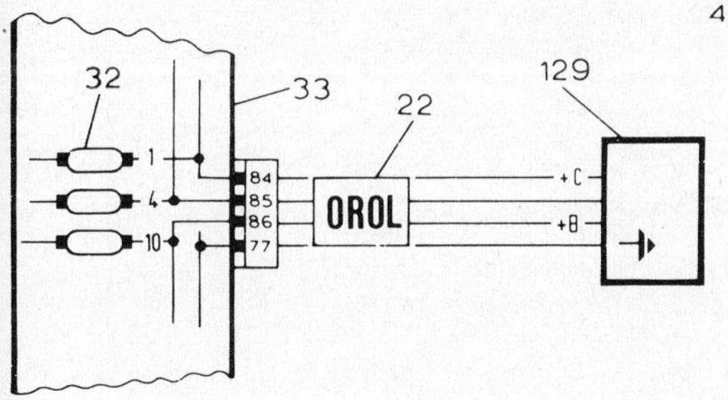

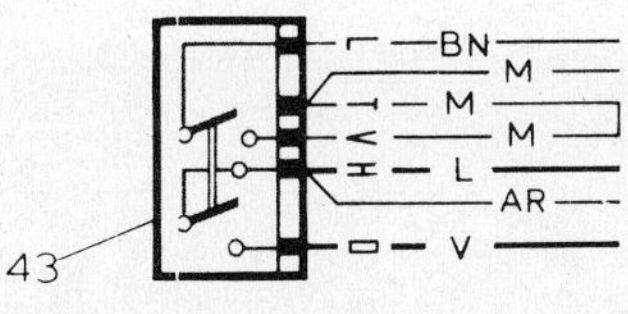

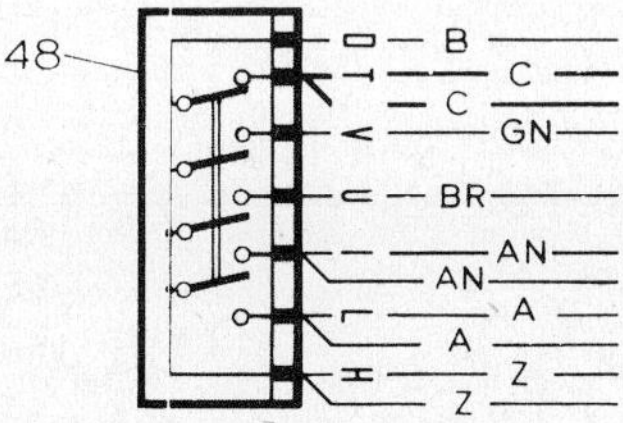

Erläuterungen zum Schaltplan Version CL Zusatzschalter

43 - Schalter für Außen- und Instrumentenbeleuchtung
48 - Schalter für Warnlichtanlage

Erläuterungen zum Schaltplan in der hinteren Buchklappe

Wiedergegeben ist der Grundschaltplan zum Fiat Ritmo. Teilschaltpläne für zusätzliche Ausstattungen der CL-Modelle befinden sich auf den Seiten 212 und 213. Nachstehend folgt die Aufschlüsselung der Bezeichnungen für die verschiedenen Aggregate, die im Grundschaltplan mit Ziffern benannt sind.

Teile der elektrischen Installation

1 – Vordere Blinkleuchte
2 – Seitliche Blinkleuchte
3 – Vordere Standleuchte
4 – Scheinwerfer mit Fern- und Abblendlicht
5 – Zündspule
6 – Zündverteiler
7 – Kontaktgeber für Öldruck-Warnlampe
8 – Wärmefühler für Kühlmittelthermometer
9 – Anlasser
10 – Thermoelektrischer Schalter für Kühlerlüfter
11 – Kühlerlüfter
12 – Signalhörner
13 – Batterie
14 – Anschluß für Signalhorn Version L
15 – Zündkerzen
16 – Scheibenwaschpumpe
17 – Drehstrom-Generator
18 – Zusatzwiderstand für Heiz- und Lüftungsgebläse
19 – Druckschalter für Rückfahrlicht
20 – Druckschalter für Warnlampe der ungenügenden Bremsflüssigkeit
21 – Elektrische Zentrale (vom Motorraum gesehen)
22 – Kennummern auf den normalen Kabeln
23 – Relais für Thermoheckscheibe
24 – Anschluß für Relais für Motoranlassen (Getriebe-Automatik)
25 – Relais für Signalhörner
26 – Scheibenwischermotor
27 – Intervallschaltgerät für Scheibenwischer
28 – Impulsgeber für Blinkleuchten
29 – Elektrische Zentrale (vom Motorraum gesehen)
30 – Elektrische Zentrale (vom Fahrerraum gesehen)
31 – Kennbuchstaben auf den Kabelsätzen
32 – Schmelzsicherungen
33 – Elektrische Zentrale (vom Fahrerraum gesehen)
34 – Kontrollampe für Fernlicht
35 – Kontrollampe für Stand- und Schlußlicht
36 – Kontrollampe für Nebelschlußleuchte
37 – Lampe für Instrumentenbeleuchtung
38 – Anschlußdosen
39 – Kühlmittelthermometer
40 – Anschlußdosen
41 – Kontrollampe für Blinkleuchten
42 – Kontrollampe der Warnlichtanlage
43 – Schalter für Außen- und Instrumentenbeleuchtung
44 – Schalter für Nebelschlußleuchten
45 – Warnlampe für unzureichenden Motoröldruck
46 – Ladeanzeigeleuchte der Batterie
47 – Kontrollampe für Thermoheckscheibe
48 – Anschluß für Schalter der Warnlichtanlage
49 – Freie Anzeige
50 – Zündanlaßschalter
51 – Kraftstoffstandanzeiger
52 – Quarzuhr
53 – Warnlampe für unzureichende Bremsflüssigkeit bzw. angezogene Handbremse
54 – Anzeigeleuchte der Kraftstoffreserve
55 – Freie Anzeige
56 – Sitz für Radiosicherung
57 – Anschluß für Radio
58 – Anschluß für Schalter des Heckscheibenwischers
59 – Schalter für Thermoheckscheibe
60 – Lampen für Heizgerätsymbole
61 – Zigarrenanzünder mit Beleuchtungslampe
62 – Schalter für Heiz- und Lüftungsgebläse
63 – Schalthebel für Blinker
64 – Schalthebel für Scheinwerferlicht und Lichthupe
65 – Schalthebel für Scheibenwischer und Wascher
66 – Signalhorndrücker
67 – Druckschalter an den Vordertüren für Innenleuchten
68 – Anschluß für Lautsprecher
69 – Heiz- und Lüftungsgebläse
70 – Druckschalter für Warnlampe der angezogenen Handbremse
71 – Deckenleuchte mit Schalter
72 – Druckschalter für Bremslicht
73 – Heckpfostenleuchten mit Schalter
74 – Kraftstoffstandgeber
75 – Thermoheckscheibe
76 – Hintere Blinkleuchte
77 – Bremsleuchte
78 – Schlußleuchte
79 – Rückfahrleuchte
80 – Kennzeichenleuchte
81 – Nebelschlußleuchte

Kabelfarben

A – Hellblau
B – Weiß
C – Orange
G – Gelb
H – Grau
L – Blau
M – Braun
N – Schwarz
R – Rot
S – Rosa
V – Grün
Z – Violett